泰國原味

安迪·瑞克／JJ·古德 ——著 高育慈——譯

POK POK

by **Andy Ricker & JJ Goode**

U0003637

目錄
Contents

「安迪，拜託再來一盤 laap。」雖然才剛吃完一盤，但我實在欲罷不能。Laap 是混合了肉末、辛香料和香料植物的經典泰北地方菜，我很常吃，這次我吃的是豬肉末，而安迪做的實在太美味了，略帶煙燻味的豬肉末鮮美多汁，辛香料嗆辣夠勁，香料植物芳香沁人，種種滋味匯聚成無與倫比的人間美味，嚥下最後一口之後，濃郁的味道仍在口腔縈繞，久久不散，此刻我只想要再來一盤。

我承認我驚訝不已，這會這麼好吃實在沒道理，畢竟我是在美國奧勒岡州波特蘭市，離這道菜的發源地泰國北部清邁超級遠。

其實也不必如此吃驚。安迪的第一家 Pok Pok 餐廳雖然開在波特蘭，但他煮的泰國菜可是道地得很。只要你了解安迪有多熱愛泰國，尤其是清邁多霧山區的人們和美食，就不會對這個佛蒙特州的高個子精通泰北地方菜感到意外。

安迪經常往泰國跑，去當地市場四處觀察、問東問西，並收集食譜。他喜歡和當地廚師聊天，向他們討教烹飪的祕訣和技巧。不過，安迪自己的觀察力也很敏銳，經常偷偷觀察其他廚師以獲得靈感和知識，就這樣無所不用其極地習得一身好廚藝。

每回安迪來泰國，都會到曼谷與我碰面，偶爾我們會結伴到泰北旅行。陪他追尋料理的過程真是累人，旋風似地掃過一處又一處小吃店、市場、村莊，完全把他的旅伴拋在腦後。遇到不合格的攤子，他毫不留情地轉頭就走，我們只能跟在他背後喃喃抱怨，哀怨地看著桌上原封不動、被他嫌棄的菜餚流口水。

縱使老是搞得我又餓又累又氣，但他堅持只要「最好的」，著實令我敬重。

安迪成功地將外人身分化為優勢，因為他不像許多泰國人深信只有媽媽做的菜最好吃，也不會別種做法。他的烹飪方法包羅萬象，比當地人更多元，他的料理脈絡遍及全泰北，就連碧草如茵的沃野鄉間也在其中。

一九八七年安迪第一次背包旅行亞洲來到泰國時，我也正在進行同樣的旅程，奇怪的是我們竟然沒有在路上相遇。儘管如此，由於相似的追尋目標、對泰國的共同熱愛、瘋狂的派對方式，最終我們還是碰頭了……

讓安迪在烹飪上開竅的是菇蕈，而我是蛇頭魚，很顯然我們無法選擇怎麼開竅。啟發我們的東西或

許可笑，但到頭來卻促使我們改變人生道路，包括飲食和烹飪方式。

我清楚記得那道橘色的酸咖哩蛇頭魚，羅望子葉帶來誘人的酸勁，整個口腔盈滿豐富滋味，它的調味、口感和風味徹底改變我對泰國料理的認識，讓我就此著迷。

後來我搬到曼谷，學習這座城市名聞遐邇的美食、輝煌的歷史和細膩複雜的口味，並開了幾家亮麗的餐廳。同時間，安迪則吃遍整個泰北。而後，他刷爆信用卡、貸款再加上僅有的一點積蓄，在波特蘭開了第一家 Pok Pok 餐廳，此後十年，他逐漸在國際間成為泰國美食的重要代言人和泰北料理大使。

猶記得我們曾在紐約市和波特蘭一起工作，他那不甚正統的烹調手法、廚房和餐廳著實讓我大開眼界。他的第一間餐廳就在自家廚房和半毀的住家外頭，餐點從窗口送到門廊和後院，超像泰國鄉間的小吃店。你知道，我是精緻頂級餐廳出身的，有些事我壓根沒做過（真是可惜），像是用大汽油桶生火烤肉、在後院搾椰奶、邊做菜邊灌啤酒、在屋頂曬芥菜、再灌更多啤酒！安迪的餐廳看起來隨興，但廚房裡進行的卻是一絲不苟、雄心勃勃的烹飪事業，他全心投注在做出最好吃的料理上。他對萊姆汁的味道斤斤計較，努力重現泰國的道地滋味，並窮盡各種管道尋找和取得泰國食材，還嚴格遵循泰國當地的食譜、做法和口味，這一切在在令我敬佩。也許 Pok Pok 餐廳乍看之下不太稱頭，但安迪和員工卻是不折不扣的完美主義者，持續不斷調整、修正食譜，確保每個細節完美無瑕。

安迪幾乎是單槍匹馬在美國開拓出泰國料理市場。在 Pok Pok 餐廳開張前，知道這類料理的美國人並不多，如今他的菜式已經深受眾人喜愛。要想見識他的成功傳奇，只消瞧瞧 Pok Pok 餐廳外面綿延不絕的排隊人龍就行了。大家嚷著要吃他做的菜，這是他們在 2005 年之前沒聽過的菜式，最好的例子就是風味絕倫的豬肉 laap，絕對跟我在泰國嘗過的一樣令人咂嘴稱好。

在熱切等待第二盤 laap 的同時，我看看我們的桌面，炭烤香腸、涼麵、湯、咖哩、辣椒醬全都已經盤底朝天，再望望隔壁幾桌，每個人都吃得心滿意足，我不禁好奇，這位手藝了得的大廚接下來要做什麼？

現在答案揭曉，你手上正捧著安迪的最新力作：《泰國原味菜》。本書翔實記錄他歷年來在清邁廣泛蒐羅的食譜，包括我曾經引頸期盼的豬肉 laap、多年前讓我迷上泰國美食的橘色酸咖哩（味道像極了），還有許多泰北地方菜。本書內含多年研究、實作及實驗的心血結晶，如實展現安迪和 Pok Pok 餐廳之所以成功之處：出色的食物、不藏私的實用建議和指導、合大眾口味卻又不犧牲料理的完整性。這是本迷人的食譜書，誠摯推薦給各位。

我現在借住友人桑尼在班帕杜村（Ban Pa Du）的家裡。有天晚上我們開他的小貨車要去清邁市一家餐廳，那裡專賣把肉切碎炒成黑黑一團的「泰北豬肉末沙拉」。在路途中，我發現一處前面停了許多摩托車、人潮群聚的露天小攤，而且不見任何英文標牌。種種跡象顯示，這是值得停車的地方。我問桑尼裡面賣什麼。「喔，就是一些古早味料理。」我怪他怎麼都沒提過這個地方，車子就在我的碎念中靠邊停了下來。

那是個典型的路邊攤，粗糙釘製的桌子和長凳擺在塵土飛揚的泥地上，塑膠凳陷進土裡，蓊鬱的柚木枝葉是現成的屋頂，毫無裝飾的燈泡灑下昏黃光線。天氣很熱，我們把堪比美樂啤酒的泰國豹王啤酒倒進放滿冰塊的玻璃杯裡，大口喝了起來。我們的菜陸續上桌，桑尼和我吃了幾口後彼此對望，彷彿在說：天哪，太好吃了。我們吃的是裹在蕉葉裡面的豬腦拌咖哩醬佐萊姆葉，嚼勁十足的焦烤豬乳頭以及酸香腸（就是豬肉加米灌製後，置於高溫下發酵而成），真是太美味了。

我和老闆聊了起來，這個他與家人一起經營的攤子，在簡陋的戶外廚房只用兩個燒烤爐和戶外炊爐處理所有菜餚。凌晨五點開始洗切炸煮，下午三點開門營業到午夜，每週 7 天日日重複同樣的流程。四十五歲的他在這片泥地經營小吃攤已經十一年，他說該退休了。順帶一提，他的小女兒很受客人喜愛，以後可能繼承衣鉢。

這就是我所認識的泰國。我在此旅行將近二十年，深愛這個國家、這裡的人們和食物，美國餐廳那種加了肉的彩虹咖哩或甜膩的泰式炒河粉，完全無法相比。

因此七年前，我決定在波特蘭市開個外賣攤，販售我從曼谷街頭、市場和清邁家庭得到啟發的美食。朋友們警告我，即使我親手搾椰漿、把燒烤爐改造得跟泰國一樣，也不會有人想吃檸檬香茅雞和清邁著名的咖哩麵，但我覺得只要有幾個人想吃就夠了。如今，我在波特蘭有四家餐廳，紐約市有兩家，供應的全是東南亞以外極難找到的料理。

* * *

我還記得那段早已物換星移的歲月。

在經營 Pok Pok 的念頭浮現前的十多年，我曾在紐西蘭和澳洲打工一段時間，像是採南瓜、包奇異果、當 DJ、粉刷房屋、當餐廳廚師。後來我走遍

新加坡和馬來西亞，最終落腳在泰國南部東岸的一群美麗島嶼上。我非常習慣當地的飲食，也喜歡那裡的食物，但當時我就跟大多數觀光客一樣，只覺得在當地吃到的東西，比在自己國家吃過的好。最後我回到了波特蘭。直到四年後重遊泰國時，我才真正大開眼界。

當時我住在清邁友人克里斯的家裡，他的妻子蘭娜是個深受當地文化薰陶的農村女性。兩人帶我去一家專賣泰北菜的餐廳，當時我甚至不曉得有這種料理。那時正值悶熱的四月，泰國人每年此時總愛吃點泰北蕈[1]，一種看起來很像馬勃菌、味道微苦的菇蕈，端上桌時它是浮在香料植物氣味濃郁的糊狀「咖哩」上頭，我拿湯匙嘗了一下，感覺好像看到一種全新色彩，跟我以前吃過的任何東西都不像，好吃得令人難以置信。

從此之後我眼界大開，每個街角都看到人們吃著我從來沒有聽過的料理，像是加了腐乳湯頭一片粉紅，上面漂著麵條和魚板的泰式釀豆腐（yen ta fo），又如烏漆麻黑的肉湯飄散著肉桂和八角香氣的船麵，因早期在泰國中部運河和河川船舶上販賣而得名，還有口感辛辣的辣椒醬（naam phrik）和奇特的椰奶醬（lon），用來搭配燙青菜、異國香料植物和豬肉脆卷食用。

偶爾，我也發現有些我認得的菜名，端上桌的卻是我認不出來的東西。有次我蜷在清邁一張小得不能再小的塑膠凳上點了 laap，滿心期待我這輩子在波特蘭、紐約市、洛杉磯都吃遍的清爽萊姆涼拌肉末沙拉。不料，上桌的卻是氣味強烈、味苦色黑的東西，不過好吃極了。當時，我根本不知道自己吃下什麼，只曉得如果泰國人吃這個，我也要吃。

回美國後我很難有份穩定工作，因為仍對泰國念念不忘的我，每到冬天就辭職飛過去。所以我決定放棄過往從事的餐廳工作，轉而成為全職房屋油漆工，這樣才有在泰國一次待上好幾個月的彈性。我開始學泰文，飲食也變得更有系統，只要吃到喜歡的，就到處找同樣的東西吃。很多泰國食物是在眾目睽睽下露天烹調，因此我能看到料理過程。我靠著聊天滲入朋友和朋友的朋友家，我結交街頭小販，用一杯杯水稻威士忌換取他們腦袋裡的知識。漸漸地，我學會烹調自己最喜愛的料理，不斷調整菜餚口味，直到它們嘗起來跟我愛上的那道料理一樣。我心想，總有一天，我要開家餐廳，讓美國人認識泰國料理。

這時，我已經連續幹了八年油漆工。每次回去工作，我只是盯著未上漆的牆壁，幾乎無法說服自己拿起刷子。我想開家餐廳，但這樣下去永遠不可能，然後我想起朋友伊森。

住在德州奧斯汀的伊森和我都來自佛蒙特州，我們以前把他住的簡陋四房小屋稱作佛蒙使館，因為每個同鄉進城時都跑去那裡借宿，有時甚至一次擠二十個人。有次我借住那裡，發現浴室水槽下方漏水，叫他來看時，提了一些止漏的方法。他看了一眼，就把漏水的水管用力從牆壁拽出來，嚇了我一大跳，漏水是可以止住的，但他說了令我畢生難忘的話：「現在全壞了，可以好好修理啦。」

回波特蘭後，我開始用伊森的方法讓自己家沒法住人，拆掉牆壁、砸碎窗戶、把所有家當扔到後院，這樣我就得全面整修，結果整整花了三年才完成。然後又辦了另一筆貸款，打算用來開餐廳。

我最後決定只賣幾道自己希望在美國吃得到、可以用在地食材做出來的簡單泰國菜。我非常肯定絕對不把店名取作泰國餐廳，免得別人以為我賣的是泰式炒河粉和腰果雞。

我在東南大街一處不特別起眼的地段相中一間房子，屋主是一對日本老夫婦，他們可能是我看過最節儉的人，住屋和棚舍大概從一九三五年就沒有進行過任何重大整修。裡面有個破掉的老式炸鍋，一個有鑄鐵爐腳的老式瓦斯爐，看起來倒像是早期拓荒者農場裡用來燒木材的玩意兒，不知道他們是從哪兒弄來的。不過，地下室有臺抽油煙機，還有不

---

1. 審訂注：het thawp，硬皮地星的一種，味道通常沒有苦味。

鏽鋼三連式水槽，可以在居家修繕賣場用一千多元買到的那種。我總算有個勉強但堪用的廚房，而且根據波特蘭市法規，這裡作為營業餐廳並不受新法規範，我可以立刻開伙。

接著，我得打點廚房門面，就是鋪水管、拉電路管線，然後花三天敲開一面 50 公分厚的水泥牆。我的外賣攤終於開張了，菜單上只有極簡單的八道菜：烤雞、數種口味的青木瓜沙拉、豬肉沙嗲和咖哩麵。員工只有我的越南朋友艾克。我把店名取為 Pok Pok，這是製作青木瓜沙拉時，杵在陶缽裡面捶搗的聲音。我抱著極大的希望邀幾個朋友過來看看。短短六個月，攤位前的排隊人龍已經蜿蜒到大街馬路上，我簡直不敢相信。顧客的狂熱表現，讓人誤以為我是在賣杯子蛋糕。

如今經營多家餐廳的我，深深體會到生意繁忙並不代表賺錢。儘管外賣攤十分成功，一年後我還是破產了。不只如此，為了把房子的其餘部分擴建成理想的餐廳，我刷爆了六張信用卡，每天忙著應付催款電話。我犯了開餐廳會犯的所有錯誤：把店開在偏僻的地點、拿房子當抵押品、亂簽支票。我母親不得不勉強籌了七千塊美元借我，好讓我發出下個月的薪水。一切的一切，都是為了引進波特蘭人鮮少知道的美食。

最後，我終於把 Pok Pok 變成可以坐下吃飯的餐廳。那年冬天。我不得不賣掉住所，在便宜的租處間不斷搬來搬去，有一陣子甚至住在後來成為 Pok Pok 樓上用餐空間的地方。設備開始故障，員工愛做不做也失去忠誠。正當一切看似完蛋的時候，《奧勒岡人日報》(The Oregonian) 竟然將 Pok Pok 選為「年度最佳餐廳」，讓我們的業績翻漲三倍。同年年底，我還清了所有債務，而 Pok Pok 也天天座無虛席。

· · · ·

我無意間花了十年準備這本書。我想這是本 Pok Pok 食譜書，裡面收集了店裡餐點的食譜，也記錄了我在外賣攤二〇〇五年十一月營業以前及以後，最美好的記憶和啟蒙時刻的美食。

這絕對不是本泰國菜食譜，因為一來 Pok Pok 不只是泰國餐廳，二來泰國是個遼闊多元的國家，即使我在當地已經有二十年的飲食和旅行經驗，但仍有許多尚待學習。書中食譜的選輯，極大比例局限於我個人的知識、經驗和能力，這些都是我從泰國各地和早期旅行的其他國家收集而來，其中許多源自泰北，因為那裡是我第一次以及之後無數次味蕾啟蒙的地方。

來過 Pok Pok 的客人總以為廚房裡有一堆泰國女人，每天忙著搗製醬料和煨煮醬汁。我這個大塊頭可能只是嘗嘗她們的傑作，然後給個讚而已。我才沒那麼好命！

我鑽研 Pok Pok 供應的每道菜餚，不斷調整嘗試只為了讓它們接近我最喜愛的泰國口味。最後，我總算成功找到以西方在地食材重現正統泰國風味的關鍵。更重要的是，我搞清楚要怎麼與新廚師溝通烹調技巧和口味。他們一開始總以為，青木瓜沙拉是熟食店冷藏櫃裡擺在切塊西瓜旁的東西。因為不久前，我也跟他們一樣（或者說句不客氣的，跟你一樣）：愛吃泰國菜，但不曉得怎麼做。

我對這本書的期待很簡單：教大家做一些讓我愛上泰國料理的菜色，並且提供一種地方感，讓這對門外漢（我就曾經是，而且在很多方面仍然如此）而言可能很難以捉摸的國度、文化與美食變得有脈絡。

我謹以此書向泰國當地廚人致敬。為此，我有下列兩點免責聲明，第一：我不是主廚，書裡的菜餚並非我所發明，我餐廳供應的餐點不是我對泰國菜的個人理解，也不是取自泰國食材的創意。我既非隨意複製，也不是帶著好玩心態重新詮釋食譜。美國已有廚師成功地在泰國風味和食材上展現創意，但那不是我，我只是個還不錯的模仿者。這裡收錄的食譜都是我最喜愛的泰國美食，是泰國人創造、烹調、完成的，我只是努力呈現最接近自己喜愛的滋味而已。

第二：我並非學有專精的泰國美食或文化學者，我所知道的大多為傳聞軼事，是從二十年來的觀

察、飲食、烹飪、漫遊和思索中一點一滴收集而來。泰國的生活和飲食有許多層面可能是我永遠無法理解的，直到現在，每次旅程我還是能學到新事物。知道越多，我就越明白自己所知不多。如果想找英文的學術書籍，我衷心推薦大衛·湯普森（David Thompson）的作品，他出生於澳洲，現為曼谷 Nahm 餐廳的主廚，曾經出版多本出色的食譜，其中包括資訊豐富到難以置信的大部頭經典《泰國料理》（Thai Food）。他苦學早已不用的泰國文字，發掘為人遺忘已久的食譜，並且竭盡畢生之力，從飲食觀點研究泰國歷史和文化。如果這本書能夠和他的作品並排在你的書架上，我會非常開心並感到無比榮幸。

我知道有些讀者不會動手去做書裡的每一道菜。我最鍾愛的食譜，有些濺滿醬汁、書頁翻得稀爛，有些則潔淨如新。因此，我寫這本書的另一個目的是，讓大家對泰國生活與文化有個粗淺的認識。我希望這本書可以幫助讀者了解泰國菜的演變，不是從歷史觀點細說從頭，而是透過使用的食材和烹調技巧，透過食用的地區和方式，透過教我認識這些菜餚的人和我自己。

我應該說說這些人的故事，因為他們正逐漸凋零，他們的知識也瀕臨失傳。現在泰國的年輕一代，許多已經不想接手父母的小吃攤，或探究祖母製作涼拌竹筍的祕訣。他們想上大學、搬到曼谷或離開泰國，而且就像現在世界各國的孩子一樣愛吃肯德基。這些變化稱不上好壞，只是反映了經濟轉型給泰國年輕人帶來的新機會。書裡收錄的許多食譜，體現正在迅速消失的傳統，即使你不拿泰北 laap 食譜來做菜，至少它已經保存在紙上，有文字記錄了它的存在。

如何使用本書

首先，我得承認我寫這本書有兩個看似矛盾的目的：一是打破使人們不在家烹調泰國菜的迷思，二是認清在家烹調泰國菜需要努力。你不該因為道聽塗說而打退堂鼓，但應該確切知道要學的是什麼。

先從兩大迷思說起。迷思一：在家做泰國菜非常麻煩。這根本是胡說八道，我吃過太多令人驚豔的美食，都是從只有單口爐的破舊廚房裡煮出來的，況且大部分的事前準備工作要做到多仔細，全憑個人決定。每次僱用新廚師，我都會言明在先，他工作的地方不是用原木淺盤盛裝油炸蜂鳥佐松露油的高級餐廳，所以心態不能像是巴望進入 Noma 或 Per Se 這些米其林餐廳工作的二十歲學徒，而是要像剛開一家小吃攤的四十五歲農夫。這裡沒有要價五千元的昂貴刀具可用，只有一把百元的不鏽鋼菜刀，這裡不會有人要他把紅蘿蔔切成細丁，把黃瓜切成薄片，只要粗略切成一口大小的塊狀即可。做泰國菜算是直截了當，困難之處在於尋找食材。

迷思二：因為沒有食材，你沒辦法在美國做出泰國菜。正如各位所料，我當初在波特蘭做泰北 laap 時，的確遇到這個難題，許多泰國食材，像是羅望子嫩葉和香蕉花，不是找不到，就是品質遠不如泰國當地。香蕉花沙拉如果缺了香蕉花，就跟磚房沒有磚頭一樣荒謬。於是我想到一個別出心裁的辦法：別做香蕉花沙拉就好。本書食譜也依循這個邏輯，裡面都是可以在美國找到食材的菜餚，而且煮出來的味道就跟在泰國嘗到的一樣好吃。

接下來談談各位要做的事。本書不是「三步驟搞定亞洲菜」，有些食譜很簡單，但那不是我刻意簡化，而是食譜本身就是這麼簡單。有些食譜非常費工，就像你不能在街角小店隨便抓些空心菜、南薑和新鮮麵條，充當蕹薑菜、生薑和義大利麵，你也不能把咖哩醬的材料直接放進食物調理機快速攪拌，妄想成品會跟石缽搗出來的一樣美味。

因此，我刻意把食譜數量控制在七十道左右。想當初我頭一次學做異國料理，面對完全陌生的食材和烹調手法，就被太多不懂的東西嚇到不知所措。而鑽研大部頭著作然後學著試做，很像才修了物理入門，就要去建造太空梭。所以，藉由我的特別解說，應該足以提供烹調道地泰國菜所需的知識和方法。如果我要你煮出以前不曾嘗試過的陌生料理，至少得一步一步帶你走一遍才行。

為此，我寫了這本食譜書，詳細記載成功製作泰國料理所需的各種細節，即便這樣會使食譜的篇幅過長。有些較為複雜的菜餚，特定環節或步驟需要耗費多天，甚至數週、數月才能完成，我會提供一套計畫讓你弄清楚。我會鼓勵你、哄你、逼你、

要脅你，直到你願意加把勁把菜做好為止。雖然我有點獨裁，但卻是善意的那種，因此有些步驟特別繁複或食材特別難找的食譜，我也會提供替代方案——前提是得符合料理的真正需求。

食材與替代材料

我的食譜旨在重現風味獨特的特殊料理，有些可以在家輕鬆依樣畫葫蘆，有些則不行，我只有在不影響成果的前提下才會提供替代方案。如果買得到食材，請務必去買，〈食材介紹〉（11頁）和〈郵購管道〉（21頁）兩節都有相關資訊，可供參考利用。萬一沒有，我也有應變對策，幫助大家煮出真正道地的泰國風味。例如需要用到萊姆的菜餚，書裡都會建議多花點工夫去買島礁萊姆，它與泰國萊姆的香氣、果味和微甜度都很相似，不過也可以用一般萊姆汁調和少許梅爾檸檬汁取代。

此外，很多食材真的不好找，我建議各位去市場時不要只想一道菜色，要多預備幾種料理，萬一找不到你要的，也能夠隨機應變。

有人可能會問，荷包蛋沙拉（51頁）可否省略本芹，或者原本用來搭配炸全魚的辣椒醬可否改搭簡單的煎魚柳。我是希望大家先把整本書的食譜統統做過一遍，熟悉食材和烹調手法之後，你自然會知道哪些替代材料和速成方法是否可行。由於本書的宗旨是在協助大家烹調泰國料理，所以只要能夠幫你在家做出美味食物，我也不會介意。

食譜的限制

凡是值得一買的食譜書都會承認：世上沒有完美的食譜。尤其我這種充滿陌生食材和烹調手法的異國料理食譜書更是如此，毫無疑問地會有主要的學習曲線。各位開始練習之前，務必先做好心理準備：第一次試做的結果可能不會太完美。我寫這些食譜的目的，是幫助你頭一次嘗試就能近乎完美，否則至少也要好吃才行。我也希望你可以多試幾次，因為一定會一次比一次進步。

另一個建議可能是老生常談，慚愧的是我也不常聽話，所以值得再多說幾次：動手之前先讀食譜。這樣一來，你才知道事先可以或者必須先做哪些準備，以及烹調時應該有的過程。

依個人喜好調味

同樣是鳥眼椒，有的可能辣到無以復加，有的可能出乎意料地溫和，若拿醬油來說，有些品牌也可能比其他的鹹。食譜只能做到盡量說明，指引正確的方向，帶你到門口，但是入門的最後幾步只能靠你自己，所以大部分食譜的作者都會告訴你依個人喜好加鹽或檸檬調味。「依個人喜好調味」在泰國菜的烹飪中尤其重要，小販通常會依顧客要求做辣一點、酸一點、不要太甜，而麵食料理也往往附上辣椒粉、醋漬辣椒、魚露和砂糖等調味料，讓食客隨意添加。

假如我是泰國料理新手，而你又叫我依個人口味調味佬式／依善青木瓜沙拉（40頁），我很可能一口氣就倒入三倍的椰糖，成品嘗起來當然不會太差，但那已經不是佬式／依善青木瓜沙拉該有的味道了，這道菜除了食材香氣，要凸顯的是酸鹹中帶點臭味，不是甜味。食譜的重點在於要帶領你到（或許是你未曾到過的）特定境地。為此，我在每道食譜都會簡要說明料理應有的風味特性（從最顯著的味道開始列起），這樣一來，只要提到依個人喜好調味時，你至少有個目標可循。此外，我也會順帶提到一些小故事，希望能有所指引。例如有些菜餚單吃味道可能太重，但是配上糯米飯可能就恰到好處。其次，了解烹飪所需的食材，尤其是不熟悉的，也會很有幫助。所以，請大家盡情聞、盡量咬、放膽嚼，唯有如此，你才知道這些食材是如何影響最終成品。

練習過程你會發現，我常要求搗爛一堆食材，最後往往用不完，其實我是別有用意的。除了省卻鑽牛角尖去量的麻煩，同時也讓你多準備些醬料，以備不時之需。

拋開過往知識

做好異國料理的成功關鍵在於，抗拒你的烹飪直

覺。西方廚師習慣將要燉的肉先煎熟，接著煮到軟爛，肉湯也收乾成濃稠的醬汁。如果是要做名廚丹尼爾‧布魯（Daniel Boulud）的燜牛小排，這樣完全沒問題，但要做泰北牛肉燉湯，那可行不通。上菜溫度也一樣，本書的許多料理最佳上菜溫度是略低於常溫，如果是在潮濕的曼谷，常溫就是最理想的溫度，但不建議熱騰騰地上桌。

大火、烹調時間及其他

我不打算在這上面大作文章。不消說，你爐子的「大火」「小火」鐵定跟我的不同。此外，每道食譜提供的油炸、煮肉，以及將辣椒搗成粉末的時間，都只是約略數字，可能因火爐、鍋具和掌廚廚師而有所差異，僅供參考而已。真正需要注意的是食譜對於外觀、氣味、口感之類的描述。雖然這本書的目的是幫助你頭一次試做就能有出色的成果，但無論哪道菜，一定是多練習才會越做越好，這點請大家務必了解。

度量衡：容量和重量

我習慣用容量單位表示液態食材[1]，不只如此，就連磨碎、切碎、粉狀或者細小到可以用容量單位表示的也是一樣，為的是提供精確的計量。至於大部分的固態食材，我則習慣以重量單位表示。一臺不錯的電子秤臺幣幾百元就買得到，值得的。「2顆小紅蔥頭」或「中等大小的白蘿蔔」的說法根本行不通，我認為的「小」可能是別人的「大」。「¼杯檸檬香茅薄片」也不行，因為那些薄片的厚度以及將其收進量杯的習慣因人而異，都會影響最終的分量。「蒜頭3克」聽起來可能有點斤斤計較，但就是精確，也比用英制「0.1盎司」來得合乎常理。由於本書提及的許多食材、烹飪手法和料理，對大部分讀者而言比較陌生，精確更顯重要，你平常神準的直覺，在這裡也不派不上用場。但好消息是：

電子秤不貴。食材秤重一點也不難，只要起了頭，保證你樂此不疲。

即便如此，我最終還是禁不起沒有磅秤的朋友苦苦哀求，所以許多食譜仍然提供同等重量的容量單位（但我還是奉勸大家買個磅秤，而且嚴格遵守重量單位的指示，其他單位參考即可）。不過，需要搗成泥的食材是無論如何絕對不能讓步的，精確是它們的關鍵所在（乾辣椒是唯一例外，因為重量太輕有些磅秤無法準確測量，所以我除了提供重量，也會說明需要的數量）。

建立庫存

本書的許多料理乍看之下可能有點嚇人：一道簡單的熱炒就需要用到泰國蠔油、生抽和泰國豆瓣醬，一道沙拉要你準備熟糯米粉和熟辣椒粉，一道咖哩必須事先備妥特製蝦醬、搗咖哩醬並且炒香紅蔥頭。在西方世界重現泰式美味固然需要大費周章，從另一方面來說，做泰國菜其實也沒表面上看起來的那麼困難。

面對滿紙陌生食材該如何是好？出門來趟大採購就解決了。只要逐步累積一些庫存，即使規模不大也無所謂，這樣可以省下諸多麻煩。椰糖、乾辣椒、蝦米和罐頭醬料等乾燥或醃漬食材，可以在櫥櫃或冰箱無限期保存。許多新鮮食材，像是辣椒、南薑和卡非萊姆葉，冷凍可以保存好幾個月。

有些食譜之中還有食譜，更添挑戰，換個角度看就好難。泰國菜需要的庫存不同於西方料理，泰國的廚師手邊隨時備有基本食材，如辣椒粉、熟糯米粉、豬高湯，就算沒有也可以輕易找到上乘的好材料。在美國，有些材料必須自製，因為外面賣的就是不夠好。你不必每次煮菜都得重做一次熟辣椒粉，花點時間一次做多一些，可以用上好一陣子。其他如羅望子汁和椰糖漿，也可以保存1週。有些材料可能要提前一天或更早之前準備，我也盡其所能說明這類食材的保存期限。

---

[1]. 編注：本書使用的「杯」約240ml = 16湯匙。

本書有些食譜步驟比較繁複，但只要分成幾個階段，花幾週或幾天時間逐步完成，就沒那麼令人卻步了，為了進一步協助大家，比較複雜的食譜我會個別附上事前準備計畫，幫大家減輕心理負擔，快樂煮出美味佳餚。

烹飪配備

如果你想烹調本書的每道菜，就需要添購一些特殊配備。少了糯米蒸籠不可能煮出好吃的糯米飯，這大概只要臺幣幾百元。沒有鍋具比炒鍋更適合炒菜，添一個吧。要做出可口的沙拉料理，你需要又大又深的陶缽，要搗製咖哩醬，你需要中型花崗石缽。每道菜都會詳細說明烹飪所需的配備，以下兩份清單（都沒有大鍋、攪拌器、香料研磨器和配備齊全的廚房該有的其他東西），一份是給想以最精簡的配備做出最多道菜的人，另一份則是給打定主意要做完每一道菜的。這些配備幾乎到處都買得到，你也可以在泰國和其他亞洲超市或者網路上找到。

精簡版

- 電子秤
- 平底炒鍋
- 鍋鏟
- 中型花崗石缽（口徑約 15 公分）與杵
- 大型泰式陶缽（口徑約 20 公分）
- 木杵
- 煮飯電鍋
- 糯米蒸籠組（編織竹籃和大肚鍋）
- 長柄撈麵勺

進階版

上列九項再加上：

- 燒烤爐
- 泰式炭爐（Tao）
- 鋁製中式大蒸籠
- 陶鍋
- Laap 剁刀或其他切肉刀
- 木製厚砧板（非竹製）
- 青木瓜刨絲器（請買 Kiwi 牌）

煮一頓飯

利用本書煮一頓飯，需要多花點心思。書中以三種泰國常見菜式來分類介紹：合菜菜餚、客飯類、甜品類。

合菜菜餚 AAHAAN KAP KHAO

常見於一般家庭和餐廳，以多道共享的菜餚配上大量米飯，力求整桌飯菜甜酸、鹹苦、淡辣等味道平衡，而不同地方和民族的偏好口味也各不相同。

不同於泰國合菜的吃法，我們在美國餐廳偶爾會共享開胃菜，但其他牛排、義大利麵等餐點都是各吃各的，甚至在泰國餐廳也各自吃著自己的綠咖哩、紅咖哩，所以豐盛均衡的合菜菜式在 Pok Pok 很難賣。其實，美國人對這種合菜概念應該不陌生，每年我們都會闔家團聚，共享餐桌中間大盤子裡的烤火雞、火雞填料、糖烤地瓜以及酸酸甜甜的蔓越莓醬汁。

只需要用點腦筋，選擇幾道互補的菜色就可以讓味道平衡，大原則是不要整桌都是味道相似的菜餚，或全是大魚大肉、連續幾道重口味的料理。為了幫助大家進入狀況，每道食譜都根據風味特性和營養均衡的原則提供了配菜建議，這些建議也考量了烹調每道料理所需的工夫，儘管做菜本來就需要花點時間並事前規劃。

書裡的料理大多屬於合菜菜餚，因為不是主菜所以分量相對較少。不過我了解，如果你是要招待一群人，可能希望每道菜的分量可以多些。為此，只要是分量可以輕易加倍、不需大幅變更烹調過程的食譜，我都會特別注明。如果是特別複雜的菜色（如160頁的泰北豬肉末沙拉和158頁的泰北雞湯），或是分量太少很難料理的菜色（如170頁的緬式豬五花咖哩），我都事先規劃出分量較多的食譜，方便大家搭配米飯和其他一、兩道簡單的菜色食用。

客飯 AAHAAN JAAN DIAW

指本身就可以當成一頓飯或填飽肚子的料理，我用了一整章來介紹（183頁），如果沒有時間一次做好幾道菜湊出一桌正餐的話，可以試試客飯類。

甜品 KHONG WAAN

請注意，「甜品」不等於「甜點」，這類料理包含各式各樣的甜味小吃。本書介紹的只是泰國眾多甜品的一小部分而已，雖然篇幅不多，但卻也是我最喜愛的泰國菜式。

如何享用泰國料理

聽著，你用抹刀吃泰國菜也不干我的事，但泰國人的用餐方式有幾點值得一提，重點是：筷子可以收起來了。

泰國人十九世紀開始使用湯匙和叉子等西方餐具之前，他們是坐在地上用手抓飯吃。現今在盛產糯米的鄉下地方（北部和東北部），人們還是不常用餐具，而是用手抓一小撮米飯來夾取食物。不過桌上通常還是備有叉子和湯匙，尤其是吃茉莉香米時，一般是用湯匙吃飯，叉子只是偶爾用來將盤裡食物移至湯匙上。泰國菜有許多湯湯水水的料理，用湯匙方便多了。吃泰國菜用湯匙也就夠了，用叉子吃咖哩看起來反而怪異，就像用啤酒杯喝葡萄酒一樣：可以，但不是很好。

泰國餐桌通常不會出現刀子，因為肉類和蔬菜大多切成容易入口的大小。除非吃麵食，否則也不會出現筷子，那是源自中國的餐具，適用中式料理。

音譯說明

書裡的泰文都是根據「皇家泰語轉寫系統」（Royal Thai General System of Transcription, RTGS）直接音譯而來。這套系統是以拉丁字母拼出發音近似的字，但有個需要說明的奇特之處：它的發音規則跟英文有點不同，有些帶有「ph」發音的音譯字，如 phat 和 kaphrao，其 ph 不發 f 的音，而是發氣音 p。

食材介紹

當你準備開始烹煮異國料理時,不可能在一般超市找到所有食材。要製作本書的料理,你必須多去幾趟專賣店,有時還得在貨架之間或網路上細細搜尋。

不過也有好消息,你會因為找到的食材及地點而驚喜萬分。你家附近的超市可能不只販售鳥眼辣椒和檸檬香茅,還有新鮮的薑黃或帶根的全株芫荽,離家不遠的花市可能找得到刺芹,而這恰好就是許多泰北菜都會用到的 phak chii farang。

當你不易腐壞的食材庫存達到一定規模,採購次數自然減少,因為許多泰國菜用的食材都十分近似。至於幾乎不可能在美國找到的食材,我也提供自己餐廳的因應之道給願意多花工夫的讀者。如萊姆汁加入幾滴梅爾檸檬,味道和香氣可以媲美泰國當地用的萊姆,以容易找到的墨西哥普亞辣椒,替代難以找到的泰國乾辣椒。有些食材沒有替代品,但你還是必須弄到,像是帶有檸檬味、近乎肥皂味的南薑,味道濃烈芬芳的生鳥眼辣椒,我也許幫得上忙。[1]

以下列舉最罕為人知,以及為人熟知但與泰國本土稍有不同的食材,包括採買地點、挑選原則和容易混淆之處。切記,標籤標示差異極大,音譯文字也是(參閱 9 頁〈音譯說明〉)。

食材詞彙表力求簡潔,沒有辣椒的歷史或卡非萊姆葉的香氣口感,也沒有挑選新鮮芫荽的要訣(提示是用你的眼睛),只提供烹調書裡菜餚所需的知識,但如果食材保鮮方式有違常識,我會特別說明。總而言之,盡量在要用時才採買新鮮食材。

蕉葉 bai yok

新鮮或冷凍均可,許多亞洲和拉丁超市都可以買得到。

豆芽菜 thua ngok

可在超市的冷藏食品區找到,通常裝在箱子或袋子裡販售。書裡要用的是頭部呈黃色細扁狀的綠豆芽,而非圓澎狀的黃豆芽。

茖葉 bai chapluu

許多泰國和越南商店都買得到新鮮茖葉,在泰國商店標為 betel leaves,越南商店則標為 lá lóp 或 lá lốt。葉子摘下平鋪於紙巾之間,再放入夾鏈袋中,

---

1. 編注:許多泰國食材近年陸續引進台灣,普及,本書中提到的多可於泰國食品材料行、花市、傳統市場、中藥材行、網路或農家購得。

放冰箱最多能保存 2 週，比大多數香料植物來得久。[2]

血 leuat

書裡有些食譜需要用到生豬血和蒸豬血。

生豬血：最好到傳統市場的肉鋪訂購，一般呈液狀或膠狀。

蒸豬血：在市場或超市冷藏食品區都有販賣[3]。

辣椒 phrik

以下是書裡最常用到的辣椒種類。

乾普亞辣椒（或稱普拉辣椒）：泰國菜用墨西哥辣椒好像有點奇怪，這是因為它的大小和風味，近似泰國當地用的乾朝天椒（phrik kaeng，中等大小。台灣的泰國食材行有售）。普亞辣椒可在墨西哥和南美超市、部分超市的「拉丁食品」區以及網路買到。我的多道料理都要求用研缽把乾普亞辣椒搗成粉狀，不過由於曬乾處理後含水量各異，例如含水量較高者柔韌不易裂開，較難搗碎，有些處理起來比較費時。

乾鳥眼辣椒：就是曬乾的生鳥眼辣椒，形狀狹長，約 5-7.5 公分。購買時請認明包裝上有「泰國進口」或「泰國栽種」字樣，網路和東南亞超市都有販售，如果買不到，去買乾辣椒替代也行。有些食譜需要將乾鳥眼辣椒烤過或炒過，可以在做菜前一週就先進行，成品必須放在密封容器裡常溫保存。

生鳥眼辣椒：包裝品名通常標示為「泰國辣椒」，有時也稱「小指椒」。這種狹長形辣椒果色深紅，長約 7.5 公分，泰國商店都有。由於鳥眼辣椒的辣度差異極大，使用前務必先（小口）試試味道。成熟的紅辣椒和未成熟的青辣椒有不同的風味和香氣，因此每道料理都會建議最合適的辣椒顏色。也可以用冷凍生鳥眼辣椒（我的經驗是這種辣度比較平均）。如果生鳥眼辣椒無法在數日內用完，可以放進冷凍

烤乾鳥眼辣椒

辣椒放進乾炒鍋或平底鍋，大火熱鍋後轉小火，持續翻攪約 15-20 分鐘至辣椒散發強烈香氣，並呈深棕色（較剛開始的顏色深許多，幾近黑色）。

炒乾鳥眼辣椒

辣椒放進乾炒鍋或平底鍋，倒入適量植物油均勻裹覆辣椒，以中小火持續翻攪約 7-10 分鐘至辣椒呈深棕色，但非黑色。切記，油的餘溫會使辣椒顏色繼續加深，用有孔漏勺將辣椒移至紙巾上把油吸除。

庫，要用時放常溫下即可快速解凍。

匈牙利辣椒、羊角椒、阿納海椒：本書以這些辣椒取代無法在美國找到的多種中等辣度、香氣強烈的角椒。老話一句，辣椒的辣度差異很大，所以我會要求你多加上較小較辣的辣椒，來補充這些辣椒味道不足之處。大小超市裡都能買到阿納海椒，而較暖和的月分可以在農夫市集買到匈牙利辣椒和羊角椒。美國當地亞洲超市賣的不知名長形（12.5-15 公分）青辣椒，或許也派得上用場。

芥藍 gai lan

又稱「格藍菜」，盡量買個頭較小、梗較細的品種（小芥藍或芥藍苗）。

本芹 keun chai

葉子比美國本地常見的西芹還多，莖的部分更纖細，超市有賣。

芫荽 phak chii

如果食譜指明需要芫荽末，請連莖帶葉切碎使用。願意多花工夫的人可以在拉丁超市找到 cilantro macho，看起來就像結了籽的芫荽，葉子

---

2. 審訂注：烹飪用苳葉比檳榔用的清香，名為「一樂葉」，可於泰國食材行購得。

3. 編注：一般台式豬血湯裡用的豬血塊，即是以新鮮豬血凝固後蒸製而成，為了口感軟嫩可能加有一定比例的鹽、水或凝固劑。

較小呈羽狀，外觀近似泰國當地常見的山芫荽（phak chii doi）。

帶根芫荽 rak phak chii

使用前將芫荽根放在水龍頭底下邊沖洗邊搓乾淨。務必徹底洗淨，但本書食譜並未要求削皮。如果幾天之內用不著，切細冷凍保存。

椰奶和椰漿 kati & hua kati

在泰國絕對是用鮮搾椰奶和椰漿，沒得取代（Pok Pok 也是這麼做），但家裡我們用盒裝和罐裝產品就可以了。我的經驗是盒裝的最好，這種通常是百分之百椰奶或椰漿。購買時請認明外盒包裝有 Tetra Pak 或 UHT 字樣。如果盒內的油脂已經固化沉澱，請整盒倒進長柄小醬汁鍋小火慢煮，偶爾攪拌一下，直到整鍋液化。至於需要「分餾」椰漿（加熱椰漿，使油水分離）的料理，使用盒裝椰漿幾乎是唯一選擇，否則就可能得花較長時間才能成功（或者根本無法分餾）。儘管如此，我有次使用 Savoy 罐裝椰漿，倒也僥倖成功了。無論包裝為何，切記要買不甜的。

蝦米 kung haeng

許多雜貨店都有販售散裝或袋裝蝦米，有很多種尺寸，本書料理使用的是中等大小，有時包裝袋上會標示 M。

醃魚醬汁 naam plaa raa

有時也拼成 nahm pla raak、naam ba laa 或其他發音類似的拼法，越南文則寫成 mắm nêm。請選用 Pantainorasingh（泰國）或 Phú Quốc（越南）品牌。注意成分表不能有糖，如果是越南牌子，上頭不要寫有 pha sǎn，這加了糖，是當佐料用的。

魚露 naam plaa

除非另有指明，請選用 Squid、Tiparos 或其他泰國品牌。

南薑 kha

這種多節的根莖植物看起來很像外皮蒼白的生薑。可在泰國雜貨店或網路訂購。

韭菜 kuay chai

超市可以買到，但不要買到頂端有黃色花蕾的韭菜花。

青蔥 ton hom

除非另有指明，請使用蔥白和蔥綠的部分。

青木瓜 malakaw

這是尚未全熟的木瓜，果肉呈淡綠色，口感爽脆帶點苦味，可在水果行或超市找到這種硬邦邦的綠皮水果。

卡非萊姆葉 bai makhrut

可在泰國商店或網路上訂購新鮮（通常放在冷藏食品區）或冷凍的，切勿使用經過乾燥處理的。新鮮萊姆葉幾天內用不著就冷凍，要用時拿出冷凍庫不到 1 分鐘就會解凍。

卡非萊姆 luuk makhrut

又稱瘋柑、瘌瘋柑，通常是新鮮或冷凍販售，主要使用它坑坑巴巴但卻香氣十足的外皮。新鮮的瘋柑如果一、兩天內用不著就冷凍。

檸檬香茅 takhrai

現在很容易買到，不過放冰箱幾天後香氣就會開始減弱。許多食譜都需要柔嫩的檸檬香茅芯，取用方法是底端切去約 1 公分，頂端切去約 12.5 公分，切掉的部分可以留下來煮高湯。把堅硬多纖維的外層撕掉，剩下柔軟呈淡黃色的芯。切片請從較肥厚的那端開始，切到吃力時剝除硬皮再切，反覆直到切完。檸檬香茅的尺寸和新鮮度會影響芯切成薄片的數量，一根大支的新鮮檸檬香茅，約可切出一湯匙的分量。

日本南瓜

泰國臭菜

白蘿蔔

泰國馬可圓茄

佛手瓜

亞洲長茄

芥藍

長豇豆

高麗菜嬰

青菠蘿蜜

杏鮑菇

小番茄

蠔菇

油菜

空心菜

黃瓜

泰國沙薑

嫩薑

白薑黃

老薑

薑黃

南薑

橙辣椒

泰國蒜頭

泰國紅蔥頭

鼠糞椒

朝天椒

紅蔥

紅鳥眼辣椒

蒜頭

卡非萊姆葉

卡非萊姆

檸檬香茅

角椒

青鳥眼辣椒

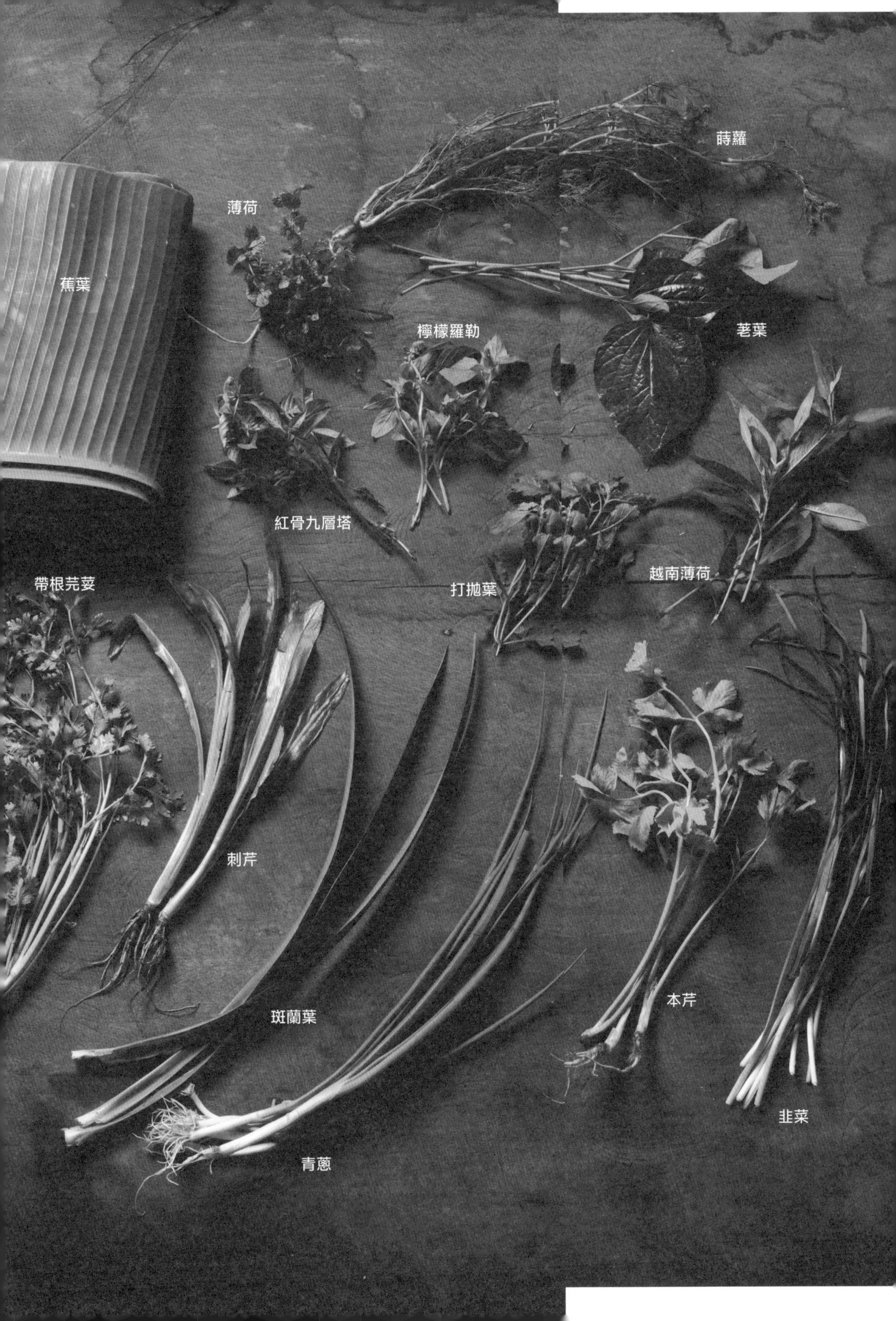

蒔蘿

薄荷

蕉葉

檸檬羅勒

荖葉

紅骨九層塔

帶根芫荽

打拋葉

越南薄荷

刺芹

斑蘭葉

本芹

青蔥

韭菜

榴槤

榴槤果肉

泰國蜜瓜

青木瓜

萊姆

番石榴

芒果

冬粉 wun sen：又稱綠豆粉絲、粉絲或粉條絲。請到超市買袋裝的乾冬粉。

米線 khanom jiin：本書使用乾米線取代泰國販售不必另外烹煮卻不易買到的生泰國米線（khanom jiin，231 頁）。請購買泰國品牌（如 Cock and Butterfly），或是越南品牌（如 Three Ladies），包裝上要有越南字 bún gà。

細河粉 sen lek：本書有兩道料理會用到種類有點不同的細河粉，若只能找到一種，交替使用無妨。船麵（204 頁）要用的是扁薄的細河粉（通常標有 bánh phở），形狀近似義大利細扁麵。泰式炒河粉（221 頁）要用扁平但稍微寬一點的河粉（通常標有 phat thai 字樣），形狀近似義大利緞帶麵。這兩種河粉都有分半乾和全乾，半乾的略為柔軟，擺在超市或東南亞超市的冷藏食品區。全乾的又硬又脆，直接放在貨架販售。烹煮前都得先泡溫水，充分軟化（但不要完全軟化），半乾的約 15 分鐘，全乾的約 25 分鐘。

萊姆 manao

　　泰國當地的萊姆無論大小和氣味，都比較近似美國常見島礁萊姆。本書所有食譜都可用一般萊姆汁，在裡面加幾滴梅爾檸檬，香氣比較足，味道也不會那麼苦。請挑選外皮亮澤光滑（不要暗沉、凹凸不平）的萊姆，會比較皮薄多汁。[4]

長豇豆 thua fak yao

　　有販售菜市場或超市幾乎都有賣，又稱豇豆，是形狀很長的綠色豆類植物，不需標示就能輕易認出。請選形狀較細、顏色較暗的品種，泰國廚師大部分比較偏愛這種長豇豆。萬不得已，可用法國四季豆或一般四季豆取代。

麵條 kuaytiaw

　　本書食譜需要五種麵條，由於包裝標示混亂不清，使得有點難以選購，請留意麵條形狀，並參考右圖選購。

---

4. 審訂注：台灣的無籽檸檬風味與外形最近似泰國萊姆，其他萊姆與檸檬品種外皮較苦則不適合。

生細麵
（酸辣麵用）

生細麵
（咖哩麵用）

寬河粉

冬粉

泰國米線
（像在泰國賣的那
樣以束計的熟麵）

半乾細河粉
（泰式炒河粉用）

米線

寬河粉 sen yai：廣東話稱炒粉。新鮮寬河粉寬約 4 公分，可在超市買到[5]。不建議用泡水或煮開的乾河粉取代。事先切好的河粉通常太細，建議買河粉片回家自己切，先折疊再切才能有漂亮形狀。

這些河粉事先已經完全煮熟。如果幸運買到現做河粉或河粉片的話，請當天煮完。只要嘗嘗看就能判別：現做的滑潤彈口，放好幾天的則粉粉的、有點乾硬。買到的河粉很可能已經硬化且黏成一團，只要在使用前小心剝開即可，弄斷沒關係，但盡量保持完整。如果容易斷裂或結成一塊，就放進微波爐加熱，或用滾水浸泡幾秒軟化，畢竟這些河粉已經熟了，最後當然要瀝乾水分再用。

生細麵 ba mii：這種沒有煮過的黃色雞蛋麵條（鹼水麵），可以在超市的冷藏食品區找到。豬肉香料植物酸辣麵（207頁）要用的是圓形細麵，泰北咖哩雞湯麵（214頁）要用的是扁平細麵。

泰國蠔油 naam man hoi

請用甘甜不死鹹的 Maekrua 或其他泰國品牌。

椰糖 naam taan beuk / naam taan piip

主要有兩種：硬的（naam taan beuk）製成圓盤狀販售，軟的（naam taan piip）罐裝或袋裝販售，但軟椰糖常因保存不當而硬化。本書只需要圓盤狀的硬椰糖，少數用到軟椰糖的料理，我會提供微波爐再製軟椰糖的方法。如果沒有微波爐，可以將硬椰糖放進研缽，灑上每道食譜所指示的水量，搗成均勻糊狀。

請購買 Golden Chef 或 Cock 等牌子的泰國百分之百純椰糖。

斑蘭葉 bai toey

又稱七蘭葉、香蘭葉，是露兜樹的新鮮葉子，泰國食材行就有。

泰國酸菜 phak dong

請買 Cock 或其他泰國品牌。千萬別買卡其灰色或螢光黃色的酸菜。使用前先瀝乾，然後泡水 10 分鐘，再瀝乾一遍。

醃魚醬 plaa raa

有時也拼成 pla raak、pa laa、ba laa 或其他發音類似的拼法，越南文則寫成 mắm cá sặc。請買 Pantainorasingh 或其他保留全魚或魚柳的品牌，也不要是膏狀的。

米 khao

本書食譜需要茉莉香米和糯米，請務必使用泰國生產的。更多米的介紹，請見第 1 章。

泰國菜脯 chaai pua

請買袋裝切成細條或保留整條蘿蔔形狀（沒有切碎）的泰國品牌。我的食譜需要預先切成細條的菜脯，如果只買得到整條菜脯，就先橫切成厚約 0.3 公分的片狀，放平再切成極細的條狀。

刺芹 phak chii farang

又稱刺芫荽、鋸齒芫荽，也就是拉丁超市的 culantro、recao，越南超市的 ngò gai，葉狹長、邊有鋸齒，味道較強烈、更辣、更苦的芫荽。

調味醬 maggi

沒錯，它的名稱就叫「調味醬」。請用 Golden Mountain、Healthy Boy 或其他泰國品牌。

芝麻油 naman ngaa

以烘烤過的芝麻仁製成的淡棕色油品，請買亞洲品牌，建議用百分之百純芝麻油，或能買到的最高純度。

---

5. 審訂註：炒河粉可以客家粄條替代，煮湯的則可選用口感如鼎邊銼的粄條。

泰國紅蔥頭 hom daeng

我喜歡用亞洲超市販售的圓形小顆紅蔥頭搗成泥狀用來炒菜、做成咖哩等等，大小和氣味都比法國紅蔥頭合用，含水量也較低。若是不需搗碎，例如切片後直接加進沙拉或放入湯裡燉煮，則可以放膽用個頭較大的法國紅蔥頭，甚至是紅珠蔥。[6]

蝦醬 kapi

本書有兩種蝦醬。第一種色深味辛的 kapi（又拼作 gapi）製作原料其實不是蝦子，而是稱為 khoei 的小型甲殼類。大部分的泰國中部料理都用這種蝦醬，請買 Twin Chicken、Pantainorasingh 等泰國品牌，但不要買到含有醬油的蝦醬。第二種 kapi kung 味道較溫潤，我認識的泰北廚師都偏愛這種，但通常要用兩種蝦醬製作（274 頁）。

醬油 si ew

泰國人用的醬油有三種。生抽（淡醬油）味道較鹹，沒有特別強烈的味道。老抽（黑醬油）看似顏色濃重的糖蜜，味道微甜，但比生抽甜多了。珠油（甜醬油）跟糖漿一樣非常甜，如果說老抽像糖蜜，那麼珠油就像 Aunt Jemima 煎餅糖漿。醬油請買泰國品牌，如廣恒盛（Kwong Hung Seng，商標上有蜻蜓圖樣）、Healthy Boy 或 Maekrua。

羅望子肉 makham

也稱「羅望子醬」，或只稱「羅望子」。請買泰國或越南的無籽品牌，如 Cock。本書許多料理都要先經過簡單萃取（275 頁）。

紅骨九層塔 bai horapha

請買這種有點甘草味的品種，在泰國市場、其他亞洲市場和農夫市集有時又稱「甜羅勒」，有時只標「羅勒」，但認明紫色莖梗肯定沒錯。

番茄 makheua thet

我們愛吃甜軟多汁的番茄，但泰國番茄則酸脆多了。如果你願意多花工夫，就買硬一點、還沒全熟的番茄。

越南薄荷 phak phai（越文 rau răm）

在東南亞超市可以買到這種香料植物，又稱「越南芫荽」和「叻沙葉」。

泰國沙薑 krachai

又拼做 grachai 或 kachai，也稱甲猜、手指根、野薑，較少稱為凹脣薑，或許可以找到冷凍泰國沙薑，只要清洗乾淨，也可以用來烹調本書的料理，但別用罐裝，無論錫罐或玻璃罐，或已經切絲的泰國沙薑。

泰國豆瓣醬 tao jiaw

請買廣恒盛或其他泰國品牌。

薑黃 khamin

請找新鮮的薑黃，印度和部分泰國雜貨店，以及網路都可以買到。

油菜 phak kat

外觀近似芥藍，但味道有些不同，可以從菜上的黃色小花來辨別。

瓶裝調味醬料

關於選擇正確的調味醬料，我建議：去專賣店找泰國品牌，或瓶身上寫有泰文、「泰國製」的產品。拿日本醬油或其他醬油來煮泰國菜味道就是不對。購買時請詳閱品牌包裝說明，並避免買到「Thai Kitchen」品牌系列產品。

---

6. 審訂注：泰國紅蔥頭狀似小型紅洋蔥，可用台灣的紅蔥頭，味道相似。

網購管道

如果住家附近沒有好的泰國食材商店，或一直找不到某種食材，不妨試試以下網站：這些東西都可以請人直接送到家門口。[1]

Importfood.com

本書所需的廚具幾乎都買得到：炭鋼炒鍋、糯米蒸籠、陶鍋、泰式炭爐、泰式陶缽和花崗石缽、寬口中式蒸籠、撈麵勺以及木製厚砧板。

新鮮食材：斑蘭葉、茖葉、青木瓜、南薑、薑黃、卡非萊姆及葉子、生鳥眼辣椒等等。

儲備食材：盒裝椰奶和椰漿、天婦羅粉、米粉、乾河粉、瓶裝醬汁等等。

Kalustyans.com

椰糖、蝦醬等儲備食材，新鮮整顆肉豆蔻、乾蓽芨（pippali）等辛香料，鳥眼和普亞等乾辣椒。

Templeofthai.com

本書所需的廚具幾乎都買得到：炭鋼炒鍋、糯米蒸籠、陶鍋、泰式炭爐、泰式陶缽和花崗石缽、撈麵勺、多種尺寸的中式蒸籠、青木瓜刨絲器等等。

新鮮食材：南薑、薑黃、卡非萊姆及葉子、生鳥眼辣椒等等。

儲備食材：泰國糯米、乾鳥眼辣椒、羅望子肉、蝦醬、菜脯、酸菜、椰糖以及瓶裝產品，包括較難買到的醃魚醬汁和魚露等。

Wokshop.com/store

本書所需的廚具幾乎都買得到：各式炒鍋和鍋鏟、糯米蒸籠、泰式陶缽、寬口中式蒸籠、切片器、撈勺等等。

---

1. 編注：台灣各大購物網站也十分便利，也多可找到下列材料。

泰國各區簡介

「我們要點泰國菜，想吃什麼？」友人說。我打賭大部分的人都不需要菜單，至少我不用，因為上面肯定少不了青木瓜沙拉、春捲和冬陰湯，也一定會有豐富多樣以打拋醬拌炒，或煮成淡雅綠、紅、黃色咖哩的蛋白質（包括豆腐）。當然，還有泰式炒河粉、醉麵、芥藍炒河粉，現在我們對這些泰國麵食的熟悉程度，已經不下於肉丸義大利麵和伏特加茄汁義大利麵。

「泰國菜」已經逐漸變成某種刻板菜式的代名詞，但它其實代表著一個幅員遼闊、文化多元的國家，許多不同宗教、語言和文化的民族，因為居住在相同土地上而有鬆散的連結，因為政府治權和政治疆界而有名義上的關聯。換句話說，泰國菜的內涵遠遠超乎你從菜單上所認識到的印象。

這並非泰國菜獨有的特色，美國人對中國料理也有嚴重的刻板印象。中國擁有約十五億人口和二十多個省分，各省都有自己的飲食文化，但在西方全被化約為陳皮牛肉、炒飯、撈麵和左宗棠雞。縱使是美國人較為熟悉的義大利菜，雖然不像東方料理那樣充滿鹹魚和陌生蔬菜，但還是經常被簡化為一份用地名來區分料理特色的萬年菜單，比如普利亞（Puglia）、利古里亞（Liguria）、西西里。大家可能都同意，「我們去吃義大利菜」聽起來跟「我們去吃美國菜」一樣奇怪。雖然奇怪，但人人都懂。

很多人以為我會瞧不起美國的泰國菜，我才不會。不曉得是哪個有眼光的天才把包羅萬象的泰國菜精簡成二十幾道料理，所有挑戰中國菜和日本菜在美國獨霸地位的亞洲料理中，泰國菜之所以成功擊敗馬來菜、新加坡菜、越南菜和韓國菜的致勝關鍵，就在它那隨處可見且讓人食指大動的菜單。現在我們很高興知道，原來還有這麼多種泰國菜可以品嘗。

* * *

在食物和文化可以藉由汽車、飛機、火車在泰國境內進行大規模交互傳播前，泰國廚師與世界各地的廚師一樣，只能使用當地既有食材，住在內陸的人自然沒有海魚可煮，遠離泰國南部椰子樹產地的人自然不會做出椰汁咖哩，鄰近叢野森林的人自然會吃野鳥、野豬、爬蟲和昆蟲。

峻嶺深林讓早期缺乏現代交通工具的泰國人幾乎無法旅行到其他地區。現在我們認為鄰近的區域，過去都因這種地形而隔絕，鮮少知道彼此的存在。即使泰國在十四世紀統一，境內仍有許多使用不同語言的族群。政治疆界難以反映族群語言疆界，國王名義上統治城市，事實上卻因距離過遠而缺乏影響力，遑論控制。

數百年過去，泰國境內的王國、文化和遊牧民族逐漸融合，各地的差異也隨之淡化，你很容易看到清邁餐廳在賣依善料理，曼谷小販兜售辛辣的泰

南咖哩。泰北廚師使用蝦醬，泰北人食用海魚和椰芯，這些都是非常晚近才進入當地料理的食材。然而，即使各地飲食隨著新食材和新技術引入而與時俱進，但仍有許多地方特殊風味、烹調手法和食用方式持續流傳下來。廚師在引進新奇事物之際，仍不忘保留地方特色。

泰國現今主要分成四大區，以下簡要介紹各區的飲食特色，不過由於各個城市、村莊、家庭的料理、實況和傳統都不可能相同，因此這樣的介紹不可能完整，勢必得簡化。如果想深入認識各別地區和飲食，建議花幾週時間細讀大衛·湯普森的《泰國料理》。

儘管如此，以下介紹還是有助於粗略認識泰國的四大基本菜系，最起碼了解它們的差異。

北部

概覽

多河川、山區、叢林（至少以前很多），氣候相對涼爽，素以美食著稱，別具特色的菜餚反映當地的溫和氣候、多元種族（包括佬族、緬族、傣族、來自中國雲南的華族，以及苗族、克倫族等原住民族），以及深刻的外來文化影響。清邁是北部重要城市，受緬甸統治到十八世紀末，十九世紀末結束獨立狀態，爾後數十年與曼谷保持疏遠的關係。

米種：泰國糯米

風味特性和典型調味料

大量使用乾燥辛香料，經常以新鮮薑黃入菜，菜餚普遍的苦味來自葉子、嫩苗、泰北馬昆花椒（makhwen 一種泰北花椒樹的種籽，見110頁附注）之類的辛香料，偶爾也用牛膽汁。當地廚師愛用羅望子，少用萊姆。泰北廚師傳統使用 thua nao（乾燥過的圓盤狀發酵黃豆）調味，不用魚露和蝦醬，但現在全都用上了。泰北菜相較於其他地方菜系是最不辣的，此外沒有太大差異。

代表菜色

泰北牛肉燉湯（154頁）和泰北青波羅蜜咖哩（166頁）等燉煮咖哩（不是用炒的），青辣椒醬（174頁）之類的開胃菜，烤肉，泰北豬肉末沙拉（106頁，與依善地區的差異極大，可能源自不同國家）。

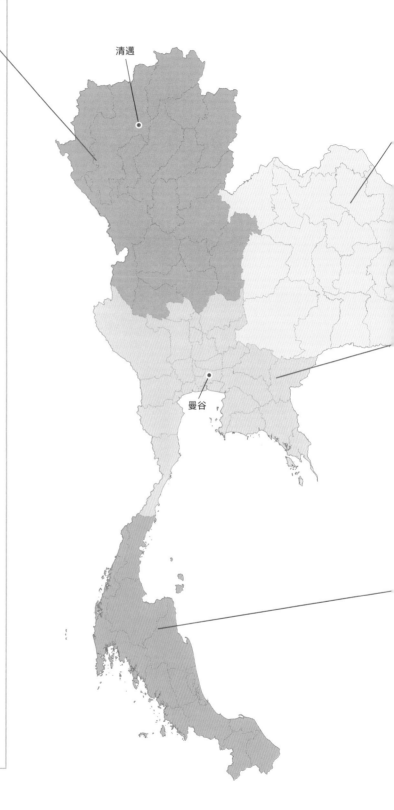

清邁

曼谷

東北部（依善地區）

概覽

土壤貧瘠，氣候多變，深受季風影響，也飽受酷暑和乾旱之苦，過去幾乎與泰國其他地方隔絕，近代始有改善。鄰接寮國和柬埔寨（當地人屬於佬族和高棉族），地勢平坦，河川湖泊廣布，山區主要分布於南部和西部。

米種：泰國糯米

風味特性和典型調味料

自古缺乏食物，因而孕育出簡單卻辛辣刺激的農民料理，也許這正如大衛‧湯普森所說，用少量食材將大量米飯變得可口好吃。油脂和燃料（如薪柴）向來短缺，因此廚師偏愛慢烤、水煮、生食或醃製的手法處理食材。基本調味料是醃魚醬，實際用的是醃魚醬未經過濾和提煉的沉澱物。由於濕度較低，辣椒在此很容易乾燥，所以小粒的紅色乾辣椒用起來一點也不手軟。

代表菜色

佬式／依善沙拉青木瓜（40頁），依善肉末沙拉（117、119頁），plaa som（魚先發酵再炒，塗有酸辣蘸醬的炭烤肉串和動物內臟），燒烤春雞（135頁）。

中部

概覽

土壤肥沃，鄰近暹羅灣、南部椰子樹及當今的政經中心——首都曼谷，因此蔬果種類繁多，魚蝦、螃蟹、貝類等海產豐盛，多采多姿的料理反映外來文化的影響和當地物產的豐饒。泰族是本區的主要族群，而華族則是人數最多的少數族群。

米種：茉莉香米

風味特性和典型調味料

白糖和椰糖帶來甜味，醋和水果（萊姆、羅望子等）帶來酸味，蝦醬和魚露帶來鹹味，椰漿帶來濃郁口感。食物雖辣，但不如南部和東北部料理辛辣。

代表菜色

濃郁的炒咖哩，如綠咖哩（161頁的綠咖哩魚丸）和咖哩烤鴨。冬陰（tom yam）之類的甜辣湯煲，湯麵和泰式炒河粉（221頁）之類的炒麵，以及許多色彩鮮亮的沙拉。

南部

概覽

眾多穆斯林聚居此地，海岸線綿長，熱帶氣候加上肥沃土壤，孕育出與眾不同的料理文化，以豐富的海鮮、椰子、水果，以及山羊和羊肉為最大特色。從地理上來看，泰國南部絕大部分位於克拉地峽，泰國國土形狀近似大象，而泰南正好位於象鼻的位置。本區在過去曾是印度、中東和歐洲商人的中途站，而今則成為國內外觀光客鍾愛的海灘度假聖地。

米種：茉莉香米

風味特性和典型調味料

盛產新鮮和乾燥的鳥眼辣椒，因此食物口味可能是全泰國最辣的。新鮮羅望子等香料種類繁多，此外也產中東香料，如孜然、丁香。蝦米、蝦醬和醃魚醬汁提供鹹味和臭味，而鳳梨和羅望子等酸味水果則平衡了口味。南部到處都有椰子樹，許多料理也都善用椰奶和椰漿入菜。

代表菜色

薑黃蒜頭炒雞肉和魚肉，加了馬鈴薯、香甜濃郁的穆斯林咖哩（kaeng massaman），酸筍椰汁黃咖哩，辛辣的咖哩魚或咖哩牛肉。

鉢與杵

有回我搭柴油特快車從依善去曼谷，火車上沒有臥鋪，只能坐著撐過八小時的遙遠路程。我跟來自依善的同車旅客聊了起來，那群男人問我去不是觀光勝地的依善做什麼。我回說去吃東西，並問他們會不會做菜，有個男人突然開口：「會，pok pok pok。」這是泰語模擬杵敲擊鉢的聲音。

這段往事距我開設 Pok Pok 已將近十年，他的回答顯然令我難以忘懷，不是回說「當然，你真該見識一下我的手藝」或「會，我做的咖哩還不錯」，而是馬上就把做菜與使用鉢杵畫上等號，這充分說明了工具對泰國菜的重要性。

研鉢是基本工具，使用方法絕非用力讓兩塊石頭相互敲擊，雖然帶點前工業時代的味道，但現代工具沒有它好用。

食物調理機的確是快多了，但那是非不得已才用，因為做出來的咖哩醬、醬汁、調味料和佐料，味道和口感根本比不上手搗的，而且很多醬料都卡在調理機裡浪費掉了。

兩種研鉢

本書料理需要兩種鉢，各有用途不能混用：厚重的花崗石鉢主要用來將食材搗成泥，而深到幾近圓錐形的陶鉢（泰國也有木製的）用來製作特定料理，最具代表性的就是青木瓜沙拉。可至泰國超市和其他販售專業廚具的商店或上網購買。購買前最好請仔細檢查鉢身有無裂縫。

鉢杵十分簡單好用，只是有些技巧需要說明。注意：每個廚師的用法不盡相同，以下說明的只是 Pok Pok 的方法。

花崗石鉢

目的：本書提及將食材放進花崗石鉢搗碎，指的通常是以下四種情況。

- 稍微將食材搗濕（壓成小碎塊），以便做成炒高麗菜嬰（91 頁）和清蒸檸檬魚（76 頁）等料理。
- 搗成帶有粗粒和纖維的醬料，用以醃漬牛腹肉（68 頁）和豬頸肉（125 頁）。
- 搗成細緻勻滑的醬料，用以製作泰北牛肉燉湯（154 頁）等煮咖哩和泰北炒南瓜（94 頁）之類的炒蔬菜。
- 搗成質地勻滑的醬料，用以烹調緬式豬五花咖哩（170 頁）和綠咖哩魚丸（161 頁）等炒咖哩。

花崗石杵要夠重，鉢要夠分量，才能充分將食材搗磨成泥。

技巧：為了讓醬料更光滑細緻，多纖維的食材要先逆紋切成適當大小再搗。不過大部分食材不必切小塊，以免研搗時濺出去。

將缽置於折疊的毛巾上可以穩定缽身,並減少捶搗動作對檯面或桌面的衝擊。也可以把缽置於桌腳正上方的桌面,將捶搗力量移轉至地面,減輕桌面所受的衝擊並降低音量。

一次研磨一種食材,必須完全搗碎才能再加另一種,順序依照食譜說明,通常是從最硬、最多纖維的開始,例如乾辣椒、檸檬香茅、芫荽根。然後是沒那麼硬的,例如南薑、薑黃等等。接著是較軟、較濕的,像是蒜頭、紅蔥頭,最後是極軟的,例如蝦醬。

訣竅很好掌握,但有些細節值得一提:

- 捶搗時,手腕要放鬆,讓杵大部分的重量作用在食材上。
- 食材放在缽中央,用力捶搗將其壓扁碾碎,再用杵把食材抵著缽壁碾細磨碎,直到全部呈泥狀。
- 捶搗過程不時用湯匙攪拌粉末和醬泥,確認沒有未碾碎的粗塊。
- 倒入較濕軟的食材時,缽中的泥糊會變得滑溜,需要花點時間才能攪打均勻,這時最好集中力量將食材抵著缽壁磨碎碾細。

陶缽或木缽

目的:用杵稍微捶搗主菜,像是青木瓜、黃瓜之類的食材,以便使調味料入味,但又不讓食材完全失去原有的形狀或清脆口感。輕盈的木杵或陶杵最適合處理這種微微捶搗的工作。缽的深度足以邊搗邊拌。

技巧:兩手分別拿著杵與大湯匙。捶搗時不要太用力,杵要稍微傾斜,不要直接從正上方搗下去。祕訣是捶搗時,杵多少要往缽的側邊撞擊,和緩敲打食材的力道,並發出 pok 的聲響。這方法的細節微妙難言,牢記千萬別做的事或許有點幫助。為免食材被搗爛,不要上下垂直捶搗、不要正對缽心敲擊。捶搗時用湯匙將缽底的食材翻挖上來,這樣會產生緩慢翻摔的效果,就像烘乾機裡的衣物。

米飯
KHAO

我一打算寫本食譜，就決定第一章要寫米飯。在泰國菜（甚至泰國文化）中，各種辣椒醬、湯煲、熱炒和沙拉，都比不上這種糧食來得不可或缺。

米飯的重要性深植於泰語，值得一提再提的好例子就是：泰國人在街上遇到朋友時會說：「Kin khao reu yang?」（吃飯了沒？）這句話不僅是問候「近來如何」，同時帶有邀請意味，如果對方回答還沒，就代表接受晚餐邀約。換句話說，米飯就是一餐的簡稱。

這是因為幾百年來泰國人都就以米飯為主食。四口之家可能圍坐在地上，中間擺著一小碗嗆辣的辣椒醬、一盤蔬菜、一點肉（如果這家人夠好命），以及一堆米飯，品種可能是當地數百種土產稻米之一，不過本書只介紹其中的茉莉香米和泰國糯米。自古米飯便是泰國餐桌不可或缺的一員（除非你是吃麵，其實麵也是近代才從中國傳入的舶來品），有時米飯就是餐桌主角，一大碗或一整簍擺在餐桌中央，方便大家自行取用。現今米飯在泰國日漸勢微，甚至成為配菜，中產階級崛起，意味著人們比較喜歡而且也負擔得起多肉多油的飲食，漸漸少吃米飯。

儘管如此，大部分泰國人正餐仍少不了米飯，其重要性令西方人百思不得其解，我也曾困惑許久。米飯在美國只是可有可無的眾多配菜選項，主菜（烤雞或牛排）才真的重要。要想了解這種餐桌上最平淡無味的食物為何能有如此地位，可以想想我們熟悉的三明治。基本上，三明治種類是以餡料來區分，有火腿三明治、費城起司牛肉三明治、培根生菜番茄三明治，這些餡料如同泰國餐桌上的一道道菜餚。就三明治而言，麵包的存在是不言而喻的，麵包定義了三明治，沒有麵包就沒有三明治。同樣的道理也適用於泰國菜的米飯。

米飯定義了泰國菜，所以幾世紀以來，泰國廚師發想菜色都是以配飯吃為基礎。因此不難理解泰國菜以重口味著稱，菜餚分量不多但必須夠味，配起飯來才有滋味。只要牢記這點，你就會覺得打拋葉炒雞（189頁）沒有配飯吃非常奇怪。這道簡單料理以雞肉、辣椒和一大堆打拋葉快炒而成，蒜味飄香，嗆辣帶勁，整盤單吃就跟吞下一罐芥末一樣荒謬，這道菜需要配飯吃。米飯搭配其他食物食用，

不但能提供溫和的映襯，本身的芳香及輕淡的果仁味也很突出，這樣的風味雖不足以成為一道佳餚，但搭配著吃卻能使菜餚的味道變得完整。

在美國，我們喜歡將各種吃的倒在飯上，把飯弄得濕答答的，別這麼做。如果是糯米飯，用手抓一小團，再用飯來夾取其他食物，如果是茉莉香米就用湯匙挖，配點重口味的菜餚一起食用。米飯不要一粒一粒挑著吃。

正宗的荒謬

我對很多人稱讚 Pok Pok 和我其他餐廳的料理「正宗」受寵若驚，不過在我的餐廳禁止用「正宗」和「傳統」這兩個類似恭維的詞彙，這暗示著一種絕對的料理，意味在世界某個角落存在真正的泰國料理。Pok Pok 曾有位泰國土生土長的廚師，他看著餐廳菜單上的某道料理嘲弄道：「怎麼沒有番茄？泰國料理一定要有番茄。」我吃過那道菜數十次，還費盡心思把味道調成我吃過的那樣。他對其他料理的態度也一樣。相信我，去問二十個墨西哥廚師怎麼做綠番茄沙拉，會有二十種不同做法。

無論「正宗」或「傳統」，都很可笑，說得彷彿每個地方的傳統都一樣，彷彿傳統不會改變、演進，畢竟泰國菜有些我們以為不可或缺的食材、烹飪手法和菜式，都是相對後期才進入這個烹飪體系的。

要想擺脫外來影響去尋求純正的泰國味道，是非常困難的。如果忽略中國影響，我們現在認識的泰國美食將會失去很重要的部分，包括幾乎全部的麵食料理及所有熱炒菜餚。如果少了西方影響，泰國菜也不會有麵包或番茄。

對美國人而言，最能定義泰國菜味道的，或許莫過於辣椒的辛辣滋味。但辣椒是十六世紀左右，才由葡萄牙人借道新航路傳進泰國，此前的數千年，泰國人都是利用胡椒粒、南薑及其他味道強烈的香料植物和辛香料，來為菜餚增添辣味。

相較於越南等鄰國的料理，小部分嗆辣菜色的確是泰國菜非常突出的特點，但辣味的重要性已經過於誇大，那不過是眾多滋味之一，很多泰國菜一點也不辣。

辛辣往往是辣味料理的必要元素，我在美國看過有人點紅咖哩要求不要辣，但這類料理在泰國稱作 kaeng phet，是「辣咖哩」的意思，卻被誤譯為「紅咖哩」。點不辣的辣咖哩，就像點「清湯」冬粉（149 頁）但卻要求做成辣的一樣荒謬。

當然，我明白人們用這些令人望之生畏的詞彙，代表的是想要吃到道地的泰國菜。如果去泰國旅遊，你會不時聽到：「Kin aahaan thai dai mai khrap?」（你知道泰國菜怎麼吃嗎？）泰國人似乎很難相信有外國人願意吃他們吃的東西。其實這種想法並不難理解，泰國食物的風味特性肯定不合外來人的胃口，有的很辣，有的帶點臭味，這些都不一定適合每個人的口味，所以泰國小販經常兜售炒河粉和香蕉煎餅給觀光客。我點泰北料理時，泰國人既意外又開心，他們笑著告訴朋友，他們很高興我想要吃那些食物。當我說我還會煮的時候，他們簡直樂歪了。

即使是美國到處都有的外帶泰國菜，像是番茄醬炒河粉、花生醬汁、彩虹咖哩，也都自成一道料理，不折不扣的料理。很多料理確實都以某種型態存在於泰國，只是微調成美國人口味，就像原本是中國菜的五香滷豬腳（185 頁），現在口味已經泰國化了。Phat khii mao 經常譯為「醉麵」，但真正的意思是醉酒的人做的快炒，這在泰國是一道非常辣的料理，以打拋葉調味，最初可能也沒半根麵條。美國的醉麵很少那麼辣，很少加打拋葉，但幾乎都有麵。不正宗嗎？也許。好吃嗎？通常是。

茉莉香米飯
KHAO HOM MALI

特殊用具
· 細孔篩
· 蒸飯電鍋

整個泰國中部和南部、泰北靠近湄宏順（Mae Hong Son）的一處孤立地帶，以及美國境內的泰國餐廳，你都可以找到茉莉香米飯。我曾經笨得以為茉莉香米和茉莉花有關。

在泰文裡，茉莉香米為 khao hom mali，字意是「聞起來像茉莉花的米」，似乎暗示這種米本身帶有茉莉花香，但其實是我的泰文程度太差，沒能分辨出細微差異。事實上，茉莉香米指的是米很香（hom），而茉莉在這裡指的只是白米的外觀很像茉莉花珍珠般的花瓣。

茉莉香米並非全都一樣，在市場你可以看到來自不同省分的白米分成許多堆，標示著不同價格，某地特產良米的價格可達其他白米的兩倍。不同期作的稻米也會有價差，最貴的是剛收成就出售的新收稻作，米粒水分含量最高，香氣最濃郁。這些都是特產的白米，而大部分家庭和許多餐廳用的都是儲藏一年左右的舊米，因為這個時候的白米含水量會變低、變均勻，比較容易煮，而且米粒在電鍋內久放也不會過爛。在美國，大部分的選擇只有新米或老掉的新米，不過只要確定是泰國產的白米即可，外包裝應該都有清楚標示。

不必逞強

你可能以為我要勸你用鍋子在爐上煮茉莉香米。用電鍋聽起來比較容易，而就烹飪來說，「容易」往往代表比較差，不是嗎？但是，我很樂於說我比較喜歡用電鍋煮茉莉香米，幾乎每個泰國人都有電鍋。所以，去買個好電鍋吧，我建議買虎牌。不需要買超過一個按鈕的，使用時注意加熱組件和飯鍋底部必須保持清潔乾燥，因為殘渣和水分可能影響溫度調節，導致電鍋故障。

・泰國原產茉莉香米2杯

・水2杯

約煮成6杯飯，
分量可隨意減半
或加倍

　將細網篩放進大碗再倒進米，加冷水蓋過白米約2.5-5公分。用手輕輕淘洗米粒後把細網篩取出，此時碗內的水會因米粒的澱粉而變得混濁。倒掉水再把細網篩放進碗中，重複淘洗約2-3次，直到洗米水變得比較澄清。瀝乾白米，稍微輕輕搖晃幾下，直到摸起來完全乾燥，約需15分鐘。

　把米倒進電鍋鋪平，加2杯水，蓋上鍋蓋按下按鈕，開始煮飯。

　煮好後燜約20分鐘，這步驟省略不得，因為可使部分蒸氣散逸，部分蒸氣重新被米粒吸收，米粒不會黏成一團，也有機會稍微冷卻一下，這樣耙鬆米飯時，米粒就不會因為太軟而破掉。

　最後，耙鬆米飯：用湯匙輕輕耙鬆上面幾層使米粒分開，然後逐步向下耙鬆直到鍋底。盡量不要弄破或壓爛米粒。

　耙鬆後設定「保溫」，可保存好幾個小時。吃不完就密封冷藏，隔夜飯最適合用來做泰式湯飯（196頁）和泰式肉絲炒飯（191頁）。

糯米飯
KHAO NIAW

特殊用具
· 細孔篩
· 紗布或乾淨的蒸飯網袋
· 便宜的糯米蒸籠組（編織竹籃和大肚鍋）

在泰國北部和東北部，一般人每晚睡前的最後一件事，是將生糯米放進鍋裡泡水。這裡是糯米的國度，沒有糯米的日子簡直無法想像。

泰國糯米的澱粉成分不同於茉莉香米等品種。我沒有資格講解支鏈澱粉和直鏈澱粉，簡而言之，煮過的糯米晶瑩透亮，特別有嚼勁，黏性雖強但粒粒分明，非常神奇。糯米飯以竹簍盛裝，有的是單人份，有的是整鍋讓人傳遞分食，形狀可以任意捏塑。熟練的食客會抓起口香糖球大小的米飯，捏成類似湯匙的形狀來抓取餐桌上的其他食物吃。勞動者把糯米裝在竹簍或竹筒裡帶到田間和森林，這不僅易於攜帶還可以吃飽。

對於茉莉香米飯的英文 steamed jasmine rice，有人可能爭辯那根本不是蒸（steamed）的，而是水煮的，不過糯米飯可就沒這個問題，確確實實是蒸的。在東北部，蒸糯米飯用的是竹簍，而北部傳統則是放在底部打孔的陶鍋裡蒸，不過現在陶鍋普遍為鋁鍋所取代。將竹簍或鍋子放在注滿滾水的大肚容器上頭約 15 分鐘左右，蒸氣就會把浸水膨脹的米粒蒸熟，對外行人來說也不難，只要稍加練習就能上手。

6-8 人份，飯量較大者為 4 人份，分量可隨意加倍

· 泰國糯米 4 杯

糯米放入大碗裡，加溫水蓋過米約 2.5-5 公分，浸泡 4-10 小時。若你的廚房不是很熱又趕時間，可用熱水浸泡 2 小時。

將水倒掉，糯米放進置於大碗內的細網篩，加冷水蓋過米約 2.5-5 公分。用手輕輕淘洗米粒後把細網篩取出，此時碗內的水會因米粒的澱粉而變得混濁。倒掉水再把細網篩放進碗中，重複淘洗約 2-3 次，直到洗米水變得比較澄清。瀝乾白米。

大肚鍋倒水 5 公分高，開大火把水煮沸，此時可以把米放進網袋再放入竹簍，或者將米倒在鋪了兩層濕紗布的竹編蒸籠上。把網袋或紗布折起覆蓋糯米，輕拍幾下使糯米較為平整，然後蓋上鍋蓋或乾淨的濕抹布，邊緣塞進米堆四周。

把火稍微轉小讓水保持微滾，注意不要大滾，再將竹簍放進大肚鍋，蒸約 15 分鐘至米粒完全變軟，但仍保有幾乎彈牙的嚼勁，絕對不能變糊。糯米分量較多的話，需 20 分鐘，且包起的糯米在蒸的過程至少要翻面一次。

將糯米飯移到小冷藏箱或大碗，蓋上盤子，約 15 分鐘後即可上桌。糯米飯可以保溫約 1 小時。

吃剩的可以加蓋，放進微波爐用小火重新加熱，但要馬上食用。

青木瓜沙拉系列
SOM TAM

我第一次做的青木瓜沙拉非常糟糕。那是將近二十年前，當時我去曼谷探望好友克里斯和蘭娜，抵達當天兩人的第三個孩子恰好出生，所以我大部分的時間都忙著到處接送他們較大的孩子。有天我帶小孩去跆拳道學校，正好碰上小傢伙的學習成果展。由於泰國的團體活動多少都會有食物，這場表演會也因此搭配了 som tam 製作比賽。我是在場唯一的西方人，相當顯眼，還第一次（但絕非最後一次）被誤認是布魯斯．威利，每個人都起鬨要我參加比賽。

於是我一屁股坐在地板上，以 188 公分的龐大身軀就著研缽做起青木瓜沙拉來了。我開始捶搗翻攪，忍著不放糖，同時為了不讓別人看扁我這個白人，還放了一大把生鳥眼辣椒。頭一個品嘗我作品的小孩痛苦地跳來跳去，嘴巴像是著了火。我得到的評語是太酸，而且辣到不行。

歷經這次慘烈的失敗，我開始鑽研如何做好這道菜。對想做這道菜的人來說，好消息是裡頭並沒有什麼密不可宣的技巧。Som tam 通常不是關起門來做的料理，從酒吧女郎、計程車司機到有錢的都市小孩，人人都愛吃 som tam，Pok Pok 的店名也由此而來。無論你是在坤敬（Khon Kaen）臨時找家餐廳吃飯，或是在曼谷路邊攤前等待餐點，都會聽到這道料理美妙的主題曲 pok pok、pok pok，捶搗

食材發出的聲響。只要你向小販提出要求，這道菜就會按照你的意思製作，所有食材全部攤在你的眼前。我就是這樣知道製作青木瓜沙拉的缽是高深的木缽或陶缽，與製作咖哩醬的花崗石淺缽不同。我注意到添加食材有一定順序，而且廚師用杵的力道意外地輕柔。

此外，我還學到儘管 som tam 老是被翻譯成青木瓜沙拉，但青木瓜並非必要。Som 只有酸的意思，而 tam 基本上是指這種沙拉的做法，雖然最廣為人知的版本以青木瓜絲為主，但 som tam 有許多種類，像 43 頁的泰式水果沙拉是以各種水果入菜，青木瓜只是其中一小部分，而且不用也可以。45 頁的泰式黃瓜沙拉（隱含 som 之意）則是用黃瓜製作。我有一本泰國食譜，裡面使用的食材有麵條、

炸魚、鳳梨、蘋果、絞肉或豬皮，凡是你想得到的材料都能用。

換句話說，som tam 雖然常指青木瓜沙拉，但青木瓜絕不代表一切，各地也都有自己鍾愛的材料，調味更會因地區或店家而異。這道料理可能源自寮國，再傳到泰國東北部的依善，這個地方的血統屬於佬族（Lao）[1]。依善地區自古貧窮，居民往往離鄉打工，所以我認為 som tam 是隨著依善勞工傳遍泰國。依善口味和我們吃慣的截然不同，我們習慣的口味最接近泰國中部做法：又甜又酸，也有幾近相同比重的辣味，風味特色來自椰糖、萊姆汁、生辣椒和魚露。依善口味不但幾乎沒有甜味，還有乾紅辣椒帶來的重辣，以及醃黑蟹和味道特別濃烈的醃魚醬汁帶來的鹹腥味。

雖有這幾種變化，但並不代表 som tam 的味道有硬性規定。如同泰國的許多料理，青木瓜沙拉也可以客製化，依照客人喜好變換口味。我一句泰語也不會說的時候，就看過一群人圍在 som tam 攤販前面，嗡嗡嗡地不曉得在說些什麼。後來終於聽得懂泰語時，才明白這些顧客不是在討論中國的茶葉價格，而是在交代他們要的 som tam 口味，甜一點、酸一點，或多加一點番茄、紅蘿蔔。我聽過一些片段，像是「要很多辣椒」云云。我也看過小販做到一半讓挑剔的客人試味道，或者乾脆讓出位置，讓顧客自己握杵捶搗。一旦變成常客，捧著研缽的女人就好像是你的調味師，你不必多說，她就能做出你要的 som tam，味道分毫不差。

* * *

接下來我要介紹四種 som tam，分別是泰國中部風味、佬族／依善風味、多種水果做成的 som tam，以及用黃瓜作為主要食材的版本（可以加在麵條上，我嘗過）。

基本步驟都一樣，但老話一句，每個廚師的做法

不盡相同。本書食譜會要求你搗碎辣椒、糖，有時還有蒜頭，但不要搗成爛爛的一團，而是要搗成大塊碎渣，將味道釋放出來，但仍保有鮮亮色彩並且粒粒分明。辣椒搗得越爛，吃起來嘴巴感覺越辣。我偏好偶爾咬到小塊辣椒或蒜頭碎塊時在口中猛迸出來的辣味。

加入主要食材時（不管是青木瓜、蘋果或黃瓜），應該輕輕搗拌，微微捶壓食材即可，不要搗碎或壓扁，這樣既可讓醬汁滲入食材，口感又不會過於軟爛。

在你開始嘗試自己調製醬汁之前，我建議你先按照食譜指示製作這四種沙拉。等到領略了料理的風味特性，再根據自己的喜好和新食材調整配料。也許你覺得泰國中部口味不夠帶勁，那好，就多放點辣椒。也許你手邊沒有青木瓜但有青芒果，不過青芒果是酸的，就多加點糖吧！

青木瓜切絲

青木瓜切絲是要將整顆青木瓜處理成 8-13 公分長，0.1-0.3 公分寬的細絲，處理方法很多，以下提供三種。

第一種，使用食物刨削器。這很簡單。

第二種，買把便宜的 Kiwi 牌青木瓜刨絲器，直接將削好皮的木瓜拿來刨絲。

第三種，是我最愛用的方法，也最難上手：一手扶握著削好皮的木瓜，另一手拿菜刀縱向直剁，使果肉每隔 0.1-0.3 公分就有一條縱向切痕。等朝上那面布滿切痕之後，將木瓜直立在砧板上，用刀削下細絲。重複此一動作，直到削出足夠分量的青木瓜絲。

每種方法都能得到不同粗細的木瓜絲，木瓜絲越細，捶搗的力量應該越輕。你可以在使用前幾個小時就削好青木瓜絲，不過請加蓋放入冰箱，以保持清脆。

---

1. 東南亞一個泰語民族，大部分居住於寮國（約 400 萬）和泰國（約 190 萬）。泰國的佬族大部分聚居於東北地區，最常見的生活方式是自給農業，飲食特色為魚露、辣椒和糯米，也吸收了一些法國料理和越南料理的元素。

泰國中部口味青木瓜沙拉

SOM TAM THAI

特殊用具

· 青木瓜刨絲器
（或食物刨削
器或菜刀）

· 泰式陶缽

· 木杵

這種青木瓜沙拉也許是西方人最熟悉的口味，甜、酸、鹹、辣四味齊備，在美國已成為泰國菜的代名詞，因此幾乎每間泰國餐廳菜單上都有青木瓜沙拉。只要味道拿捏均衡，青木瓜絲不要搗得過爛，這道菜真的很好吃，正對西方人的胃。

風味特性 甜、酸、辣、鹹四味幾近均衡

建議搭配 燒烤春雞（135 頁）、燒烤鹽焗魚（80 頁）或泰式豬肋排（128 頁）。需配糯米飯（33頁）

2-6 人份，換用大型陶缽即可製作 2 倍分量

· 中等大小蝦米 1 滿湯匙，沖洗後拍乾

· 椰糖 28 克

· 水 ¼ 茶匙

· 萊姆 1 小顆（建議用礁島萊姆），直刀剖半

· 去皮蒜頭 3 克（中等大小的蒜瓣 1 顆），直刀剖半

· 去蒂生鳥眼辣椒 3 克（約 2 根），建議用紅辣椒

· 長豇豆 28 克，去頭尾切 5 公分小段（約 ½ 杯）

· 萊姆汁 1 湯匙

· 泰國魚露 1 湯匙

· 羅望子汁 1 湯匙（275 頁）

· 青木瓜 113 克，削皮切絲（輕壓一下約 1½ 杯）

· 小番茄 85 克（約 6 粒），剖半，大一點的切 4 瓣

· 碾成粗屑無鹽烤花生 2 滿湯匙

· 切成楔形的甘藍些許

乾炒蝦米和軟化椰糖

蝦米倒入乾平底鍋或炒鍋，開中火不斷翻炒約 5 分鐘，直到乾透並稍微酥脆，移至小碗冷卻，密封置於常溫下可保存 1 週。椰糖放入小碗灑上 ¼ 茶匙水，封上保鮮膜低溫微波約 10-30 秒至軟化（不要液化）。移入研缽或直接在碗中搗打至光滑均勻。密封保存，最久可維持 2 天不硬化。

製作青木瓜沙拉

萊姆直刀剖半，再將半塊萊姆縱切成 3 瓣，再橫向對切成 6 小塊，取其中 3 小塊。

將蒜頭、辣椒和 1 湯匙軟化的椰糖置於大陶缽混合，搥搗約 10 秒，使辣椒碎成中等大小、蒜頭碎成小塊但仍清晰可辨即可。

接著依序輕搗食材，放入剛才切好的 3 小塊萊姆，搗至汁液流出即可，接著加入蝦米，不要搗爛或搗碎，讓味道釋出即可，再放入長豇豆，使其稍微碎裂，不要裂成碎片或整個壓扁。

倒入萊姆汁、魚露、羅望子汁和青木瓜絲，然後用木杵斜斜輕搗青木瓜絲約 10 秒（不要垂直上下搗），中途不時用大湯匙翻攪研缽底部以將青木瓜絲、椰糖和其他食材拌勻。注意不要搗爛木瓜，要保持清脆。

放入番茄輕搗，令汁液流出即可。加入花生，用湯匙稍微攪拌。將搗好的沙拉連同湯汁全部移至盤中，一旁搭配切好的甘藍菜擺盤上菜。

佬式 / 依善青木瓜沙拉
SOM TAM LAO

特殊用具

· 青木瓜刨絲器
  （或食物刨削
  器或菜刀）
· 泰式陶缽
· 木杵

這道料理往往被稱做佬式／依善青木瓜沙拉，因為青木瓜沙拉最初可能源自寮國，而寮國和依善又有許多包含飲食文化在內的共同點。依善（泰國東北部）風味的青木瓜沙拉可不是給膽小鬼吃的，要是沒被黑色蟹腳嚇著，在青木瓜絲間若隱若現、感覺不妙的乾紅辣椒，也會讓許多本想大快朵頤的人卻步。不過某些食客而言，這種辣到冒汗又帶有海味的青木瓜沙拉，比泰國中部做法還要對味，搭配糯米飯食用，永遠吃不夠。

風味特性　嗆辣、臭、酸、鹹
建議搭配　燒烤春雞（135 頁）或任一種依善肉末沙拉（117 或 119 頁）。需配糯米飯（33 頁）

2-6 人份，換用大型陶缽即可製作 2 倍分量

· 中等大小蝦米，沖洗後拍乾 1 湯匙
· 椰糖 28 克
· 水 ¼ 茶匙
· 萊姆 1 小顆，直刀剖半
· 去皮蒜頭 3 克（中等大小的蒜瓣 1 顆），直刀剖半
· 乾鳥眼辣椒 1 克（約 4 根），浸泡熱水約 10 分鐘至軟化，然後瀝乾
· 蟹醬 ½ 茶匙（色黑、不摻油），建議品牌為 Pantainorasingh。可不加

· 長豇豆 28 克，去頭尾切 5 公分小段（約 ½ 杯）
· 冷凍泰國醃黑蟹 1 隻（解凍），見附注
· 醃魚醬汁 1½ 湯匙
· 泰國魚露 1 湯匙
· 萊姆汁 1½ 湯匙
· 羅望子汁 1 湯匙（275 頁）
· 削皮切絲的青木瓜 114 克（輕壓一下約 1½ 杯）
· 小番茄 57 克（約 4 粒），剖半，大一點的切 4 瓣
· 切成楔形的甘藍些許

附注　醃黑蟹（泰文發音近似 puu khem、boo kem，又稱稻蟹）在美國通常只能買到冷凍的。建議去東南亞雜貨店購買。審訂注：泰國醃蟹是生蟹所醃，作者使用的是淡水蟹，一般泰國人常用紅樹林的相手蟹，也有人用海蟹（花蟹）製作。

乾炒蝦米和軟化椰糖

蝦米倒入乾平底鍋或炒鍋，開中火不斷翻炒約 5 分鐘，直到乾透並稍微酥脆，移至小碗冷卻，密封置於常溫下可保存 1 週。椰糖放入小碗灑上 ¼ 茶匙水，封上保鮮膜低溫微波約 10-30 秒至軟化（不要液化）。移入研缽或直接在碗中，搗打至光滑均勻。密封保存，最久可維持 2 天不硬化。

製作青木瓜沙拉

萊姆直刀剖半，再將半塊萊姆切成 3 瓣再橫向對切成 6 小塊，取其中 3 小塊。

將蒜頭、辣椒、1 茶匙軟化的椰糖和蟹醬置於大陶缽混合，搗搗 5-10 秒，使蒜頭碎成小塊但仍清晰可辨，辣椒稍微碎裂即可。

放入 3 小塊萊姆，以極小力道稍微捶搗，讓汁液

流出即可。放入長豇豆輕搗，使其稍微碎裂，不要裂成碎片或整個壓扁。

掀開螃蟹外殼（嚴格來說應該是背甲）丟棄，挖掉鰓，洗淨甩乾後卸成兩半。螃蟹和蝦米放入研缽輕搗，讓味道釋出即可，不要把蝦米搗爛或搗碎，蟹殼要搗破但不要碎掉。

倒入萊姆汁、魚露、羅望子汁和青木瓜絲，接下來的步驟不難，但需要一點技巧。

用木杵斜斜輕搗青木瓜絲約 10 秒，注意不要垂直上下搗，途中不時用大湯匙翻攪研缽底部，以將青木瓜絲、椰糖和其他食材拌勻。注意不要搗爛青木瓜絲，要保持清脆。

放入番茄輕搗，讓汁液流出即可，用湯匙稍微拌勻。將研缽中的所有材料連同湯汁全部舀至盤中，整成小丘狀，一旁搭配切好的甘藍菜擺盤上菜。

泰式水果沙拉
SOM TAM PHONLAMAI

特殊用具

· 青木瓜刨絲器
  （或食物刨削
  器或菜刀）
· 泰式陶缽
· 木杵

這道料理跟許多 som tam 一樣不用青木瓜（雖然我自己習慣會加一點），而且幾乎只要放進陶缽搗一搗就成了，捶搗的力道同樣必須輕柔，只需略搗一下主要食材，注意不要搗爛，讓酸酸甜甜的調味料入味即可。水果種類可以任意挑選，只用一、兩種無妨，唯一要注意的是甜味和酸味必須均衡。如果水果很甜，糖就少放，萊姆汁也許得多加一點。

風味特性 酸、甜、辣、略鹹
建議搭配 醬油蒸魚（79 頁）或燒烤春雞（135 頁），以及椰漿飯（193 頁）

2-6 人份，換用大型陶缽即可製作 2 倍分量

· 中等大小蝦米 1 滿湯匙，沖洗後拍乾
· 椰糖 28 克
· 水 ¼ 茶匙
· 萊姆 1 小顆，直刀剖半
· 生鳥眼辣椒 3 克（約 2 根），建議用紅辣椒
· 萊姆汁 1 湯匙
· 泰國魚露 1 湯匙
· 青木瓜 28 克，削皮切絲（輕壓一下約 ½ 杯）

· 去皮紅蘿蔔 14 克，切成細長條（長寬約 7.5、0.3 公分，輕壓一下約 ¼ 杯）
· 清脆的甜味和酸味水果 227 克（如蘋果、西洋梨、鳳梨、青芒果和柿子），去皮切成約 2.5 公分的不規則塊狀
· 葡萄 8-10 顆，剖半
· 小番茄 57 克（約 4 粒），剖半，大一點的切 4 瓣
· 碾成粗屑的無鹽烤花生 2 滿湯匙

乾炒蝦米和軟化椰糖

蝦米倒入乾平底鍋或炒鍋，開中火不斷翻炒約 5 分鐘，直到乾透並稍微酥脆，移至小碗冷卻，密封置於常溫下可保存 1 週。椰糖放入小碗灑上 ¼ 茶匙水，封上保鮮膜低溫微波約 10-30 秒至軟化（不要液化）。移入研缽或直接在碗中，搗打至光滑均勻。密封保存，最久可維持 2 天不硬化。

製作水果沙拉

萊姆直刀剖半，再將半塊萊姆縱切成 3 瓣再橫向對切成 6 小塊，取其中 2 小塊。

將蒜頭、辣椒和尖尖 1 茶匙軟化的椰糖置於大陶缽混合，捶搗 5-10 秒，使蒜頭碎成小塊但仍清晰可辨，辣椒稍微碎裂即可。

放入 2 小塊萊姆，以極小力道稍微捶搗，讓汁液流出即可。放入長豇豆輕搗，使其稍微碎裂，不要裂成碎片或整個壓扁。

倒入萊姆汁、魚露、羅望子汁、青木瓜絲和紅蘿蔔，接下來的步驟不難，但需要一點技巧。用木杵斜斜輕搗青木瓜絲約 10 秒（不要垂直上下），中途不時用大湯匙翻攪研缽底部以將青木瓜絲、椰糖和其他食材拌匀。不要搗爛木瓜，要保持清脆。

放入葡萄等水果，按照捶搗青木瓜絲的方式輕搗水果，不要把水果搗爛。

放入番茄輕搗，讓汁液流出即可。嘗一下味道，如有需要，再放點萊姆汁和魚露調味，由重至輕應為水果甜味、辣味、酸味，以及一點點鹹味。

最後加進花生，用湯匙拌勻後連同湯液和碎渣移至盤中，整成小丘狀食用。

泰式黃瓜沙拉

TAM TAENG KWAA

特殊用具

· 泰式陶缽
· 木杵

我在依善小鎮「四色菊」（Si Sa Ket）第一次吃到黃瓜沙拉，當時我剛看完古廟遺跡，正要回到不知在何方的旅館。載我去古廟的計程摩托車把我丟在某個十字路口等客運，附近有家雜貨店人潮洶湧，於是我悄悄走過去，用半生不熟的泰語跟他們打招呼。

原來他們正在弄午餐，我問他們吃些什麼。他們似乎很興奮看到沒跟團的外國人，給了我一盤食物。我原本以為會有一小堆糯米飯讓大家捏著吃，結果竟然是每人一碗泰國米線，一種用發酵米做成的麵條。一位新朋友舀起 som tam 放在麵上。典型依善風味，辣得半死，僅一絲甜味，醃魚醬汁散發濃濃臭味，我這才知道原來 som tam 不是青木瓜的專利，而且即使是在糯米的國度，要怎麼吃 som tam 都可以。

我吃完起身告別的時候，幾個泰國人半開玩笑地要我留下來做女婿。我說：「我太老啦！」留或不留其實不是重點，他們只是看到我高高興興吃下魚露，樂不可支罷了。

風味特性　嗆辣、酸、鹹、幾乎沒有甜味

建議搭配　泰式豬肋排（128 頁），或其他燒烤肉類。如果不是加到米線上吃，請搭配糯米飯（33 頁）

- 中等大小蝦米 1 湯匙，沖洗後拍乾
- 椰糖 28 克
- 水 ¼ 茶匙
- 萊姆 1 小顆，直刀剖半
- 去皮蒜頭 3 克（約 1 顆中等大小的蒜瓣），直刀剖半
- 乾鳥眼辣椒 1 克（約 4 根），浸泡熱水約 10 分鐘至開始軟化，然後瀝乾水分
- 長豇豆 28 克，去頭尾切 5 公分小段（約 ½ 杯）

- 波斯、英國或日本黃瓜 200 克（或任何質地結實、籽小、皮薄不苦的品種）
- 泰國魚露 1 湯匙
- 醃魚醬汁 1 湯匙
- 萊姆汁 1 湯匙
- 小番茄 57 克（約 4 粒），切半，大一點的切 4 瓣
- 碾成粗屑的未加鹽的烤花生 2 滿湯匙
- 越南或泰國乾米線 57 克，按 231 頁烹煮（可不加）

2-6 人份，換用大型陶缽即可製作 2 倍分量

乾炒蝦米和軟化椰糖

蝦米倒入乾平底鍋或炒鍋，開中火不斷翻炒約 5 分鐘，直到乾透並稍微酥脆，移至小碗冷卻，密封置於常溫下可保存 1 週。椰糖放入小碗灑上 ¼ 茶匙水，封上保鮮膜低溫微波約 10-30 秒至軟化，但不要液化。移入研缽或直接在碗中，搗打至光滑均勻。密封保存，最久可維持 2 天不硬化。

製作黃瓜沙拉

萊姆直刀剖半，再將半塊萊姆縱切成 3 瓣再橫向對切成 6 小塊，取其中 3 小塊。

將蒜頭、辣椒和尖尖 1 茶匙軟化的椰糖置於大陶缽混合，捶搗 5-10 秒，使蒜頭碎成小塊但仍清晰可辨，辣椒稍微碎裂即可。

放入剛才切好的 3 小塊萊姆，以極小力道稍微捶搗，讓汁液流出即可。放入長豇豆輕搗，使其稍微碎裂，不要裂成碎片或整個壓扁。

黃瓜直刀剖半，然後再切成 2-2.5 公分的不規則小塊。倒入萊姆汁和魚露。接下來的步驟不難，但需要一點技巧。用木杵斜斜輕搗青木瓜絲約 10 秒，注意不要垂直上下搗，途中不時用大湯匙翻攪研缽底部，以將黃瓜、椰糖和其他食材拌勻。注意不要搗爛黃瓜。

放入番茄輕搗，讓汁液流出即可。加進花生，用湯匙稍微攪拌。

如果是搭配米線吃，請把米線放在凹盤或淺碗，再將陶缽裡的東西連同湯汁全部淋在米線上，拌勻食用。

泰式沙拉
YAM

Yam 在英文通常譯為 salad（沙拉），因為沒有更好的詞彙可以形容這種泰國菜，但其實 yam 的意義更廣泛，有「芳香植物」之意，像是泰國舉世聞名的「冬陰湯」（tom yam）就有用到這個字。

如果你要「煮熟沙拉」的話，那麼 yam 就是「混合攪拌」的意思。在此脈絡下，yam 指的是食材，通常是溫熱或常溫的肉類或蔬菜加上香料植物和紅蔥頭，再拌上魚露、萊姆汁、椰糖、生鳥眼辣椒及蒜頭調製而成的醬汁。每位廚師選用的成分不盡相同，略有增減或變化，以配合主要食材。而青木瓜沙拉系列並不算是 yam，因為兩者的捶搗方式不同。

以為 yam 就像凱薩沙拉或一碗嫩菠菜的人肯定大失所望，不過譯為「沙拉」其實也不至於太過離譜。

荷包蛋沙拉
YAM KHAI DAO

斐村（Ban Phe）以前可能是漁村，現在已是小鎮，唯一的功能是讓人搭船去曼谷附近最美的海灘——蘇美島（Ko Samet）。我幾年前從曼谷搭三小時的巴士到斐村，抵達時距離下午開船還有好幾個小時，夠吃一頓午餐了。

我下車的巴士休息站就像泰國許多休息站，有幾家小餐館，賣些零食和簡單的午餐。這種地方的食物可能意外好吃，不過通常只能期望不會太難吃。我隨便挑了一家，在小到很滑稽的椅子上坐了下來，瞄了一眼寫著粗淺英文的菜單，有道菜的名字很奇怪卻很吸引人：「荷包蛋沙拉。」我要吃吃看。

送來的是米飯和一盤拌著荷包蛋的香料植物、生菜和紅蘿蔔，蛋白外緣焦脆，正如菜名裡面的 Khai dao 所意指的「星星蛋」，形容蛋白在熱煎鍋裡流開的樣子，頗詩情畫意，而蛋黃熟得恰到好處，不是液狀但也不過乾，而那亮澄澄的橘黃色，我想顯然是在泰國都餵雞吃蝦殼的結果。明豔的色彩和嗆辣的滋味，則歸功於主要用萊姆汁、椰糖和生辣椒調製的醬汁，即使是剛愛上泰國料理的人，也很熟悉這種完美平衡的風味組合。

荷包蛋沙拉超乎我的期待，一時間我以為自己碰到發明這道菜的高手，或至少是擅長這道菜的餐館。不過，一如往常，每當一道新菜出現在我的雷達上，我才開始發現這道菜到處都有。那只不過是一道簡單美味的尋常料理，任何用心的廚師都能做得好。

我回到波特蘭重做這道沙拉時，發現只要用夠多夠熱的油把蛋白外緣煎得焦脆，就很難失手。它簡單卻別具特色，理所當然被我收入 Pok Pok 的菜單，而且我也經常自己做來吃。

風味特性　甜、酸、辣、鹹四味幾近均衡
建議搭配　綠咖哩魚丸（161 頁），或泰式豬肋排（128 頁），以及茉莉香米飯（31 頁）

2-6 人份，分量可隨意加倍

荷包蛋

- 大顆雞蛋 2 顆，常溫
- 植物油 ¼- ⅓ 杯

醬汁

- 萊姆汁 1½ 湯匙
- 椰糖漿 1½ 湯匙（275 頁）
- 泰國魚露 1 湯匙
- 去皮蒜頭 3 克，直刀剖半再切極薄片（約 ½ 茶匙）
- 乾鳥眼辣椒 2 克（約 2 根），建議用青辣椒，切細圈

沙拉

- 生菜綠葉 14 克，切成 5 公分寬小片（輕壓一下約 1 杯）
- 去皮黃洋蔥 28 克，縱切成條狀（輕壓一下約 ¼ 杯）
- 去皮紅蘿蔔 14 克，切成細長條（長寬約 7.5、0.3 公分，輕壓一下約 ¼ 杯）
- 本芹段輕壓一下約 ¼ 杯（取嫩莖葉）
- 芫荽段輕壓一下約 ¼ 杯（取嫩莖葉）

煎蛋

炒鍋或不沾平底鍋開大火熱鍋後加油，油的高度要有 0.6 公分。待油開始冒煙，小心將蛋打入鍋中，盡量接近油面下鍋以免濺油。接著轉中火，蛋會開始冒泡並劈啪作響，蛋白部分開始膨脹，冒出透明大泡泡。

45-60 秒後，蛋白外緣變得焦脆呈深金黃色時，翻面，盡量別把蛋黃弄破，若弄破也不要緊。繼續煎 30-45 秒至底面呈焦黃色，蛋黃凝固卻尚未全熟。移至紙巾吸乾油分。建議最遲在製作沙拉前約 15 分鐘把蛋煎好。

製醬涼拌

取乾淨的鍋子，將萊姆汁、椰糖漿、魚露、蒜頭和辣椒下鍋，中火拌炒約 15 秒至溫熱但不燙手後，關火。

煎蛋切成四等分，連同其餘食材一起入鍋，均勻輕拌，再連同湯汁移至盤中，整成小丘狀，讓大部分香料植物置於最上方，即可上桌。

泰式鮪魚沙拉
YAM TUNA

前不久我去一個泰國友人家吃晚餐，他家那位手藝出色的依善廚師端出一道道精湛的料理。其中一道成了我的最愛，看起來就像典型的 yam，也就是英文的沙拉，但主要食材看起來很像罐頭鮪魚。

我心想：「不會吧。」在泰國，眼見不一定為憑，看來像牛肉的東西，極有可能是水牛肉；你以為是青木瓜，到頭來卻是白薑黃。我嘗了一口，錯不了，肯定是罐頭鮪魚，但好吃到不行。

吃過這道菜，我才開始領略罐頭鮪魚在泰國料理中是多麼普遍。像這樣怪異卻美味的料理還很多，證明泰國廚師幾乎可以料理你提供的任何食材，自然地將之納入他們的烹飪字典。而這也再度證明，現代泰國料理是不折不扣的跨界料理。

泰國人並不特別愛吃鮪魚，而泰國恰巧又是罐頭食品出口大國，所以至今我仍不明白這道菜最初是否以鮮魚入菜，或者只是哪個異想天開、貪圖方便、想著「有何不可？」的年輕廚師，為了完成一頓便宜的晚餐而發明。

回到波特蘭，我把這道菜放入 Pok Pok 的菜單，因為別有想法的顧客會想試試新鮮的組合，現在它已經成了餐廳的招牌菜。通常，我會留意當地哪些罐頭工廠使用近海捕獲的美味長鰭鮪，如果有幸買到新鮮大尾的長鰭鮪，我會以烤魚代替罐頭，建議你也試試。

風味特性　酸、辣、些許魚腥味、鹹

建議搭配　炒什錦蔬菜（98 頁）或烤魚蘸醬（177 頁），以及茉莉香米飯（31 頁）或糯米飯（33 頁）

> **2-6 人份，分量可隨意加倍**

醬汁

- 泰國魚露 2 湯匙
- 萊姆汁 2 湯匙
- 椰糖漿 1 湯匙（275 頁）
- 去皮生薑 1 塊（14 克），切成火柴棒的細長條狀（長寬約 4、0.3 公分，輕壓一下約 2 湯匙）
- 去皮蒜頭 7 克，直刀剖半，再切薄片（約 1 湯匙）
- 生鳥眼辣椒 6 克（約 4 根），建議用青辣椒，切細圈

沙拉

- 塊狀淡味水煮鮪魚 1 罐（約 142 克），瀝乾水分碎成塊
- 小番茄 57 克（約 4 粒），切半，大一點的切 4 瓣
- 檸檬香茅薄片 7 克，用 1 大根檸檬香茅來切，取幼嫩部（約 1 湯匙）
- 去皮黃洋蔥 14 克，縱切成條狀（約 2 湯匙）
- 芫荽段輕壓一下約 1 湯匙（取嫩莖葉）
- 本芹段輕壓一下約 1 湯匙（取嫩莖葉）
- 青蔥碎段輕壓一下約 1 湯匙

調製醬汁

　魚露、萊姆汁、椰糖漿、薑、蒜和辣椒放入中型湯鍋中混合，中火拌炒約 15 秒至溫熱但不燙手，關火。

製作沙拉

　其餘食材下鍋，與醬汁均勻輕拌，再連同湯汁移至盤中，整成小丘狀，即可上桌。

桑尼的精緻冬粉沙拉

YAM WUN SEN "CHAO WANG"

特殊用具

· 泰式花崗石缽
　和杵

· 長柄撈麵勺

　　朋友桑尼教我許多泰國料理的事，但他非常有原則（這是比較好聽的說法）。每回一起做菜，他只要看見我偷工抄捷徑一定馬上開罵。

　　有回我問：可不可以不要用手搗爛泰北蜜瓜香糕（254 頁）的蜜瓜，改用果汁機不是比較輕鬆？他簡直嚇壞了，答案是：「不行！」那用打蛋器打勻榴槤糯米飯（260頁）的食材呢？「Mai aroy!」（不好吃！）他喊道。有時他連斥責都省了，直接拿黃瓜敲我。

　　我通常會聽話，因為桑尼的食物品味一流。他的喜好偏向 chao wang（精緻），也許是因為他的廚藝習自母親和姑姑的關係，她們都曾為泰國皇室做菜。他堅持 laap 的豬肉末必須剁到很細，而這也是他做的冬粉沙拉特別美味的原因。

　　你不必學他加那麼多美味的材料，只要鮮蝦、豬絞肉、火腿、醃蒜、蒜頭酥和紅蔥頭，就足以做出令人難忘的佳餚。

風味特性　辣、酸、香、富含鮮味

建議搭配　泰式豬肋排（128 頁）或其他烤肉，以及泰北羅望子豬肋芥菜湯（151 頁）或泰北炒南瓜（94 頁）

2-6 人份，分量可
隨意加倍

豬肉和蝦米

· 植物油 ½ 茶匙

· 豬絞肉 57 克

· 泰國魚露少許

· 中等大小蝦米 1 湯匙，沖洗過後拍乾

醬汁

· 生鳥眼辣椒 3 克（約 2 根），建議用青辣椒，切細圈

· 去皮蒜頭 7 克（約 2 個中等大小的蒜瓣），直刀剖半

· 萊姆汁 1 湯匙

· 泰國魚露 1 湯匙

· 泰國醃蒜汁 1½ 茶匙（直接取自罐中）

· 砂糖 ½ 茶匙

· 水 1½ 茶匙

沙拉

- 乾冬粉 35 克，用溫水泡約 8 分鐘軟化後瀝乾水分，剪成小段（約 10-15 公分）
- 中等大小鮮蝦 57 克（約 4 隻），去殼，直刀剖半，去腸泥
- 越南火腿 1 段（越南語 giò lụa，泰語 chả lụa，約 57 克），縱切四等分，再切成厚約 0.6 公分片狀
- 蒜油 1 湯匙（272 頁）或紅蔥油（273 頁）
- 去皮紅蘿蔔 14 克，切成細長條（長寬各約 7.5、0.3 公分，輕壓一下約 ¼ 杯）
- 去皮小紅蔥頭 14 克（建議用亞洲品種或極小的紅洋蔥），直刀剖半，縱切成薄片（約 2 湯匙）
- 芫荽段輕壓一下約 2 湯匙（取嫩莖葉）。另外多留 1 撮
- 本芹段輕壓一下約 2 湯匙（取嫩莖葉）
- 帶皮罐裝醃蒜 8 克，直刀切極薄片（輕壓一下約 1 湯匙）
- 白胡椒粉少許
- 油蔥酥 1 湯匙（273 頁）
- 蒜頭酥 1 湯匙（272 頁）

炒豬肉和乾炒蝦米

小平底鍋開中大火熱油，待油面微微發亮，下豬肉炒約 1 分鐘至肉熟透（絞肉要炒散，中途灑兩下魚露）。

蝦米倒入乾平底鍋或炒鍋，開中火翻炒約 5 分鐘，直到乾透並稍微酥脆，移至小碗冷卻。密封置於常溫下，可保存 1 週。

調製醬汁

辣椒和蒜頭放入花崗石缽搗約 15 秒至粗粒狀，取 2 茶匙搗好的混合物，連同萊姆汁、魚露、醃蒜汁、糖、1½ 茶匙水及 ¼ 杯熟豬肉，放入炒鍋或中型平底鍋混合。靜置一旁備用。

製作沙拉

中型鍋水量煮至微滾。將冬粉、鮮蝦和火腿置於長柄撈麵勺，放入滾水中。邊煮邊輕搖撈麵勺，讓食材翻動約 30 秒直到蝦子熟透、豬肉溫熱、冬粉軟化。離水用力甩動撈麵勺，充分瀝乾。

將放有辣椒混合物的鍋子以中火加熱約 15 秒至不燙手，關火。冬粉、蝦子、火腿下鍋，放入蒜油或紅蔥頭油拌勻，再加進紅蘿蔔、紅蔥頭、芫荽、本芹、蝦米、醃蒜、白胡椒，再次拌勻。

移至淺碗，撒上油蔥酥、蒜頭酥和 1 小撮芫荽，攪拌一下，即可上桌。

烤茄子沙拉
YAM MAKHEUA YAO

特殊用具

· 燒烤爐（強烈
建議使用）

聽到吵鬧聲時，我正享受這輩子難以忘懷的一頓晚餐。當時我正沿著泰國與柬埔寨的邊境旅行，在依善的小鎮「四色菊」短暫停留一天。我在暮色低垂的街頭尋找晚餐去處，一家餐廳的炭烤窯爐吸引了我的目光，架上正烤著根根長過30公分的綠色茄子。我點了一道用這些茄子做成的沙拉，一、兩年前頭次嘗到這種沙拉就覺得好吃，這回吃到的又是另一個層次。茄子帶有難以置信的煙燻味，不但不軟爛，反而美味多汁，口感厚實。

這樣難得的珍饈要是在義大利，廚師可能只會淋點上乘的橄欖油，但泰國用的是萊姆和辣椒調製而成的醬汁，香辣爽口，此外還加了滿滿的水煮蛋切塊，以及鮮味逼人的鹹蝦米。我坐在店外朝街道望去，心想：茄子加上糯米飯和一小盤烤肉，真是絕頂美味，讓人吃了不禁讚嘆「夫復何求」……

我轉頭朝向15公尺遠的騷動處，一名警察對著三十幾歲的婦人吼叫，而她也不甘示弱吼了回去。原本在街上悠哉漫步的路人突然間全都縮著身子四處逃竄，而其他人則是在椅子後面和桌子底下尋找掩護。我從一輛車子後面偷瞄，警察已經掏出配槍指著婦人的臉。令人難以置信的是，她竟然睜眼盯著槍口，手指塞住耳朵，180度轉身慢慢走向她的貨車。怵目驚心的30秒過去了，警察還大吼大叫地跟在婦人後面，槍口瞄準她的後腦勺，婦人卻逕自坐進車裡開車走了。警察則坐了下來，若無其事地繼續喝飲料。

有趣的是，飲食記憶竟然與其他記憶密不可分地連結在一起。氣味如何讓你想起奶奶站在爐子前的模樣？為何我每次吃烤茄子沙拉，總是想起那個婦人和那把槍？我每次煮烤茄子沙拉，也會想起那天吃到的滋味。那是我夢寐以求的味道，甚至比加了豬肉末和鮮蝦的豪華做法更棒。

綠色長茄可能很難在美國找到，不過亞洲超市一定會有，甚至農夫市集偶爾也會出現。這種茄子較不易糊，適合用來做這道料理，因為必須將它放在烈火上烤到表皮焦黑，而茄肉仍保有厚實口感。如果用常見的紫色長茄，燒烤過程要更加小心，不過仍可做出相同效果。

風味特性　煙燻味、辣、酸、微甜

建議搭配　燒烤豬頸肉（125頁）、泰式豬肋排（128頁），或燒烤春雞（135頁）。要配糯米飯（33頁）

2-6 人份，分量可隨意加倍

· 中等大小蝦米，沖洗過後拍乾 1 湯匙

· 亞洲長茄 340 克（2-3 根），建議用綠色長茄

· 大顆雞蛋 1 顆，常溫

· 萊姆汁 1½ 湯匙

· 椰糖漿 1½ 湯匙（275 頁）

· 泰國魚露 1 湯匙

· 生鳥眼辣椒 2 克（約 2 小根），建議用青辣椒，切細圈

· 去皮小紅蔥頭 14 克（建議用亞洲品種或極小的紅洋蔥），直刀剖半，縱切成薄片（約 2 湯匙）

· 蒜頭酥 1 湯匙（272 頁）

· 芫荽段輕壓一下約 2 湯匙（取嫩莖葉）

乾炒蝦米

蝦米倒入乾平底鍋或炒鍋，開中火翻炒約 5 分鐘，直到乾透並稍微酥脆，移至小碗冷卻。密封置於常溫下，可保存 1 週。

茄子烤熟、剝皮、切塊

茄子可用燒烤爐（強烈建議使用）或烤箱烹調。

用燒烤爐：準備燒烤爐，生火（見 124 頁。硬木炭火旺，適合用來做這道菜），待木炭開始轉灰但仍維持燃燒時，將茄子直接放在木炭上烤約 4 分鐘，不時翻面，直到外皮幾乎完全焦黑，茄肉充分熟軟，用刀尖試戳也沒有阻力，但不要熟到糊爛。

用烤箱：烤箱預熱至高溫，層架盡可能靠近熱源。將茄子放上鋪了錫箔紙的烤盤（如果烤盤上有網架更好），開始烘烤，翻面一次，烤至外皮起泡，幾乎完全焦黑，茄肉充分熟軟，用刀尖試戳也沒有阻力，但不軟爛，全程約 6-12 分鐘，視茄子大小和距離熱源遠近而定。

讓茄子冷卻約 10 分鐘，這樣外皮比較容易剝下，茄肉也會比較結實。用手剝掉茄皮，但不要著魔似地想把所有皮剝得乾乾淨淨，盡量保持茄肉完整，也千萬不要拿去沖水。將茄子橫切成 5 公分長的小段（如果你覺得斜切比較美，也可以），排在餐盤上。

煮蛋

先準備 1 碗冰水。煮沸另 1 小鍋水，將蛋輕輕放入煮 10 分鐘，讓蛋全熟，可是蛋黃不要熟到又乾又粉。把蛋移至冰水中，冷卻至不燙手時剝去蛋殼，蛋白和蛋黃略切成小塊。

製作沙拉

萊姆汁、椰糖漿、魚露和辣椒放入小醬汁鍋或炒鍋混合，開中火煮約 15 秒至混合醬汁溫熱但不燙手。趁熱把醬汁淋在茄子上，撒上水煮蛋、紅蔥頭、蝦米、油蔥酥，最後綴上芫荽。

桑尼 Sunny

桑尼與我相識超過十五年，是我在清邁遇到困難就會馬上想到的朋友，幾次影響我極為深遠的泰北飲食經驗，也是由他負責掌廚。除了豐富的美食知識，他還有一股特殊魅力，就連脾氣最差的街頭小販也折服。他是極為出色的天才型廚師，我從沒看過他拿出任何食譜。我們經常一起做菜，他總像個老大哥（在我心目中，他早就是了）充滿關愛地責備我的每個缺失，像是調味下手太重，或者「沒有條理」。我很享受這樣的時光。

桑尼在清邁附近的小村落長大，這個村落在幾十年前鬧過嚴重水災，之後就遷到清邁西南方外半小時車程的地方，改名為「班邁」（Ban Mai，即「新村」）。在都市蓬勃發展、吸引鄉村人口前往之前，大部分泰國人終其一生都生活在這樣歷史悠久、自給自足的聚落。如今，居住在此的家族都已培養出幾代不變的深厚情誼。

桑尼的父親是稻農，母親在清邁皇室的鄉間別館擔任廚房助手，幫忙準備皇室成員的餐食。桑尼說他母親整天從早忙到晚賺不到 30 塊，她總趁著上班前到當地市場賣自家種的蔬菜來貼補微薄收入。桑尼的大哥在曼谷念書，這在當時是相當沉重的開銷。為此，家裡養了幾頭豬，每個月宰殺賣錢。總之，他們家從不奢華。

縱使如此，他們仍算吃得好。晚餐通常全家圍著一大簍糯米飯和一道簡單的煮咖哩坐。他們跟一般泰北人一樣用手吃飯，只有一支湯匙應付所有必要的舀取。鄰近的賓河（Ping River）漁產豐富，桑尼說那裡的魚曾多到有如世界上最普通的東西，他父親只要跳下河，就能徒手抓到魚。

青蛙也是重要的食物來源，可以烤、剁成小塊煮咖哩或煮湯。他們會吃 yam hok，一種用香料植物和水牛胎兒煮成的湯。有些人覺得很噁心，也有些人覺得非常美味。不過，這道湯的來歷很清楚：水牛流產的死胎，因為肉類匱乏，能吃則吃。偶爾，他父親會帶回五種辛香料燉滷的豬耳朵回家，那其實是中國料理，在那個年代十分稀罕。

屋子裡幾乎時時刻刻都會有 naam phrik taa daeng，一種用乾辣椒製成的濃稠深色蘸醬，即使高溫下也能保存一個禮拜。桑尼每天早上吃糯米飯和水煮蛋都會配這蘸醬，放學回家也會抓把糯米飯，中間包著它捏成飯糰吃，很像美國小孩自己用花生醬和果醬做三明治那樣。

在他母親服務皇室和富有親戚的期間，他們家偶爾有機會吃到穆斯林咖哩之類肉類相對豐富的奢華料理。他們也會吃麵，但那時的麵並不便宜，單吃麵無法吃飽，所以也會準備糯米飯蘸湯麵吃，就像吃咖哩那樣。

桑尼對家裡的事情盡心盡力，但也不諱言自己也有一般小孩的牢騷。他不能出去玩，也不能去有錢鄰居家裡看電視，日常生活就是念書、做家事，以及騎 40 分鐘腳踏車去學校。桑尼放學回家要去附近的水井提水，還得一大早起床煮糯米飯，不情不願地幫忙母親和姑姑張羅全家三餐，在院子和樹叢裡翻找她們叫他去摘的各種香料植物和葉子，依她們要求搗碎各種食材。有時，他還必須把村裡到處亂跑的瘦雞抓來宰殺，這對桑尼這麼愛動物的人來說實在是恐怖的工作。現在的他養了大概十二條狗，每天親自為狗烹調食物，天氣特別熱的那幾個月狗舍都有電風扇吹，他不在家的時候還放音樂給狗聽。他說沒有人教他烹飪，學習過程也不像西方人想像的那般浪漫，她們只是吩咐他：「搗這個，摘那個。」對於貧窮的家庭而言，小孩會煮飯可以幫大忙。他的父母工作到很晚，怎麼準備晚餐？桑尼超越了女孩掌廚男孩生火和做其他粗活的傳統性別分工，十歲左右，大人就叫他負責準備貴客吃的 laap。

現在的他非常感念過去被迫做菜的日子。從初中到大學，他和姊妹都是靠著幫人準備午餐和晚餐賺錢，像他大學時就開始製作販賣蒸糕（khanom，泰國甜品）。我可以作證，他做的蒸糕非常好吃，所以我一點也不意外他那時一天可以賺三百泰銖。現在，桑尼基本上是私人廚師。他說，現在的年輕人沒有經歷過相同的貧困，不必被迫做菜，他一針見血地總結道：「他們有 MAMA。」也就是速食麵。

* * *

我之所以來到桑尼長大的村子，是為了一睹傳統的泰北聚落，跟他一起散步街頭，則是為了一瞥泰國庶民的真實生活，了解泰北人的飲食文化從何而來。我知道這對我有幫助。你原本不曉得為何那麼多料理都會把這種香料植物和這種根湊在一起，但只要看到兩種植物在野外比鄰而生，就完全明白了。我在書上讀到的有趣卻抽象的事實和資料，可以從這些現代背景得到理想的補充。

在很久以前，班邁幾乎人人都有田，每戶照顧自己的莊稼，但收成歸公，收益均分，這種集體制是泰國的古老傳統。如今稻田仍在，但稻米不再是唯一的收入來源，因為現代化讓生活開銷變大，貨車和電視需要修理，孩子也都出去上大學，不像以前留在家裡照料家業。

大家於是開始多角化營生，幾乎人人都有副業、做點小生意。有些人兼做按摩或接生，班邁有個女人自製咖哩醬在當地市場販售，有個男人用稻米釀製威士忌，賣到距離他的克難蒸餾廠只有數步之遙的村莊。

桑尼很早就搬走了，但他的一個兄弟和兩個姊妹還住在班邁。他大姊在住家一樓開設綜合商店，有點像美國小鎮的雜貨店，或大城市的便利商店。生意由她退休的丈夫照料，美其名為「照料」，其實是躺在沙發上看電視，餵餵籠中的鳴鳥，等著鄰居過來買肥皂或木炭、香菸或椰糖。男人會來匆匆喝幾杯土產的米釀威士忌，幾乎都要配點蝦醬或少許西印度醋栗（又小又酸、很像蘋果的漿果）。他們會逗留一分鐘，然後在櫃臺上啪地一聲放下七塊泰銖，回去繼續工作。每個人都用泰北方言交談，這是年長居民的母語，我幾乎聽不懂。第二語言中部泰語只有孩子說得流利。

仔細瞧瞧桑尼大姊的院子，一片波浪鋼板遮著鋪石露臺，上面滿是小顆紅辣椒，剛從不遠處摘下，正在陽光下曬乾。其他辣椒像是尖椒（phrik chii faa）尚未成熟，還在高可及肩的綠叢上朝天生長。波浪鋼板旁的板子散布著泰北馬昆花椒，也是從附近的樹上摘下。這些叢生在樹枝上的小種籽也要曬乾，嘗起來有點像四川花椒，苦中帶辣，而且是麻辣而非熱辣。

狹窄的石板路兩旁，蔬菜生長茂盛，蓋過兩側路面。他們不怎麼照顧庭院或果園，就是放任植物生長，到處都有樹，上面結滿龍眼和泰北才有的水果。我們從兩個女人身旁走過，她們放下洋傘，摘著鄰居樹上已經成熟的楊桃。另一棵樹看起來彷彿長滿塑膠袋，其實是有人在每顆芒果外面包上袋子，因為那是高價品種，袋子是為了防蟲。你可以很明顯發現椰子樹不多，難怪泰北料理不常用椰奶和椰漿。

當地人善用植物的各個部位入菜，像是卡非萊姆樹，用的是表皮坑巴的果實和光滑的葉子，又如香蕉樹，果實、葉子、嫩芽和花苞都有用處。藏身於這片綠景之間的南薑，最為人所知的是多節根狀莖，但在泰北，粉嫩的幼莖和辛味花朵也是普遍使用的食材。這些植物全都生長在這裡，真是不可思議。在美國，我得組織一支搜尋大隊，掃遍各個市場才能找齊這些食材。在這裡，它們是野生的，桑尼會像緬因人指出藍莓叢那樣，朝檸檬香茅和荖葉揚揚頭。

最驚人的是，這些植物看起來都不怎麼像是可以吃。散步時，桑尼會偶爾跑進樹叢，或蹲在樹下拔起某種不起眼的葉子。「甜甜的。」他把葉子遞給你時可能這麼說，臉上帶著一抹惡作劇的笑容。你迫不及待地大嚼特嚼，卻苦得不得了，或裡面的丹寧成分讓你嘴巴澀得要死，彷彿吃到香蕉皮。起初我很訝異，當地人竟然喜歡這種味道。這裡也有甜味葉子，辛味或辣味葉子也有，甚至有一種葉子味道很怪，嘗起來像烤魚，泰國人稱 khao tong，越南人稱 di ế p cá（魚腥草）。這些葉子往往沒有名字，或至少桑尼不知道。要他命個名，他會回答：「Kin kap laap。」這意思大概是「配著 laap 吃的東西」。確實，前晚我們才去一家專賣「泰北豬肉末沙拉」（106 頁）的餐廳。這道菜少不了糯米飯和一盤香料植物菜葉，其中就有許多野生的植物，就像在桑尼家鄉看到的那些。

跟著桑尼走一趟，你可以了解以前的人如何維持生計。那時生活貧困，但野外有大量的水果、蔬菜和野生香料植物。或許他們會放養一、兩隻雞，也許鄰居養了頭豬，而青蛙和魚都不必花錢。桑尼的母親會在魚身上塗厚厚一層簡單的咖哩醬，放進中空的竹筒裡烤來吃。

桑尼並非博物學家，卻能輕易從一片濃密綠野認出這些植物和葉子，實在很不簡單。他沒有讀過植物學，他的鄰人也沒讀過。他們這代從小就知道怎麼辨識植物，但新世代似乎選擇了另一種生活方式。孩子一個個離鄉搬進都市，不再吃家人吃的食物，更別提學習如何煮這些食物，世代之間的食譜傳承逐漸中斷。我二十年前認識的飲食文化如今正在消失。這絕不是泰國才有的現象。美國青少年不把蒲公英稱作野草，已經是多久以前的事了？

我們對於周遭正在發生的事已經變得麻木，對此，我跟任何人一樣深感罪惡。我母親是州立公園專門研究食用植物的博物學家，我小時候她會帶著我在佛蒙特州的森林散步，指出蕨菜給我看，摘野生洋蔥回家。我原本可以讚歎她的技藝，然後開始自己學習，但那時我一心只想騎著腳踏車朝大便扔石頭。近年來，我們開始把搜尋野菜當成浪漫的事。在西方，我們瘋狂追逐野生韭蔥和雞油菌之類的野生食物，我們崇拜雷哲畢（René Redzepi）那些把近來遭人忽視的食用植物（像是樹皮、野草和不知名水果）做成精緻佳餚的大廚，因為這彷彿優雅的時光倒流，回歸早期先人的飲食模式。然而，泰國某些地區從古至今一直如此，找野菜不曾停過，因此也就沒有機會重新風光流行。

泰北香料植物沙拉
YAM SAMUN PHRAI

事前計畫

· 前兩週：製作
  椰糖漿

· 前兩天：炸油
  蔥酥、炒豬
  肉、蝦米搗碎

· 前幾小時：洗
  切蔬菜、去皮

即便我走訪泰國二十多年，但幾乎每趟去都還是會吃到陌生菜餚。這些菜之所以令人難以抗拒，部分原因正是在於這些菜餚會奪走你對泰國料理（其實對任何料理都適用）的假設，然後將之擊碎。辣、鹹、甜？試試苦、嗆、酸。是否立即愛上泰國料理並非重點，重點是你吃過，你可以接受的範圍又再擴大了一些。

不過，有些菜餚的確命中異國風味與熟悉味道之間的甜蜜點，帶領你到前所未至的境地，讓這趟味覺之旅變得輕鬆容易。對我而言，這道沙拉就像頭等艙。我頭一次嘗到，是在清邁一家專賣泰北料理的公路餐廳。

我一坐下，服務生就送上一籃滿滿的葉菜、一壺帶有斑蘭葉米飯香氣的開水。碗盤很快占據整個桌面，而這道餐廳招牌沙拉跳了出來。小盤子上堆滿了看起來像是紅蘿蔔和青木瓜的細絲、切絲的香料植物和少許油蔥酥，還有幾顆腰果滾落在盤底。

我嘗了一口，甜味鮮明，略酸，酥脆又豐富爽口。我完全不知道自己吃的是哪些東西，只知道從沒吃過味道如此獨特、這麼立刻就令人愛上的食物。我不停吃，同時在友人的幫助下，逐一分析出這道菜的成分：那個從來沒看過的香料植物是茖葉，一條一條看似青木瓜的東西是新鮮白薑黃，還有蔬菜、香料植物、堅果、種子，全是健康食材，不難理解泰國人喜歡簡稱這道菜為「藥草沙拉」或「養生沙拉」。

十年後，我開 Pok Pok 時就想，這道菜一定得列在菜單上，即使我必須要用生歐洲防風草塊根和嫩薑來模仿白薑黃強烈的清甜滋味（白薑黃在波特蘭很難找）。

在美國重現這道菜的唯一挑戰在於蒐羅一大串食材，但絕大部分都可以在不錯的亞洲雜貨店找到，只要出門一趟，大概就可以買齊所有東西。

風味特性　香料植物味、略甜、堅果味、爽口、微辣

建議搭配　泰北料理，像是緬式豬五花咖哩（170頁），泰北羅望子豬肋芥菜湯（151頁）。要配糯米飯（33頁）

2-6 人份，分量可隨意加倍

豬肉和蝦米

· 植物油 ½ 茶匙

· 豬絞肉 28 克

· 泰國魚露少許

· 中等大小蝦米 2 湯匙，洗淨後拍乾

醬汁

· 泰國魚露 1 湯匙

· 椰糖漿 1½ 湯匙（275 頁）

· 萊姆汁 1½ 湯匙

· 椰奶 1 湯匙（建議用盒裝椰奶）

· 生鳥眼辣椒 2 克（約 2 根），建議用青辣椒，切細圈

沙拉

· 去皮紅蘿蔔 57 克，切成細長條（長寬各約 7.5、0.3 公分，輕壓一下約 1 杯）

· 去皮黃洋蔥 28 克，縱切成條狀（約 ¼ 杯，輕壓一下）

· 去皮白薑黃 43 克，切成細長條（長寬各 7.5、0.3 公分，輕壓一下約 ¾ 杯），參閱附注

· 檸檬香茅薄片 7 克，用 1 大根檸檬香茅來切，取幼嫩部（約 1 湯匙）

· 碾成粗屑的無鹽烤花生 1 滿湯匙

· 未加鹽的完整熟腰果 1 滿湯匙

· 切成細絲的新鮮或冷凍卡非萊姆葉輕壓一下約 ½ 茶匙（如果太粗要去葉梗）

· 切絲的新鮮莕葉輕壓一下約 1 茶匙

· 切絲刺芹輕壓一下約 1 茶匙

· 切絲紅骨九層塔輕壓一下約 2 茶匙

· 油蔥酥 1 尖湯匙（273 頁）

· 烤過的芝麻仁 ½ 茶匙

附注　比較可能找到新鮮白薑黃（又稱芒果薑，印度人稱作 amba haldi）的地方是印度商店。如果真的找不到，可用約 28 克去皮歐洲防風草塊根和 14 克去皮嫩薑取代，切成等長的細長條。嫩薑的外皮較薄、較平滑（可能還有粉紅色外皮和嫩芽），味道要比老薑來得溫和許多。

炒豬肉和乾炒蝦米

小平底鍋開中大火熱油，待油面微微發亮，下豬肉炒約 1 分鐘至肉熟透。絞肉炒散時，中途灑兩下魚露。

蝦米倒入乾平底鍋或炒鍋，開中火翻炒約 5 分鐘，直到乾透並稍微酥脆，移至小碗冷卻後，倒入花崗石缽搗成鬆軟細粉（或用辛香料研磨皿磨成粉）。密封置於常溫下，可保存 1 週。

調製醬汁

準備製作沙拉時，將魚露、椰糖漿、萊姆汁、椰奶、辣椒及 2 湯匙熟豬肉，放入炒鍋或中等大小平底鍋混勻，開火將此混合醬汁加熱約 15 秒至不燙手，關火。

製作沙拉

將紅蘿蔔、洋蔥、白薑黃、檸檬香茅、花生和 1 茶匙搗碎的蝦米（其餘可留作他用）放入炒鍋，輕輕攪拌均勻。

移至盤中整成小丘狀，依序撒上腰果、香料植物、油蔥酥和烤過的芝麻仁，食用前拌勻即可。

依善牛肉沙拉

NEUA NAAM TOK

特殊用具

· 泰式花崗石缽和杵

· 燒烤爐（強烈建議使用），網架上油

Naam tok 意為「瀑布」，聽起來詩情畫意，如果你知道這瀑布是指牛肉在燒烤時滴下的血，可能就不這麼想了。現在這個詞彙逐漸用來指一系列食材匯集而成的特定風味特色，包括檸檬香茅、萊姆、乾辣椒、新鮮香料植物，有時還有熟糯米粉。做出來的沙拉（泰國中部地區稱 yam）呈現典型東北部風味，是糯米飯的最佳配菜之一：辛辣、酸、鹹，略帶一點甜味以求味道平衡。

風味特性　辣、酸、香、鹹、富含鮮味

建議搭配　任一種青木瓜沙拉系列（35頁），炒空心菜（97頁）。要配糯米飯（33頁）

2-6 人份，分量可隨意加倍

牛肉

· 檸檬香茅 2½ 克（取幼嫩部），切絲（約1滿湯匙）

· 黑胡椒粒 2 顆

· 牛腹肉 114 克，如有需要，片成約 1.2 公分厚

· 生抽 1½ 茶匙

醬汁

· 萊姆汁 1 湯匙

· 泰國魚露 1½ 湯匙

· 牛高湯 1 湯匙（購買或自製，參閱附注）或水

· 砂糖 1 茶匙

· 熟辣椒粉 1 茶匙（270頁）

· 檸檬香茅薄片 14 克，用 2 大根檸檬香茅來切，取幼嫩部（約2湯匙）

沙拉

· 去皮小紅蔥頭 28 克（建議用亞洲品種或極小的紅洋蔥，直刀剖半，縱切成薄片（輕壓一下約 ¼ 杯）

· 小片薄荷葉輕壓一下約 ¼ 杯

· 芫荽段輕壓一下約 ¼ 杯（取嫩莖葉）

· 熟糯米粉 1 湯匙（尖匙）（271頁），再加幾撮以備最後點飾

附注　為增進風味，請將牛肉烤至略焦且熟透，放進鍋子注入完全蓋過牛肉的水量，浸泡約 15 分鐘。取 1 湯匙鍋中湯汁作為沙拉醬汁。

醃牛肉

將 2½ 克檸檬香茅和黑胡椒粒放入花崗石缽混合，搗約 15 秒成粗泥狀。

牛肉放入碗中，加入剛搗好的檸檬香茅糊及醬油，以雙手按摩牛肉，讓整塊肉均勻沾滿醃料。加蓋後，放入冰箱靜置 30-60 分鐘。

烤牛肉

準備燒烤爐，起中火（見124頁，建議用炭火燒烤爐）。或者取抹上薄油的牛排煎鍋或長柄平底鍋，以中火熱鍋。

開始烤牛肉，中途翻面一次，烤約 6-8 分鐘至表面呈現均勻褐色，雙面略焦，內部僅略帶粉紅色。將整塊牛肉移至砧板上靜置約 5 分鐘，然後逆著肌肉紋理切成寬約 0.3-0.6 公分的長條狀。

調製醬汁

萊姆汁、魚露、牛高湯、糖、辣椒粉和 14 克檸檬香茅放入中型平底鍋混合，開中火加熱約 15 秒至不燙手，關火。

製作沙拉

將牛肉條連同紅蔥頭、薄荷、芫荽和糯米粉加進平底鍋拌勻，移至盤中整成小丘狀，香料植物盡量往頂端放。最後撒上 1、2 撮糯米粉即可上桌。

依善野菇沙拉
HET PAA NAAM TOK

特殊用具
· 燒烤爐（強烈建議使用），網架上油

牛肉沙拉是經典菜式，以菇類入菜的 naam tok 比較少見，但泰國滿山遍野都看得到菇類，不止口感，連濃郁的鮮味都與肉類相仿。泰國有悠久的素食傳統，除了虔誠的佛教徒茹素，就連一般人也會在佛教節日吃素。由於我很少顧及素食顧客的需求，因此想到以生抽取代魚露，將這道野菇沙拉改成全素料理，如此一來，他們在 Pok Pok 也有東西可吃了。

風味特性　辣、酸、香、鹹、富含鮮味

建議搭配　任一種青木瓜沙拉系列（35頁），炒高麗菜嬰（91頁）。需要配糯米飯（33頁）

菇類
· 數種多肉菇類 284 克（例如蠔菇、杏鮑菇、香啡菇、野菇），切掉硬梗，體積太大者從梗部切半（切掉的梗不要丟棄，參閱附注）
· 植物油少許
· 猶太鹽[1] 或細海鹽，和新磨的黑胡椒少許

醬汁
· 萊姆汁 1½ 湯匙
· 泰國生抽 1½ 湯匙
· 野菇高湯 1 湯匙（購買或自製，參閱附注）或水
· 砂糖 1 茶匙

· 熟辣椒粉 1 茶匙（270頁）
· 切絲檸檬香茅 14 克（取幼嫩部），用 2 大根檸檬香茅切（約 2 湯匙）

沙拉
· 去皮小紅蔥頭 28 克（建議用亞洲品種或極小的紅洋蔥），直刀剖半，縱切成薄片（輕壓一下約 ¼ 杯）
· 薄荷葉輕壓一下約 ¼ 杯（越小片越好）
· 芫荽段輕壓一下約 ¼ 杯（取嫩莖葉）
· 熟糯米粉 1 茶匙（尖匙）（271頁），再加幾撮作裝飾用

2-6 人份，分量可隨意加倍

附注　依喜好將切下的菇梗放進鍋子，注入蓋過菇梗的水量，浸泡約 15 分鐘。取 1 湯匙鍋中湯汁作為沙拉醬汁。

烤菇

準備燒烤爐，起中火（見124頁，建議用炭火燒烤爐）。或者取牛排煎鍋或長柄平底鍋，以中火熱鍋。

將菇類連同適量油放入碗中攪拌，使其表面覆上薄薄的一層油，撒上大量的鹽和胡椒，再次攪拌。

開始烤菇，偶爾翻面，烤約 5-10 分鐘（視體積大小）至熟透，並且出現深金黃色的小點。移至砧板上，大菇切成一口大小約 1 公分厚的片狀，小菇保持原狀，最後應有 1 杯切好而且烤熟的菇類，靜置一旁稍微冷卻，開始調製醬汁。

---

[1]. Kosher Salt，也叫祝禱鹽或潔淨鹽。原本是猶太教徒用來撒在肉上洗淨血水的鹽，因為含碘低，比較不易潮濕也不會干擾味道，非常適用於醃漬魚、肉等料理。

調製醬汁

萊姆汁、魚露、野菇高湯、糖、辣椒粉和檸檬香茅放入炒鍋或中型平底鍋混合，開中火加熱約 15 秒至不燙手，關火。

製作沙拉

將菇類連同紅蔥頭、薄荷、芫荽和糯米粉加進平底鍋拌勻，移至盤中整成小丘狀，香料植物盡量往頂端放。最後撒上 1、2 撮糯米粉，即可上桌。

鮮魚
PLAA

本章介紹鮮魚料理，這幾道食譜只是泰國廚師高超烹魚手藝的小小展現，很難一窺全貌。我的餐廳有賣其中幾道，儘管我費力推廣，有時真覺得困難重重。

炸魚在 Pok Pok 的銷量仍是蒸魚的四倍，而且全魚永遠賣不贏魚排。炸魚好賣，也許是因為一般美國人偏好酥脆口感，不愛軟綿綿的食物，而且害怕吃皮（除非炸過）。魚排好賣，也許是因為我們無法接受食用臉、尾巴和骨頭。

我們吃魚，但討厭察覺自己在吃魚，這實在太可惜了，因為對我而言，魚類最適合的煮法就是整條下鍋。

兩道蒸魚
PLAA NEUNG

斐在我還沒改變觀念之前,覺得蒸魚聽起來只比蒸青花菜好一點。為什麼要蒸魚?這種烹飪方式似乎只適合減肥的人。更好的煮法比比皆是,可以裹上麵糊丟進油鍋熱炸,可以拿去炭烤,可以用拳頭大小的奶油塊煎出外皮酥脆的魚排,就像我在法式餐廳當二廚時,不斷重複做的那樣。那時我認為蒸是逃避的藉口,只有挑食、減肥和乏味的人才用這種方法做菜,後來才有新領悟。

從海邊小鎮、泰北鄉村到曼谷市中心,我在泰國每個角落都看得到魚臉,盯著整條蒸吳郭魚、蒸笛鯛、蒸鱸魚,無論上面撒的是切碎的蒜頭、芫荽、生辣椒,還是蠔菇、薑、青蔥,這些配料都只是為了襯托真正的主角:那條完整的魚。

別誤會,我還是很愛吃煎魚、烤魚、炸魚,只是蒸魚帶來的是一種全然不同的享受。沒有麵糊、炭味或濃郁奶油,嘗到的是反璞歸真的鮮魚滋味。現在我反而難以置信,蒸魚在亞洲餐廳以外的地方竟然如此少見,美國竟然這麼少人會在家裡自己蒸魚。

只要有適當的容器,蒸東西就很簡單。最好去買大的寬口鋁製中式蒸籠,價格不貴而且很多地方都有賣,至於竹編蒸籠,留給包子用就好。建議選購口徑約33-48公分、放入近 1 公斤重的全魚也綽綽有餘的蒸籠。

蒸盤氣孔的口徑應有 1 公分,因為氣孔太小蒸氣量會不足。當然,如果你只要臨時應急,任何寬口鍋子加上蒸架和鍋蓋也可以蒸東西。蒸籠裡的水不必太省,水太少會不夠熱,魚還沒熟透水就蒸發光了。

炊具搞定後,還有魚和一堆食材要買。食材方面我提供兩種做法,一種爽口勁辣,一種味道偏鹹且香味四溢。只要魚一蒸好,放上調味料就可以大快朵頤。

清蒸檸檬魚
PLAA NEUNG MANAO

特殊用具
· 泰式花崗岩缽和杵
· 寬口鋁製中式蒸籠

風味特性　酸、辣、富含鮮味

建議搭配　炒什錦蔬菜（98 頁），清湯冬粉（149 頁）。要配茉莉香米飯（31 頁）

2-6 人份

· 生鳥眼辣椒 12 克（約 8 根），切細圈
· 去皮蒜頭 28 克（約 8 顆中等大小的蒜瓣），直刀剖半
· 芫荽根 3 克，切末（約 1 大茶匙）
· 泰國魚露 3 湯匙
· 萊姆汁 3 湯匙
· 豬高湯 2 湯匙（268 頁）或水

· 砂糖 1½ 茶匙
· 白胡椒粉 ¼ 茶匙
· 銀花鱸魚、金色或黑色吳郭魚、石斑魚、金目鱸魚或鱒魚 1 整條（700-900 克），去鱗去內臟後洗淨
· 碎芫荽葉 1 大撮
· 切成楔形的萊姆 2 塊

蒸籠注入水至 8 公分高（蒸籠口徑要寬，才能容納整條魚，並留有數公分餘裕），放上蒸盤加蓋，開大火把水煮沸。

辣椒、蒜頭和芫荽根放入花崗岩缽混合，搗約 45 秒至蒜頭碎成小塊，整團混合物呈略濕狀態，但不要搗成泥狀。加入魚露、萊姆汁、高湯、糖和白胡椒粉拌勻。

用刀從魚背到魚肚橫切深及龍骨的一刀，魚身兩側從魚鰓到魚尾，每隔 2.5 公分就劃上一刀。把魚放在耐熱淺盤上（頭尾稍露出盤緣無妨），再將剛搗好的辣椒混合物（固體加湯汁）均勻淋在魚身上，調味料的湯汁會流到盤子上。

火力稍微轉小，讓水維持滾沸，但不要大滾。小心將盤子放進蒸籠，視魚的大小和重量蒸 12-18 分鐘，直至全魚熟透。為保險起見，請用夾子輕戳魚頭後方的魚背，也就是魚肉最厚的地方，如果已經熟了，魚肉應該呈不透明狀。

小心將燙手的盤子移出蒸籠，可再將魚、湯汁移至餐盤。撒上芫荽葉，擺上萊姆裝飾。

醬油蒸魚
PLAA NEUNG SI EW

特殊用具

· 泰式花崗岩缽
　和杵
· 寬口鋁製中式
　蒸籠

風味特性　略鹹、略甜、富含鮮味、香

建議搭配　炒空心菜（97頁），泰式沙薑咖哩魚米線（232頁）。要配茉莉香米飯（31頁）

2-6 人份

· 銀花鱸魚、金色或黑色吳郭魚、石斑魚、金目鱸魚或鱒魚 1 整條（700-900 克），去鱗去內臟後洗淨
· 泰國生抽 2 湯匙
· 豬高湯（268頁）或水 2 湯匙
· 砂糖 1 茶匙
· 白胡椒粉 ¼ 茶匙
· 去皮蒜瓣 11 克，直刀剖半，用研缽輕壓成小塊（約 1 湯匙）

· 去皮生薑 1 塊（約 28 克），切成火柴棒的細長條狀（長寬各約 3.5、0.3 公分。輕壓一下約 ¼ 杯）
· 本芹 7 克，切小段（取嫩莖葉，輕壓一下約 ½ 杯），另備 1 湯匙芹葉作裝飾用
· 青蔥 28 克，切成 5 公分左右的小段（輕壓一下約 ½ 杯），另取 1 湯匙蔥綠切碎，作裝飾用
· 切好的蠔菇 85 克，如有需要，切成 4 公分左右的小塊（輕壓一下約 1½ 杯）

　　蒸籠注水至 8 公分高，注意蒸籠口徑要寬，才能容納整條魚，並留有數公分餘裕。放上蒸盤加蓋，開大火把水煮沸。

　　用刀從魚背到魚肚橫切深及龍骨的一刀，魚身兩側從魚鰓到魚尾，每隔 2.5 公分就劃上一刀。把魚放在耐熱淺盤上，頭尾稍露出盤緣也無妨。

　　將生抽和高湯均勻淋在魚身上，大部分的湯汁都會流到盤子上。接著撒上糖和胡椒粉，最後再撒上蒜頭、薑、本芹、青蔥和蠔菇。有些配料掉到盤子上也沒有關係。

　　火力稍微轉小，讓水維持滾沸，但不要大滾。小心將盤子放進蒸籠，視魚的大小和重量蒸 12-18 分鐘，直至全魚熟透。為保險起見，請用夾子輕戳魚頭後方的魚背，也就是魚肉最厚的地方，如果已經熟了，魚肉應該呈不透明狀。

　　小心將燙手的盤子移出蒸籠，可再將魚、湯汁移至餐盤。撒上本芹葉和青蔥，即可上桌。

燒烤鹽焗魚
PLAA PHAO KLEUA

特殊用具

· 燒烤爐（強烈建議使用），網架上油

· 細長的鍋鏟（建議使用）

· 網架（烤箱使用）

許多文化都有自己的鹽焗魚做法，這是非常適合全魚的烹飪方式（鹽殼能夠封住肉汁），而且這或許在數十年前也是保存肉類的方法。泰國的鹽焗魚可見於海產餐廳及市場和路邊的外帶小吃攤，其實和歐洲的鹽焗魚沒有太大差別，只是鹽殼較薄（但還是不能吃，很鹹），用來插入魚身的是檸檬香茅，而且要搭配酸辣蘸醬食用。

風味特性 魚：富含鮮味、略鹹。蘸醬：辣、酸、甜

建議搭配 豐盛的 DIY 食物，包括生菜葉、一口大小的黃瓜塊、薄荷和芫荽等香料植物，以及泰國米線（231 頁）。請賓客自己做生菜捲

2-6 人份

· 吳郭魚、笛鯛、紅鯛 1 整條（700-900 克），去鱗去內臟後洗淨

· 檸檬香茅 1 大根，撕去外層，切頭（約 10 公分）去尾（約 1 公分）

· 猶太鹽或細海鹽 2 杯

· 蛋白 1 份，打勻

· 海鮮酸辣蘸醬 ½ 杯（280 頁）

用紙巾把魚擦乾，用刀子先在魚肚到魚嘴之間清出通道。

用搗杵或沉重的平底鍋，重重擊搗檸檬香茅粗端數次使其裂開，釋出些許油脂後，插進魚肚，僅使細端露出魚嘴。緊握細端輕輕拉，讓整個細莖露出魚嘴，接著再塞回，使粗莖整個沒入魚肚。

把鹽鋪在大盤子上。先用刷子或雙手在魚的一面抹上薄薄的蛋白，從魚頭到尾鰭末端全部塗過一遍，然後把抹了蛋白的那面朝下，將魚輕輕放在鹽堆上輕壓魚身，使鹽粒緊緊黏附。另一面也刷上蛋白，蛋白沒有用完無妨。

把魚翻面，用手輕拍魚身上的鹽，使其均勻分布，厚度要能遮住魚身的顏色，但不必像歐洲鹽焗魚那麼厚，如需要可取盤子上的鹽加厚。再翻面一次重複相同動作。會剩下很多鹽，沒有關係。

可以先把魚放進冰箱 30 分鐘，使鹽殼固形，也可以馬上開始烹調。

用燒烤爐（強烈建議使用）：準備 1 個燒烤爐，建議用炭火燒烤爐，溫度要夠高，但不必烈焰沖天（見 124 頁）。把魚直接放在網架上，至少烤 6 分鐘，不要隨便翻面，否則鹽殼可能破裂。查看底面，一旦魚身大致呈現淡金黃色，少數地方有深棕色斑塊，就用鍋鏟和夾子小心翻面，烤約 16-20 分鐘至兩面都呈金黃色，魚肉熟透（見下方附注）。

用烤箱：烤箱預熱至高溫，層架盡量靠近熱源。鋪上一層鋁箔紙，再架上網架開始烘烤，期間翻

附注 因為有鹽殼，很難檢查魚肉的熟度，最好使用直接顯示數字的細長溫度計，只要插進魚頭後方的魚背，也就是魚肉最厚的地方，讀數達 52℃，就代表魚肉熟了。

面一次，務必等到鹽殼變硬才用鍋鏟和夾子小心翻面。烤約 16-20 分鐘至雙面呈金黃色，魚肉熟透（見上頁附注）。

　　鹽殼太鹹不能吃，在上桌食用之前，要先剝除。先用刀尖，從魚尾沿著魚背往魚鰓邊緣切出一道 L 形的開口，然後再往魚腹下緣切到魚尾。剝開整片鹽殼露出魚肉，另一面也是一樣，最後丟掉鹽殼或留在盤上當作裝飾。鹽殼很容易剝掉，若想製造娛樂效果，也可在餐桌上剝。

　　搭配蘸醬食用。

辣拌酥魚
PLAA THAWT LAT PHRIK

特殊用具

· 油炸溫度計

· 大笊籬（建議
  使用）

這道菜的主角是重約 1 公斤、頭尾俱在、炸得酥脆金黃的全魚，沒有東西能像它一樣，這麼輕易就讓愛吃魚排的人轉性愛上全魚料理。說到改變頑固的食客，把食物沾點麵糊下鍋炸一炸的效果，甚至比威士忌還要好。起鍋後，再淋上可口誘人的甜辣醬。這道令人食指大動的炸魚最適合搭配米飯、炒蔬菜以及爽口辛辣的沙拉，組成一桌合菜料理。

油炸麻煩得很，卻是很難失敗的烹飪方式，只要有寬口深鍋和油炸溫度計，就可以輕鬆炸出金黃色的成品，一旦掌握竅門，甚至連溫度計都可以不用。你看市場那些油炸老手，哪個一邊炸魚一邊瞄溫度計？他們只是把一團麵糊或其他食物碎塊丟進油鍋，觀察起泡程度，就能判斷油溫是否已達適當溫度。有個名叫 Kann Trichan 的小販，油炸工夫到了爐火純青的地步，因此成為清邁當地的網路名人，他可以徒手從沸騰的油鍋裡撈出炸得香酥的雞腿。

油炸的成功關鍵在於油溫穩定。務必等到油溫穩定之後再開始油炸，偶爾也得適時攪動炸油以防油溫升高，因為不同區域的油溫可能也不一樣，溫度計無法顧及每個區域。

風味特性　甜、酸、辣、鹹、濃

建議搭配　炒高麗菜嬰（91 頁），或荷包蛋沙拉（51 頁）。要配茉莉香米飯（31 頁）

2-6 人份

醬汁

· 植物油 1½ 茶匙

· 紅蔥頭末 2 湯匙，建議用亞洲品種

· 切末的生紅鳥眼辣椒 1 湯匙（或瀝乾的醃辣椒）

· 芫荽根末 1 湯匙

· 蒜末 1 湯匙

· 羅望子汁 ¼ 杯（275 頁）

· 泰國魚露 2 湯匙

· 砂糖 2 湯匙

魚

· 植物油 8 杯，建議用玄米油或棕櫚油，炸魚用

· 吳郭魚或笛鯛或紅鯛 1 整條（700-900克），去鱗去內臟後洗淨

· 白米粉 ½ 杯（非糯米粉）

· 天婦羅粉 2 湯匙（建議用 Gogi 牌）

· 芫荽葉 1 滿湯匙，略切

調製醬汁

長柄小醬汁鍋開大火熱油，待油面微微發亮，下紅蔥頭、辣椒、芫荽根和蒜頭，轉中火，偶爾翻炒約 2 分鐘，至紅蔥頭呈半透明狀。

放入羅望子汁、魚露和砂糖，火轉大，翻炒至微滾，再把火轉小，使其維持微滾狀態約 2 分鐘，直到稍微變稠。最後可以得到約 ½ 杯醬汁。

醬汁可以立刻淋上，最多靜置 1 小時，上桌前再稍微加熱。

炒鍋、荷蘭鍋或寬口圓鍋內倒入足以淹過整條魚的油，約 5 公分深。

開中大火熱油，加熱到用油炸溫度計量測約 175℃，過程中偶爾小心攪動炸油確保油溫一致，同時調整爐火使油溫保持穩定。

等待油熱時，取紙巾把魚拍乾，再用刀斜 45 度角切開魚身，魚身兩側從魚鰓到魚尾，每隔 2.5 公分左右劃一刀。

取大碗，倒入白米粉和天婦羅粉，混合均勻後，把魚放入，整條裹粉，用手確保炸粉深入魚身的切口內。輕拍魚身使多餘的炸粉掉回碗內。

待油溫穩定保持在 175℃，小心把魚放入油鍋。此時油溫會下降，但約 1 分鐘後會再回升。炸 4 分鐘後，用夾子或笊籬小心翻面，如有需要記得調整火力，以維持油溫穩定。魚須炸約 8 分鐘至全身呈現均勻的金黃色，魚肉最厚的地方熟透。把魚撈出檢查熟度，必要時，可再放入油鍋炸。輕戳魚頭後方的魚背，也就是魚肉最厚的地方，如果熟了，魚肉應呈不透明狀。

把魚移至紙巾上瀝乾（用笊籬最方便），15 分鐘內食用都算溫熱酥脆。我不建議一起鍋就吃，因為那會燙得你哇哇叫。

最後一步

準備好要上桌的時候，把魚移至餐盤，淋上醬汁，再撒上芫荽即可。

蕉香咖哩魚

AEP PLAA

特殊用具

· 泰式花崗石缽
 和杵

· 13 公分木籤 3
 支

· 燒烤爐（強烈
 建議使用），
 烤網上油

剛到泰國時，餐桌上的每道菜看起來都像是謎：滿是骨頭的鹹湯，或白呼呼的菜餚裡有不知道用什麼東西做成的一團黑。對外國人而言，泰國料理可能很難洞悉，不僅有重重的語言隔閡，即使會說泰語，可能也無法參透以方言為主的地方菜名，還有泰文字母阻擋，尤其是菜單和招牌根本沒有羅馬字母可看，就連食物外觀也陌生無比。像我這樣有朋友帶領會容易得多，然而有時還是必須自己用湯匙去探索新世界。

抱著這樣的精神，我打開了許多燒得焦黑的蕉葉包，然後對裡面的東西感到極度驚豔。在泰國北部，這種通常把包裹起來的食物放在炭火上慢烤的烹飪手法稱為 aep，裡面包的常是塗上厚厚一層咖哩醬的蛋白質，從豬腦、蝦子、魚類到青蛙，甚至是數十條蝌蚪，什麼東西都有可能。

這是一道鄉土菜，由此可以窺見古早年代的飲食模式。我總會想像，在沒有麵店可以供應午餐的年代，一個莊稼漢走到田裡展開一天的勞動。他一早離家的時候，帶了一籃糯米飯和他的 aep，這是中午做菜的容器，現在是一團包裹。或者，他根本沒有預先做好的 aep，只帶了香噴噴的咖哩醬，肚子餓就從田裡抓隻青蛙或抓條魚，然後生火，再從附近樹上砍片蕉葉，把食材包一包放進火裡烤，之後搭配糯米飯，以及從樹叢和樹上採到的香料植物食用。

這裡介紹的 aep 需要把魚切成小塊，可能很多刺。泰國人不像我們這麼怕刺，在泰國，經常可以看到全魚也用這種方式料理。帶骨烹調的魚鮮美多汁，如果有人想用魚排來做，其實也可以。

風味特性 鹹、略辣、富含鮮味、香

建議搭配 泰北羅望子豬肋芥菜湯（151頁），泰北炒南瓜（94頁），及糯米飯（33頁）

咖哩醬

製作 4 份，
3-6 人份，分
量可隨意加倍

- 去蒂泰國乾朝天椒或乾墨西哥普亞辣椒 7 克（約 4 根）
- 猶太鹽或細海鹽 1 茶匙
- 檸檬香茅薄片 35 克，用 5 大根檸檬香茅來切，取幼嫩部
- 去皮新鮮或冷凍南薑 1 塊（約 35 克），橫切成薄片
- 去皮新鮮或冷凍薑黃 1 塊（約 28 克），橫切成薄片
- 去皮蒜瓣 43 克，直刀剖半
- 去皮亞洲紅蔥頭 43 克，橫切成薄片
- 自製蝦醬 1½ 茶匙（274 頁）

魚

- 小隻亞洲鯰魚 1 條（900 克），或是鱒魚、鱸魚、其他淡水魚類 1 條（570-680 克），請魚販去鱗去內臟後洗淨，去頭，魚身橫切成約 2 公分厚的魚排
- 猶太鹽或細海鹽少許
- 新鮮或解凍蕉葉 8 片（長寬約 30、23 公分）
- 大片紅骨九層塔葉 30 片

上桌搭配

- 魚露漬辣椒（286 頁），可不用

製作醬料

乾辣椒和鹽放進花崗石缽，用力捶搗約 5 分鐘，搗至 3 分鐘時，用湯匙鏟刮攪拌一下，再搗成非常細緻的粉末（有些稍大的碎粒無妨）。加進檸檬香茅再搗約 2 分鐘，中途偶爾停下刮一刮研缽內壁的碎屑攪拌一下，再搗成相當勻滑、略帶纖維的泥狀。放入南薑繼續搗，然後是蒜頭，接著是紅蔥頭，每樣食材都充分搗碎後再處理下個食材。最後放入蝦醬，搗約 1 分鐘至整團均勻。

你會得到約 ¾ 杯的醬料，這道料理只需使用 ¼ 杯，剩餘的醬料密封冷藏可保存 1 週，冷凍可保存 6 個月。

烤魚

將約 500 克的魚排和 ¼ 杯醬料放進中等大小的攪拌碗混合，撒點鹽稍微調味，再用雙手輕輕將所有食材拌勻，使魚肉裹上一層醬料。

剪掉蕉葉的粗梗。除了特別新鮮柔軟的蕉葉外，兩邊葉面都須在瓦斯爐上稍微過火，這樣蕉葉會比較柔韌易折，較不易在包裹過程中破裂。

取 1 片蕉葉，光澤面朝下，讓葉脊對著你。再取

1 片，光澤面朝上放在第一片葉子上方，使其葉脊垂直於下方葉片的葉脊，這可強化包裹的牢固度。從醃好的魚排取 ¼ 分量，整齊疊在葉面中央，再綴上 8 片左右的九層塔。接下來，你得包出一個勻整牢固的包裹。先從靠近你的那側開始，將兩層蕉葉翻折過去包住魚肉，再將另一側的蕉葉拉過來折疊在一起。小心把這個長方形包裹翻面，然後將兩個短邊相互交疊，做出一個簡單俐落的包裹。取一支木籤，將剛剛疊好的兩側蕉葉串縫固定，封住包裹（不要刺穿包魚肉的地方）。再用其餘的蕉葉、魚肉、九層塔和木籤，重複上述步驟。

準備牛排煎鍋或燒烤爐，起中小火（見 124 頁，建議用炭火燒烤爐），放入蕉葉包，接縫面朝上烤熟，每隔 5 分鐘小心翻面一次，約 20-25 分鐘烤到蕉葉包兩面大多焦黑，魚肉也已熟透。

如果蕉葉在開始頭 5 分鐘就已經烤焦，代表火太大。千萬忍住不要打開包裹檢查魚肉。切記，這道料理可接受的範圍較大，不必追求精確的熟度。如果你真的很想檢查，請用溫度計讀數到 63℃ 左右，魚肉就熟了，烤好馬上食用。

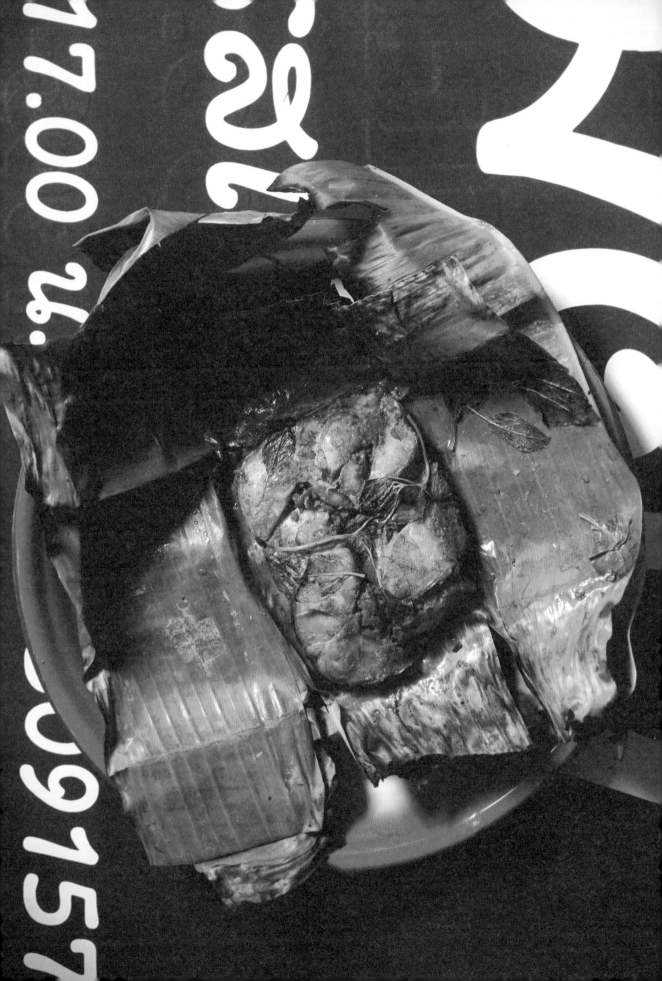

熱炒
PHAT

大火快炒是從中國傳進泰國的烹飪技法，其中大火不只是烹飪手法，同時也是一種食材，為菜餚增添筆墨難以形容的誘人滋味，中國人稱之為「鑊氣」。

見識過大火快炒的人都明白，大部分家庭的廚房設備無法產生那種包住整個炒鍋的熊熊烈焰。家用爐具的火力最高可達 12,000 BTU 左右（BTU 是量測爐具輸出熱量的單位）。在 Pok Pok，我們炒菜的火力可達 150,000 BTU，所以對大多數家庭而言，鑊氣是不可得的。絕少部分想要試做街頭熱炒的人，請翻到 90 頁，了解如何使用炭爐這種了不起的爐具。不過，好消息是泰國廚師熱炒使用的溫度要比中國傳統要求的標準來得低，因此只要把瓦斯爐開最大火，在家也能做出好吃得不得了的熱炒。本書介紹的熱炒食譜，使用的是瓦斯爐和炭鋼炒鍋。

大火快炒技法

我們稱之為「大火快炒」是有理由的，因為這項技藝需要用點油翻炒食物，幾乎全程都得動用鍋鏟進行推、鏟、翻的動作。炒菜過程必須記住，大火快炒的目的是要用高溫炒鍋迅速煮熟食材，翻炒是為了確保所有食材大量接觸高溫鍋面時，不會燒焦或黏鍋。翻炒時，偶爾也需要刮一下鍋底，但不需要甩鍋之類的花招。

烹調過程溫度極高，所以動作要快，有些步驟能花的時間不超過 30 秒，因此特別需要熟讀食譜，並在開火前備妥食材。頭幾次練習炒菜時，也要把所有液狀調味料量好備用，等到比較熟練就能在要調味時取好分量，直接倒在鍋鏟上，不怕搞砸整鍋好料。

附注：用電子爐炒菜

瓦斯爐是最適合炒菜的爐具，可電子爐也能炒出好滋味，只是切記：電子爐熱鍋較慢，調整火力的反應時間較長，只要炒鍋離開爐子，溫度就會明顯下降。此外，電子爐也無法維持熱炒必要的高溫：每次放入大把食材，不只炒鍋本身降溫，就連電子加熱元件也是。為克服這個問題，請考慮使用鑄鐵炒鍋（雖然反應火力調整的時間較久），並務必調整我所提供的烹調時間。

購置炒鍋和鍋鏟

炒鍋的選擇多不勝數，如果你想試做本書的熱炒，請先看看我的建議。

在美國，很少爐臺設有適合傳統圓底炒鍋的爐架，如果你下定決心要用炒鍋，就必須買個便宜的鍋圈或是炭爐。不過，我建議買支平底炒鍋，到處都有在賣，而且最適合西方爐面使用。

現今大部分的人都熟悉炒鍋的造型，但卻不一定了解它的用途。就熱炒而言，你需要的是導熱良好，而非保溫性佳的炒鍋，所以縱使鑄鐵炒鍋有其優點，實非本書熱炒食譜必要或理想的鍋具，除非你只有電子爐。

請買口徑約 33-42 公分的平底炒鍋，材質可為鋁製、不鏽鋼或炭鋼。目前，我偏好的家用品牌是 Vollrath。請勿購買塑膠握柄的炒鍋，新鍋子使用前要先刷洗乾淨。不沾鍋很方便，如果只有幾道菜需要使用炒鍋，強烈推薦不沾鍋。如果你不想用不沾鍋，那就要養鍋，好讓鍋面不易沾黏：請大火熱鍋，倒入數湯匙植物油，慢慢旋轉鍋子，使油均勻沾滿整個鍋面，起煙時就把油倒掉。用紙巾把鍋子擦乾，再下冷油將上述步驟重複一次。

鍋鏟外觀看起來很像長柄小鏟子。如果你用不沾鍋，請買木鏟，反之則買鐵鏟。無論材質為何，鍋鏟都應該堅固耐用，其用途不只翻炒，也要能夠將食材鏟起翻面，偶爾還需要打碎食材。

使用炭爐

在泰國，炭爐這種陶製爐具只要上面架個網架，即可當作燒烤爐使用，不過燒烤爐卻沒有炭爐的功能。炭爐的爐身相對較窄，頂部爐口用來擺置炒鍋，側邊有個開口用來添加木炭。如果放入充足而且燒紅的硬木炭，再把電風扇（老派攤販會用小型的強力工業吹風機，外觀近似吹頭髮的吹風機）對準這個開口，泰式炭爐就會變成火力強大的爐具，爐火旺得有如火箭推進器。或許不用說大家也明白，這種爐具不適合初學者或怕火的人，但如果你希望在家也能像街頭小販那樣大火快炒，這是最佳選擇。

泰式炭爐在泰國市場一個大概一千元，也可從網路訂購 www.templeofthai.com。

炒高麗菜嬰

PHAT KHANAENG

特殊用具

· 泰式花崗石缽
和杵
· 炒鍋和鍋鏟

走一趟泰國市集永遠能夠提醒你自己不知道的還很多。以清邁的大型批發市場門買市場（Talaat Meuang Mai）為例，一個個攤位上擺著成堆的綠色東西，羽狀葉植物和捲曲盤旋的莖梗，看起來像是摘自野草的寬大葉片，還有莖梗圓滾貌似芥藍的分身。也有各式各樣的葉子，像形狀細長帶著苦味，多肉而酸澀，或帶有特殊甜味，以及其他從路邊生長茂密的植叢摘取，或在森林尋覓，或從農田收穫而得的植物。

總有一天，我要停下來問問這些植物的名稱。多年來，我問過朋友、餐廳老闆、當地市集的攤販，想要認識我遇到的各種新奇植物，但我得到的從來不是一個簡單明瞭的名稱，他們總是給我這三種答案的其中一個：「那個東西呀？」然後我就會聽到泰文：「那是配著肉末沙拉吃的東西。」「你可以把它蒸熟沾辣椒醬吃。」或「加蠔油炒來吃。」所以，很多陌生蔬菜我到現在還是不知道名稱，甚至不確定它們是否有名字。

儘管如此，偶爾你也會被自己已經認識的東西嚇到。有次我去距離清邁一小時車程的帕府（Phrae）旅遊，到餐廳吃飯時，我問店家熱炒用的是什麼菜。「土產蔬菜，」服務生回答。「那我就要這個。」我說。幾分鐘後，端來一盤嫩蕨菜。原來捲曲如拳的蕨菜除了在春季時分充斥奧勒岡州波特蘭以及全美各地的市集外，也會從泰國北部的土壤冒出頭來。

另一種熱炒常見蔬菜是高麗菜嬰，看起來像是抱子甘藍和青江菜的綜合體，美國找不到，所以 Pok Pok 改用一般常見的成熟抱子甘藍，成品相當不錯，所以本書用這個示範。當然，就我毫無所獲的詢問結果看來，這種結合中國蠔油和泰國魚露的烹調和調味方式，幾乎任何蔬菜都適用，炒起來都非常美味。所以青花菜、四季豆、花椰菜或綜合蔬菜，只要先簡單汆燙，也都很適合用這種方式烹飪。我贊同深水汆燙[1]的理論，450 克蔬菜請用義大利麵鍋裝滿水汆燙。

<u>風味特性</u>　甜中帶鹹、稍辣、煙燻味

<u>建議搭配</u>　咖哩螃蟹（101頁），或荷包蛋沙拉（51頁）。要配茉莉香米飯（31頁）或糯米飯（33頁）

1.　編注：蔬菜放入大量滾水時，水溫不會下降太快，而能快速燙熟，保持蔬菜的色澤與營養。

2-6 人份

- 高麗菜嬰 284 克，切除底部，剝除外葉，直刀剖半（約 2 杯）
- 猶太鹽或細海鹽少許
- 泰國蠔油 2 湯匙
- 泰國魚露 1 茶匙
- 泰國生抽 1 茶匙
- 白胡椒粉少許
- 植物油 2 湯匙
- 去皮蒜瓣 11 克，直刀剖半，放入研缽輕輕壓成小塊（約 1 湯匙）
- 生鳥眼辣椒 6 克（約 4 根），建議用紅辣椒，切細圈
- 豬高湯 ¼ 杯（268 頁）或水
- 砂糖 1 茶匙

汆燙高麗菜嬰

煮沸一大鍋水，加鹽再下高麗菜嬰，視體積大小燙 30-60 秒，直至菜熟但仍保有清脆口感。充分瀝乾，如果沒有要馬上炒，則泡冰水冰鎮。

快炒上桌

蠔油、魚露、生抽、白胡椒粉倒入小碗拌勻。

大火熱油鍋，慢慢旋轉鍋子使油均勻沾滿鍋面。待油微微起煙，放入蒜頭，並將鍋子抬高離火，讓蒜頭在鍋裡滋滋作響約 15 秒，不時翻炒，直到香味散發但尚未變色。

把鍋子放回爐上，加入高麗菜嬰和辣椒大火快炒，持續翻、拋、鏟 30 秒，讓甘藍入味。倒入已經混合好的蠔油等調味料，如有需要，可以加點水帶出碗底的調味料。炒 45 秒至高麗菜嬰變軟，但仍保有清脆口感，而鍋裡的湯汁也幾乎收乾。

倒入高湯，放糖續炒 30 秒，直至高麗菜嬰更軟，但還稍微帶點脆度，湯汁收得略為濃稠，但仍呈現十足液體狀。連同湯汁盛到盤裡整成小丘狀，即可上桌。

泰北炒南瓜
PHAT FAK THAWNG

特殊用具
· 泰式花崗石鉢
  和杵
· 炒鍋和鍋鏟

我最愛去清邁近郊的班帕杜村拜訪桑尼,因為包準有好料可吃。一想到他拿刀剁肉精心製作 laap 的模樣,我就興奮不已,只要是他的拿手菜,即使是再簡單不過的料理,做起來和吃起來都是一種享受。

以這道炒南瓜為例,加上帶香氣的醬料拌炒,最後撒上油蔥酥就成了。我一直以為南瓜需要煮很久,直到站在桑尼家現代化廚房的瓦斯爐旁,我才見識到好吃的南瓜最重要的不在於綿軟的南瓜肉,而是帶出南瓜片那種略微爽脆的纖維口感。返回美國後,我是選用日本南瓜,或更上乘的甜薯瓜來做這道料理。甜薯瓜多半出現在秋季的農夫市集,連去皮都不必。

風味特性　甜中帶鹹、辣、略帶點臭

建議搭配　泰北豬肉末沙拉 (106 頁),或緬式豬五花咖哩 (170 頁)。需要配糯米飯 (33 頁)

2-6 人份

醬料
· 青辣椒丁 7 克
· 去皮蒜瓣 6 克,直刀剖半
· 去皮亞洲紅蔥頭 5 克,直切薄片
· 自製蝦醬 1 茶匙 (274 頁)

熱炒
· 帶籽帶皮的得利卡塔南甜薯瓜或去皮的日本南瓜 284 克。切成約 5、2.5、0.6 公分的片狀 (約 2 杯)

· 蒜油 (272 頁) 或紅蔥油 (273 頁) 2 湯匙
· 豬高湯 (268 頁) 或水 2 湯匙
· 砂糖 1 茶匙
· 猶太鹽或細海鹽 1/4 茶匙
· 水 1 小碗
· 油蔥酥 1 湯匙 (273 頁)

製作醬料

　　將辣椒放進花崗岩鉢,搗約 20 秒成粗泥狀。加入蒜頭搗碎,搗約 30 秒至只看得見碎蒜,加入紅蔥頭,一樣搗碎。接著放進蝦醬,搗約 10 秒至完全混合。醬料此時應該仍有許多顆粒,外觀看起來並不勻滑。你會得到 1 湯匙的醬料。

汆燙南瓜

　　煮沸一大鍋水,倒入南瓜煮 15 秒,然後充分瀝乾水分。

快炒上桌

　　中火熱油鍋,慢慢旋轉鍋子使油均勻沾滿鍋面。待油熱,倒入所有醬料,將鍋子抬高離火拌炒,不

時快速翻攪約 30-60 秒至醬料散發香味但尚未變色。勸你不要深呼吸或靠近聞，因為搗碎的辣椒遇熱，會讓人直打噴嚏。

把鍋子放回爐上，轉大火，放進南瓜快炒，持續翻、拋、鏟 1 分鐘，讓南瓜裹上醬料充分入味。

接著倒入高湯、糖和鹽續炒 3-5 分鐘至南瓜變軟即可，不要變糊或碎掉。每隔 30 秒左右斟酌加點水，讓食材保持濕潤，不過南瓜煮好準備起鍋時，鍋裡不能有湯汁。

將菜移至盤子，撒上油蔥酥，即可上桌。

炒空心菜

PHAK BUUNG FAI DAENG

特殊用具

· 泰式花崗石缽
和杵

· 炒鍋和鍋鏟

如果你還不知道空心菜，一定得好好認識，這是最適合大火快炒的蔬菜，幾乎每個亞洲超市都是大把大把地賣。它本身沒什麼滋味，卻會吸收醬汁的味道，就這道食譜而言，就是蠔油、魚露和泰國豆瓣醬混合而成的鮮味醬汁，中空的菜梗則是吃起來爽脆可口。

賣這道料理的小販常會小秀身手，將炒好的空心菜拋向天空，讓上菜的服務生用盤子接住。

Fai daeng 意為「紅色火焰」，指的不是熱炒的辛辣，而是炒菜時從炒鍋冒出的驚人火焰，這是熱炒的招牌技法，但我不建議在家嘗試。

風味特性　鹹、辣、富含鮮味、煙燻味
建議搭配　辣拌酥魚（83頁）。要配茉莉香米飯（31頁）或糯米飯（33頁）

2-6 人份

· 泰國蠔油 2 湯匙
· 泰國魚露約 1 湯匙
· 泰國豆瓣醬 1 茶匙
· 砂糖 1 茶匙
· 植物油 2 湯匙
· 去皮蒜瓣 11 克，直刀剖半，放入研缽輕

輕壓成小塊（約 1 湯匙）
· 空心菜 170 克，細莖不超過 0.6 公分粗，僅用莖梗和葉子，切成約 5 公分長的小段（輕壓一下約 6 杯）
· 乾鳥眼辣椒 3-4 根，橫切成兩半
· 豬高湯（268頁）或水 ¼ 杯

蠔油、魚露、泰國豆瓣醬和砂糖放入小碗混合拌勻。

大火熱油鍋，慢慢旋轉鍋子使油均勻沾滿鍋面。待油微微起煙，放入蒜頭，並將鍋子抬高離火，讓蒜頭在鍋裡滋滋作響 30 秒，不時翻炒，直到蒜頭呈金黃色。

把鍋子放回爐上，放進空心菜翻炒 15 秒至葉子開始變軟。倒入混合好的蠔油等調味料和辣椒，如有需要，可以

加點水帶出碗底的調味料。大火快炒，持續翻、拋、鏟 45 秒至葉子全軟。

加入 2 湯匙高湯，再炒 45 秒左右至菜梗開始變軟，但還帶點脆度。最後鍋裡剩下的湯汁應有 ¼ 杯左右，如果湯汁剩不到這個分量，請在炒菜過程逐量加點高湯。

連同湯汁盛到盤裡整成小丘狀，即可上桌。

炒什錦蔬菜
PHAT PHAK RUAM MIT

特殊用具

· 泰式花崗石缽
  和杵

· 炒鍋和鍋鏟

英文譯名壞了這道菜。在還沒見識到它的厲害之前，只要看到美國和泰國的餐廳菜單出現這道菜，我都直覺認為難吃的餐館才賣這種料理，畢竟如果有芥藍炒豬五花，誰會想吃甘藍和玉米筍？

這道熱炒一旦落到好廚師手裡，可是馬上一反平庸的菜名，在餐桌上贏得一席之地。甜甜鹹鹹的滋味令人難忘，加上蠔油和魚露的鮮味，稱職地為蛋白質豐富的肉類提供美味可口的陪襯。如果在家，我會自己簡單炒一盤來當晚餐，配上茉莉香米，也許再來點魚露漬辣椒（286頁）。

吃素的人，請用素蠔油（原料通常是菇蕈）取代魚露，蝦子改用買來的炸豆腐代替。這道料理的蔬菜雖然不算可觀，大部分情況下 2½ 杯的蔬菜就夠了，卻能提供特別細膩的口感和風味，而且我愛吃玉米筍。你該不會以為它是長在罐子裡吧？

風味特性　稍鹹、甜、富含鮮味、煙燻味

建議搭配　泰式鮪魚沙拉（54頁），或冬粉蝦煲（210頁）。加上茉莉香米飯（31頁）

熱炒

· 泰國蠔油 2 湯匙

· 泰國魚露 1 茶匙

· 泰國生抽 1 茶匙

· 砂糖 1 茶匙

| 2-6 人份 |

· 白胡椒粉少許

· 植物油 2 湯匙

· 去皮蒜瓣 22 克，直刀剖半，放入研缽輕輕壓成小塊（約 2 湯匙）

· 中等大小鮮蝦 57 克（約 4 隻），去殼，直刀剖半，去腸泥

· 蝦高湯 ¼ 杯（參閱附注）或預留的殺菁[1]水

附注　加點蝦高湯可以增添鮮味。下次買蝦子的時候，記得留下蝦殼（可以冰在冷凍庫），先用乾平底鍋炒幾分鐘至蝦殼變紅並有香味飄出，倒入適量水淹過蝦殼，煮 10 分鐘。濾出高湯直接使用，或分裝冷凍起來。

蔬菜

· 猶太鹽或細海鹽少許

· 芥藍 35 克，菜梗斜切成約 0.6 公分粗的細長條，菜葉切成約 8 公分的條狀（約 ½ 杯）

· 新鮮或解凍的玉米筍 35 克（約 3 根），，縱切成四等分

· 白球或綠球甘藍 35 克（皺葉品種），切成 3 公分的條狀（約 ½ 杯）

· 去皮黃洋蔥 35 克，切成約 1 公分寬的小塊（約 ½ 杯）

· 去皮紅蘿蔔 21 克，斜切成約 0.6 公分厚的半月狀薄片（約 ¼ 杯）

· 去絲荷蘭豆 21 克（約 7 片豆莢）

· 蠔菇、杏鮑菇或香啡菇 21 克，去梗斜切成約 0.6 公分厚的小片（約 ⅓ 杯）

· 本芹 14 克（取嫩莖葉），切段（約 ¼ 杯）

汆燙蔬菜

煮沸一大鍋水，加鹽再放入所有蔬菜，稍微殺菁 15-30 秒，但仍保有清脆口感的程度。充分瀝乾，如果不用蝦高湯，請保留 ¼ 杯的殺菁水。沒有要馬上炒，就泡冰水冰鎮。

快炒上桌

蠔油、魚露、生抽、砂糖、白胡椒粉倒入小碗拌勻。

大火熱油鍋，慢慢旋轉鍋子使油均勻沾滿鍋面。待油微微起煙，放入蒜頭，並將鍋子抬高離火，讓蒜頭在鍋裡滋滋作響約 15 秒，不時翻炒，直到香味散發但尚未變色。

把鍋子放回爐上，放進蔬菜快炒，持續翻、拋、鏟 30 秒。倒入已經混合好的蠔油等調味料，如有需要，可以加點水帶出碗底的調味料，再拌炒均勻。

加入蝦子，繼續翻炒 45 秒，盡量讓蝦子接觸到高溫鍋面，直到兩面都開始變紅。

倒入蝦高湯，再炒 1 分鐘，把蔬菜炒熟但仍略帶脆度，蝦子剛好熟透，湯汁收得略為濃稠，但仍呈現液體狀。連同湯汁盛盤即可上桌。

---

1. 編注：將蔬菜浸於熱水中、蒸汽加熱、微波加熱、熱風加熱，主要功用是使蔬菜質地變軟，風味變好，逐出蔬菜內部之空氣，使酶失去活性不致引起不良變化等。

咖哩螃蟹

PUU PHAT PHONG KARII

特殊用具
· 切肉刀或重刀
· 炒鍋和鍋鏟

我在曼谷常去 Teng Hong Seng 這家餐廳。友人克里斯總愛帶我來這處離他家一兩公里遠、雜亂無章的地方，就在霓虹閃爍、滿是酒吧和男性娛樂場所的牛仔巷（Soi Cowboy）附近。餐廳顧客通常是一般家庭和三五好友，但偶爾也會看到一些年華老去的觀光客帶著穿著暴露的酒吧女郎來吃飯。

餐廳的招牌菜要先預訂才吃得到，肉片、海鮮、蔬菜全都放在冰塊上，等著顧客欽點。餐廳是家族式經營，父親掌廚，兒子坐鎮櫃臺同時忙著準備食材送進廚房下鍋，祖父則靜靜坐在角落。另外還有一個看不出年紀、可能是店裡唯一的服務生，我每次去都是他來服務。他發送濕紙巾時，會一手擠壓包著濕紙巾的塑膠袋，讓袋子另一端鼓起來，再用手肘用力砰地擠爆塑膠袋。

我們需要濕紙巾，因為克里斯老愛點這道會吃得滿手都是的料理，肥美帶殼的黃色甲殼類、雞蛋、青蔥，是他每去必點的食材，而最終使你手指變色的是大把的咖哩粉。

你可以按自己的口味喜好來點這道料理——不要辣椒！咖哩粉多一點！克里斯通常會選明蝦，但他不在時我喜歡點螃蟹，坐鎮櫃臺的兒子會靈巧地使用切肉刀把螃蟹稍微切塊，再下鍋。

回到波特蘭，我用當地盛產的黃金蟹入菜，你可以使用任何多肉的全蟹、雪蟹腿、帝王蟹螯，甚至是龍蝦或重量四隻半公斤的明蝦。

風味特性　濃郁、大辣（但非極辣）、略甜
建議搭配　炒空心菜（97頁），或醬油蒸魚（79頁），以及茉莉香米飯（31頁）

2-6 人份

煮蟹

·水 4 公升

·猶太鹽或細海鹽 ¼ 杯

·活的黃金蟹或其他大型的多肉蟹 1 隻（約 900 克），蟹螯綁住

熱炒

·奶水 ½ 杯

·大顆雞蛋 4 顆，常溫

·泰國魚露 2 湯匙

·泰國蠔油 2 湯匙

·砂糖 2 茶匙

·蒜油 5 湯匙（272 頁）

·去皮蒜瓣 11 克，直刀剖半，放入研缽輕輕壓成小塊（約 1 湯匙）

·淡味印度咖哩粉 1 湯匙，外加 1 茶匙

·去皮黃洋蔥 43 克，縱切成條狀（約 ¼ 尖杯）

·本芹 14 克（取嫩莖葉），切成 5 公分小段（輕壓一下約 1 杯），另備一把略切的芹葉作裝飾用

·青蔥 14 克，切成 5 公分左右的小段（輕壓一下約 ¼ 杯）

·生泰國紅辣椒 7 克（約 5 根），用研杵、平底鍋或刀面輕輕拍碎

殺蟹

這裡提供一個快速而人道的殺蟹方法：把螃蟹翻過身來放在砧板上，讓牠的眼睛對著你。用刀刃的尖端，往螃蟹雙眼之間用力插一下。因為不是要把螃蟹剖半，所以大概插入 4 公分左右的刀尖即可。

煮蟹

大鍋放水加鹽，以大火煮至沸騰。另外再準備 1 大碗冰水備用。螃蟹放入沸水蓋上鍋蓋煮 8 分鐘，再移至冰水中。8 分鐘是煮 1 隻 0.5-1 公斤螃蟹的時間，如果是體型較小或較大的甲殼類，煮沸時間就得視情況調整。切記，有點沒熟比煮過頭要好，因為螃蟹待會兒還要再煮一次。

等溫度降至不燙手就將螃蟹背部朝下，以湯匙或刀子掀開腹部的三角形軟殼臍蓋，接著用手掀開背部的甲殼，用湯匙去除鰓部。如果背甲裡面有黃色的蟹膏，就挖出來留著，待會兒可以拌入奶水和蛋裡面。背甲丟棄。

將螃蟹移至砧板，用重刀先直刀剖半，再橫向切成三等份。以重刀的刀背或研杵敲擊較細的蟹腳和雙螯，使其稍微碎裂，煮的時候比較容易入味。

快炒上桌

奶水和蛋放入碗中打勻。魚露、蠔油、砂糖倒入另一碗拌勻。

大火熱鍋後，加入 4 湯匙油，慢慢旋轉鍋子使油均勻沾滿鍋面。待油微微起煙，放入螃蟹、蒜頭、咖哩粉快炒，持續翻、拋、鏟 1 分鐘。

轉至中火，加入洋蔥、本芹、青蔥、辣椒，快炒 10 秒，再倒入已經混合好的魚露等調味料，如有需要，可以加點水帶出碗底的調味料。把火轉大，再炒 45 秒。

螃蟹推至鍋邊，加入剩下的 1 湯匙油，倒入蛋汁混合物後，將鍋內所有食材混合拌炒約 30 秒以上至蛋開始凝固，蛋汁略呈乳脂狀但不會流動。

最後將螃蟹、蔬菜、黃色蛋乳等全部移至大盤，撒上一把芹葉即可上桌。

泰式肉末沙拉
LAAP

Laap 是泰國菜中一支獨特的菜系，卻跟 yam 一樣，老是被西方人強行譯為「沙拉」。我也承認要用少少幾個字描述 laap，「肉末沙拉」的確是最好的選擇，但如果要多費點唇舌解釋，laap 在泰文基本上是指「剁碎」，後來引申為均勻剁碎肉類所做成的菜餚。剁肉使用的刀通常又大又重，看起來像是鐵器時代的產物，而且僅用於製作這種肉末沙拉。當然，肉末沙拉有許多不同形式和變化，撇開蛋白質的選擇（如鴨、魚、豬或牛肉）和料理特色不論，肉末沙拉可以分成兩大類：一是來自泰國東北部的依善式，通常會加入萊姆，味道辛辣，還會添加熟糯米粉製成的芳香粉末（270頁）。二是泰北式，通常以新鮮香料植物調味，醬料使用大量乾辛香料，還有蒜頭酥和油蔥酥。除了肉末以外，這兩類的食材種類和風味特性大相逕庭，簡直像是來自兩個不同國家。

肉末沙拉有幾個不可或缺的拍檔：一個是糯米飯，用作可食用的盛器，再來是 aahaan kin kap laap（基本上是指「配著肉末沙拉吃的東西」），一邊嚼一邊配著吃的。這類配著肉末沙拉吃的東西可能是幾瓣成熟的生蒜頭、會讓嘴巴噴火的 phrik khii nuu（譯為「鼠糞椒」，很有畫面的譯法）、生菜，以及任何可以想像得到類似香料植物的綠色植物。這些植物和綠葉通常是從附近路邊的灌木叢和樹上摘取而來，味道強烈，有些很甜，有些嘗起來像甘草，有些苦到或酸到心坎裡。我是跟桑尼在他居住的村莊散步後，才開始了解這類配菜涵蓋的範圍有多廣。每次我問：「那是什麼？」他總是不斷重複回答：

「喔，市場賣的那種森林香料植物？配肉末沙拉很好吃。」「路邊的那處灌木叢？配肉末沙拉一起吃的。」樹上的那種葉子？你猜對了。我發誓我閉著眼睛亂指，都會得到相同答案。為了尋找美國本土植物來取代這些野生香料植物和綠葉，我吃盡了苦頭，好不容易才從佛羅里達的一座農場，或賓州某位女士的花園裡找到。不過，大部分的顧客還是把它們推到一邊，好像它們是一九八〇年代餐廳端出的捲葉歐芹。你不用這麼辛苦，只要使用芫荽、紅骨九層塔、長豇豆、生的泰國茄子、白球甘藍，任何能夠帶來對比味道或口感的東西都可以。

泰北豬肉末沙拉

LAAP MEUANG

我手拿彎刀剁肉刀對著 1 公斤梅花肉猛剁了不知道多久，拚命想要剁出大忠滿意的肉末。他是我朋友蘭娜的父親。剛開始，我用西式剁法，直到大忠皺著眉奪過剁刀，示範泰式剁法給我看。後來，我的刀法終於達到大忠的標準後，他便離開了廚房，不過偶爾還是會探回頭往我刀下那團軟肉瞧瞧，神情像是在說：「繼續剁，你還差得遠哩！」我不是在抱怨，因為這是我自找的。昨晚吃到他做的肉末沙拉後，我就立刻下定決心要跟他學。

我加了一些紅似甜菜的豬血再全部剁過幾遍後，終於通過大忠的審核進入下一階段。我坐在水泥地板上，跟前擺了一個大型研缽，他蹲在我身旁看我慢慢把蒜頭和紅蔥頭、南薑和檸檬香茅、辛香料、乾辣椒和蝦醬，搗成勻滑的 naam phrik laap，這是用來替肉調味的醬料。我拌入肉末和煮過的豬雜[1]，用醬料加以按摩。大忠用手指沾了一點來嘗，再用魚露調整味道。他點頭要我跟著照做，但我不敢，裡頭全都是生的東西。不久我才知道，以前的人就是這樣吃肉末沙拉，只是多加了一點蒜頭酥和油蔥酥、切碎的香料植物和很小的乾辣椒，他們稱為生肉末沙拉（laap dip）。但我們現在不這麼吃了，而是把這堆紫紅色的混合物放進炒鍋用炭火料理。當鍋裡的食材開始滋滋作響的時候，我們會加入幾匙煮過豬內臟的水，煨到整鍋逐漸轉成深棕色，也就是豬血煮熟的顏色。

如果我對泰國料理還有什麼先入為主的想法，也全被大忠的肉末沙拉給推翻了。我頭一次聽說泰北肉末沙拉時，腦中浮現的是稍稍不同於我們在美國吃的，美國的做法是加了萊姆的好吃肉末料理，後來我逐漸了解，這是改良依善地區的料理而來。而

現在我眼前這堆幾近黑色的肉末，嘗起來一點也不像酸酸甜甜的沙拉和彩虹咖哩，更不像我在曼谷街頭吃過的湯麵和熱炒，它就是香、嗆、苦，而且美味極了，除了撒在上頭的蒜頭酥和油蔥酥之外，沒有明顯的甜味，當然更沒有萊姆和椰奶。要不是我嘗到這道菜時，就在克里斯和蘭娜的清邁家裡，我甚至認不出這是泰國菜。

假如今天我在被丟到太空前只剩最後一餐可吃，我鐵定會選這種剁得碎碎的肉末，這是值得開設專賣餐廳的料理，就像西方有漢堡店、披薩店、烤肉店一樣，整個泰北地區到處都是專賣這種菜餚的餐館。無論你是在餐廳或某人的家裡吃到，肯定會看到旁邊擺著糯米和一堆野外摘來的香料植物和蔬菜。不像依善的肉末沙拉，泰北的很少出現在泰北以外地區。如果你想快速學會這道泰北美味料理，絕對沒問題，現在就開始吧！

* * *

大忠做的是泰北豬肉末沙拉，這是泰北特有的，做工十分繁複。東北依善地區的肉末沙拉反映的是一切從簡、味道火辣的農家料理，而泰北肉末沙拉則顯露昔日建國於泰北的舊皇室影響。不像依善（和美國絕大多數餐廳）使用萊姆和魚露調味，大忠是用小豆蔻、八角、孜然製作咖哩醬，再將咖哩醬與肉末混合。

在泰國待了許久之後，我學到的東西已經使我打消徹底了解每一件事的念頭。肉末沙拉的變化無窮無盡，每個地區、每個城鎮、每個廚師都有自己的做法，我發現肉末沙拉的調味醬料使用的食材以清邁地區最多，越往北數量越少，出了泰北後，

---

1. 編注：豬雜的「雜」，或「下水」，皆指動物內臟。

成分也跟著改變。例如在我第一次跟大忠學做肉末沙拉的廚房裡，他女婿教我如何製作楠府（Nan，接近寮國邊境）版本，調味醬料無疑用上了大量的泰北馬昆花椒，這是泰北本土所產花椒的種籽，也是清邁和楠府的肉末沙拉不可或缺的材料。比較特別的是，楠府版本也用卡非萊姆葉、檸檬香茅、煮過的內臟，但全部都得先炸過一遍。有個朋友最近從南邦（Lampang，位於清邁南方）的市場帶了一份調味醬料給我，裡面沒有半點泰北馬昆花椒，光用聞的就知道。

我在朋友家裡和專賣餐廳吃過很多泰北肉末沙拉，有鯰魚做的（laap plaa duuk），雞肉做的（laap kai），還有以牛膽汁入菜的苦味肉末沙拉（laap khom）。泰北肉末沙拉可以生吃，也可小火慢燉成帶有湯汁的菜餚（laap suk），或用長柄平底鍋不加油直接炒熟（laap khua）。就在去年，有個老人說他家曾經做過酸味肉末沙拉（laap som），利用香蕉花產生乾澀的口感（稱為 faht），不小心咬過香蕉皮的人一定知道這個味道。老人答應要教我做，而我打算帶瓶蘇格蘭威士忌上門，後面的事就好辦了。

* * *

現在除了鄉下地區，已經很難看到青少年圍坐同桌，遞著泰北豬肉末沙拉之類的料理。就如現今世界各地的孩子一樣，他們愛去肯德基、麥當勞或全國連鎖麵店，很少相約去吃當地的肉末沙拉餐廳。會去這些地方的，很快就只剩下家庭老主顧和一群群的中年酒友。

這是因為肉末沙拉正快速演變為鄉土料理。這道菜餚非常費工，可能是本書最難的食譜。一道比較精緻的肉末湯，需要耗費一整天的工夫才能完成。

然而，真正的挑戰在於將豬肉剁成細碎的肉末。

你的手會很酸，最後發現自己會左右開弓。我有時還是會偷懶，這時接替大忠教我做肉末沙拉的桑尼就會拿起白蘿蔔敲我。你可能想問：「為何不拿絞肉來剁？這樣可以省下很多時間。」肉一旦絞過，肉質就會徹底粉碎，口感不同於以鋒利厚實的剁刀一刀一刀剁出來的結果。如果要做這道料理，非得親手剁肉不可。

蒐羅食材也是一大難題，不過在這過程中，我不斷訝異於大多數熟悉的辛香料經過混合之後，味道竟如此富有異國風味。好消息是，你可以提前幾天或者幾週也行，先完成辛香醬料，再來專心剁肉和烹煮。

調味醬料所使用的食材

豬皮

豬小腸

生豬血

豬里肌肉

豬肝

準備要煮的肉末沙拉（混合攪拌之後）

肉末沙拉的成品和不可或缺的拍檔：
糯米飯，以及一盤生菜和香料植物

鑒於這道料理很花工夫，我建議用半公斤豬肉（在餐廳，一份大概 170 克），做好時當作晚餐主菜，邀請多位朋友一起享用。

雖然泰國肉末沙拉餐廳的桌上可能同時還有好幾道其他料理，但你還是可以一餐只煮一道肉末沙拉，配上糯米飯（33 頁）、紅骨九層塔、刺芹、芫荽和越南薄荷等鮮採香料植物，以及一些甘藍、切成四等分的泰國馬可圓茄、黃瓜條和 8 公分左右的長豇豆等等生菜。

最後別忘了啤酒，很多很多啤酒。

找尋豬下水和豬血：豬下水和生豬血（新鮮或冷凍均可）最好到高級一點的肉鋪、亞洲和俄國超市，以及任何製作血腸的地方購買。豬血可以是液狀或凝膠狀，但沒有其他替代品可用，可以不加，但最後成品味道比較不濃郁，顏色也比較淺（不過還是很好吃就是了）。

<u>風味特性</u> 香料氣味濃烈、富含鮮味、中辣、略苦

<u>建議搭配</u> 魚露漬番茄（282 頁），黃瓜、泰國茄子、白球甘藍、越南薄荷和紅骨九層塔等生菜和香料植物，以及泰北雞湯（158 頁）。要配糯米飯（33 頁）

事前準備

· 前一週：製作調味醬料

· 前兩天：炸蒜頭酥、油蔥酥和蔥油

· 前幾小時：煮豬雜和剁豬肉

特殊用具

· 泰式花崗石缽和杵

· 實木厚砧板（非竹製），建議使用

· 剁刀或其他沉重的大刀

2-6 人份

調味醬料

· 去蒂泰國乾朝天椒或墨西哥乾普亞辣椒 28 克（約 12 根）

· 泰北馬昆花椒 1 湯匙（參閱附注），或黑色四川花椒、黑色胡椒粒

· 芫荽籽 1 湯匙

· 小茴香籽 1 茶匙

· 南薑粉 ½ 茶匙

· 檸檬香茅粉 ½ 茶匙

· 黑胡椒 ½ 茶匙

· 孜然籽 ¼ 茶匙

· 現磨肉豆蔻 ⅛ 茶匙

· 丁香 4 粒

· 乾蓽茇 2 粒

· 八角 1 粒

· 完整的肉豆蔻乾皮 1 塊

· 豆蔻莢 1 個，建議使用白色較圓的泰國品種

· 猶太鹽或細海鹽 1 茶匙

· 去皮蒜頭 28 克，直刀剖半

· 去皮亞洲紅蔥頭 57 克，橫切薄片

· 自製蝦醬 1 湯匙（274 頁）

豬下水

· 豬小腸 57 克，切成數段

· 豬皮 57 克，切成數片

· 豬肝 57 克

· 自製蝦醬 1 茶匙（274 頁）

· 帶皮的新鮮或冷凍（不解凍）南薑 14 克，切片

· 檸檬香茅 1 大根，撕去外層，剖半，再以研杵、平底鍋或刀面輕輕拍碎

· 水 3½ 杯

豬肉

· 檸檬香茅 1 大根，撕去外層，剖半，再以研杵、平底鍋或刀面輕輕拍碎

· 新鮮或解凍的生豬血 2 杯

· 無骨豬里肌肉 450 克，可視需要剔除大塊脂肪，逆紋切成約 1 公分厚薄片

附注 泰北馬昆花椒是一種泰北花椒樹的種籽，雖然不易購得，但多問幾家泰國超市，可能幸運尋獲。味道有點像四川花椒，但仍無法完全取代。

熱炒時用

- 預留煮過內臟的水 ½ 杯
- 猶太鹽或細海鹽 ½ 茶匙
- 青蔥圈輕壓一下約 2 湯匙
- 刺芹圈輕壓一下約 2 湯匙
- 芫荽段輕壓一下約 2 湯匙（取嫩莖葉）
- 越南薄荷碎末輕壓一下約 2 湯匙
- 油蔥酥 2 湯匙（273 頁）
- 蒜頭酥 1 湯匙（272 頁）

上桌準備

- 紅蔥油（273 頁）或蒜油（272 頁）2 湯匙
- 預留的煮豬雜水 1½ 杯
- 青蔥圈輕壓一下約 3 湯匙
- 刺芹圈輕壓一下約 3 湯匙
- 芫荽段輕壓一下約 3 湯匙（取嫩莖葉）
- 切小段的越南薄荷輕壓一下約 3 湯匙
- 油蔥酥 3 湯匙（273 頁）
- 蒜頭酥 3 湯匙（272 頁）
- 粗切（約 0.6 公分）、未經調味的脆豬皮 3 湯匙，最好帶點肉

製作調味醬料

辣椒放入乾的小平底鍋或炒鍋，大火熱鍋再轉小火。翻炒約 15-20 分鐘，使辣椒雙面都能接觸到高溫鍋面，炒至辣椒變脆，顏色整個轉為極深、近乎黑色的棕色。取出辣椒，丟棄掉出的辣椒籽，因為這些都已燒焦，味道很苦，然後放一旁備用。

泰北馬昆花椒、芫荽籽、小茴香籽、南薑粉、檸檬香茅粉、黑胡椒、孜然籽、肉豆蔻籽、丁香、蓽茇、八角、肉豆蔻乾皮和豆蔻莢放入小平底鍋混合，開小火，翻炒 5 分鐘至香氣四溢，關火再翻炒 1 分鐘，接著放進香料研磨器研磨或放入花崗石缽捶搗，使其變成極細緻的粉末。

乾辣椒和鹽放進花崗石缽混合，用力搗、刮 5 分鐘，再攪拌一、兩下，直到搗出極細緻的粉末。放入蒜頭再搗 2 分鐘，偶爾停下來刮一刮研缽內壁的碎屑，直到搗出極勻滑的泥狀。放入紅蔥頭重複相同動作，再加入剛才磨好的辛香料粉敲搗 2 分鐘，直到辛香料與泥醬充分混合。最後放入蝦醬再搗 30 秒至充分混合。

最後會得到 ½ 杯醬料，可以馬上使用。密封冷藏可保存 1 週，冷凍可保存 6 個月。每次製作 6-12 人份的肉末沙拉，需要約 6 湯匙醬料，建議最好分成多份冷藏。

煮豬下水

豬腸、豬皮、豬肝、蝦醬、南薑、檸檬香茅和水放入小鍋混合，開大火煮至大滾。一旦豬肝熟了（變硬，中間會帶點粉紅），就移至砧板。將火轉小持續微滾，同時撈除浮沫。

煮約 20 分鐘至豬皮呈透明狀，軟化至可以輕鬆切成薄片。將豬腸和豬皮移至砧板與豬肝並置，保留 2 杯煮豬下水的水。待冷卻至不燙手時，將豬腸和豬肝切成一口大小，豬皮切成 5 公分長的條狀。

剁肉

把你接下來 45 分鐘的約會統統推掉。

取攪拌碗，混合檸檬香茅和豬血，並用手搾擠檸檬香茅約 1 分鐘，擠出來的檸檬香茅汁可以和緩豬血的味道，並讓豬血維持液狀。暫時把檸檬香茅留在豬血裡，但待會兒舀豬血的時候，記得避開。

把豬肉片放到實木厚砧板上，再以重刀或剁刀剁碎，每次下刀前刀子必須完全離開砧板，井然有序地從這一頭剁向另一頭，再從另一頭剁回來。每一下剁刀的力道都應該像是要把 1 根中等大小的紅蘿蔔切成兩半那樣，力量主要來自手腕的動作和刀子的重量。每隔 15 秒，要用刀子鏟起一些碎肉，疊在其餘肉上再剁，注意不要遺漏任何一塊。

5分鐘後，豬肉已經約略剁碎，淋上2湯匙豬血，但不要撈到檸檬香茅，繼續依照之前的動作剁肉和收攏，再淋再剁，把肉越剁越細。持續這些步驟，每隔5分鐘加2湯匙豬血，½杯豬血用完就停止但仍要繼續剁，讓豬血與豬肉完全混合，肉會呈現深紫色，有如甜菜根的顏色，而豬肉也成了極細的肉末，比商店買來的絞肉細緻好幾倍。

15分鐘後，你的肉末應該可以達到漢堡肉的等級。繼續剁到大功告成約要30-40分鐘，端看你的剁肉天分而定。

沒用完的豬血倒掉（放心，豬血不貴），將整團肉末移至碗內。你準備的時間和精力遠超過大多數人吃一整頓飯所花花費的，所以你一定不想把好不容易得到的肉末留在砧板或刀子上。不過，凝聚在刀面上的臘質脂肪要去除。

混合攪拌

看你希望最後的味道多重，斟酌放入½杯煮豬雜水、½茶匙的鹽和5-7湯匙的調味醬料到中型攪拌碗中，攪拌均勻。接著將所有生肉末和煮過的豬雜全部加入，輕輕拌勻。再放進鹽、青蔥和香料植物拌勻，最後加入油蔥酥和蒜頭酥，再拌勻。

此時，一般泰北廚師會嘗嘗碗內的混合物，調整味道，如果味道不夠鹹，加鹽或魚露，但泰北比較少用，如果味道不夠辣或不夠重，加調味醬料。要是你膽子夠大，就嘗嘗吧，不然也可在烹煮時調味。烹煮前的肉末美味濃郁，上年紀的泰北人都說比煮過的還好吃。這點我同意。

炒肉末和上桌

炒鍋或大型平底鍋開大火熱油鍋，慢慢旋轉鍋子使油均勻沾滿鍋面。待油微微起煙，放入混合好的肉團拌炒均勻，再倒入1½杯預留的煮豬雜水。

不斷翻炒5分鐘，使肉末完全分開不結塊，炒至肉熟，湯汁開始大量冒泡，這時肉末因為本身水分釋出會看起來水水的。嘗一下味道，用鹽或調味醬料調整風味。

持續沸煮3分鐘以上，頻繁翻攪讓香味釋出。

將煮熟的肉末鏟至大盤子，整成低丘狀，邊緣會蓄積些許湯汁。待冷卻至接近常溫，撒上青蔥、香料植物、油蔥酥、蒜頭酥及脆豬皮即可上桌。

大忠剁肉末的情景

大忠 Da Chom

我有幸在大忠高掛剁刀之前，獲邀進入他的廚房，親眼目睹他製作肉末沙拉的過程。大體而言，我是何其有幸，一瞥從舊時代走入新世紀的一代泰國人。

Da Chom，**Da** 意指祖父，是一種尊稱。大忠於一九二五年出生在一個名叫「慕班沙隆奈」（Muu Ban Saluang Nai）的小村莊，他幾乎一輩子都在這裡過活。

他小時候生活單純而艱困，連電都沒有，一直要到三十年前，村裡才進入電力時代。他說那時候的小孩多半只能讀到國小四年級，大部分的家庭都需要人手幫忙，否則無法維持生計，他和四個手足都得幫忙做家事。他用泰語說道：「以前的鄉下小孩沒有玩具，不只這樣，我們還得幫父母養牛。」他的父母會叫小孩去附近摘野生香料植物和樹葉，這些綠色植物會搭配泰國經典佳餚出現在餐桌上，像是糯米飯、肉末沙拉和泰北雞湯（158 頁），一些現在幾近絕跡的料理也會用到這食材，如 yam salai 這種以當地河藻入菜的沙拉料理。大忠說：現在市場已經找不到這種河藻了，想吃就得自己涉溪去採。十幾歲時，他從採香料植物和摘樹葉，升級到幫父母製作肉末沙拉，那時他們用的通常是豬肉或水牛肉，不過有時也會用山羌肉或野豬肉。

十四歲那年，他的父母出乎意料地竟然同意他去清邁就學，並負擔每年 18 泰銖（約 15 臺幣）的學費。為了上學，他得走八公里的路到可以搭便車的地方，坐卡車進城念書。

他學業完成後旋即回到家鄉，在當地小學當校長，娶妻後很快在稻田旁找到一塊地，建立起自己的家（本書食譜也是在此完成最後烹調工作）。他和太太總共生養三個孩子，單靠他教書的薪水無法支應，因此他又在當地碾米廠兼了一份工作，並在自家開了一間雜貨店，從縫衣針到蝦醬什麼都賣，他太太偶爾也會接些裁縫工作。

子女生長的時代背景已經不同於他們自己。他的兒子初萊後來成了職業泰拳拳手，現在是訓練年輕拳手的教練。女兒蘭娜上了大學，當上老師，嫁給我朋友克里斯。她第一次帶克里斯回家時，大忠歡喜迎接他成為一家人的部分原因是他會講當地方言，但更重要的或許是「他幾乎什麼都吃」。

所謂的「什麼都吃」包括大忠的肉末沙拉，這是他在家族間出了名的拿手菜，特別的是他並沒有機會教子女做。他們白天上學，晚上工作，他為子女的成就感到自豪。

我見識到他的手藝時，他已將近七十歲，最近一次家族聚會，他的肉末沙拉是餐桌中央的主角。如今他已經八十幾歲了，幾乎沒有力氣再做這道料理，但他還是會吃，而且偏愛吃生的，儘管村裡新聞和小道消息都說有人因為生吃肉末沙拉而耳聾，子女都勸他別再吃了。對於那些擔心生病而不敢生吃豬肉和豬血並且質疑古法料理的人，大忠有個建議：「多灌幾口酒再吃，就沒啥好怕了。」

兩道依善沙拉肉末

LAAP ISAAN

　　那是一九九九年的跨年夜，當時我已經在東南亞一帶流浪好幾個月。一輛來自寮國永珍的計程車，載著我穿過那時還很新的友誼橋，這是史上第一座跨越湄公河連接泰寮兩國的橋梁。但計程車的油門線意外斷掉，司機最後讓我在依善一個名叫「廊開」（Nong Khai）的城市下車。我從這裡改搭慢吞吞的火車和龜速的巴士，沿著泰國湄公河畔的東北邊境繼續往南，並且竭盡所能地避開背包客聚集之地。

　　我翻爛了的旅遊書《孤獨星球》（Lonely Planet）告訴我如何從一個城市到另一個城市，並且幫我決定哪裡要去，哪裡不要去。書中提及幾個乏人問津的小鎮，引起我的興趣，那些地方沒有歷史遺跡，也沒有值得一書的景點，非常適合不想遇見觀光客的人。可是，我抵擋不住烏汶（Ubon Ratchathani）的誘惑，部分是因為那是依善最大的城市之一，不過最主要的原因仍如旅遊指南所寫的，那裡有家餐廳的鴨肉末沙拉好吃到空前絕後。

　　如同美國大多數喜歡嘗鮮的饕客，我雖聽說過肉末沙拉，卻只知道它是一種肉末「沙拉」，是泰國菜單不可或缺的菜色，經常翻譯成「larb」。這拼法似乎有錯，因為這個字的泰語發音根本沒有 r 的音，我直覺這個拼法是英國人發明的：用英國腔說 larb，確實非常接近正確的泰語發音。但無論如何，我從沒聽說過用鴨肉做的，我非試試不可。

　　那家餐廳的手藝並沒有讓我留下深刻印象，就連當天吃飯的細節也因為時間久遠而不復記憶，這說明了在異國吃東西有個毫不浪漫的現實：一家名聲響亮的餐廳可能因為諸多原因而令人失望，或許是餐廳留不住厲害的廚師，或者旅遊指南的推薦引來大批觀光人潮，無可避免地造成水準下降。也有可能是我確實嘗到無懈可擊的美饌佳餚，但有眼無珠不識泰山。或許就像小孩啜了一口爸爸的咖啡後滿臉苦相，我對這道陌生料理抱持了不切實際的想像或期望，以致無法分辨良窳。正如心急水不沸，有時你滿心尋求啟發，就偏偏無法如願。

　　一直要到多年後，泰國不再只是度假去處而是成了我的第二故鄉，我才在行經依善黎府（Loei）的雙線高速公路途中，發現了我嘗過最好吃的鴨肉末沙拉。當時，桑尼和我剛從寮國越過邊境回到泰國，兩人都想找個地方吃午餐。公路穿過一個個沿線小鎮，稻田之中偶爾會冒出幾間商店。突然，坐在副駕

駛座的桑尼大喊：「那裡！laap pet！」是鴨肉末沙拉。每次桑尼伸出手指扯開喉嚨大喊，就是「停車」的意思，因為那兒有值得一吃的好料。

我們把車停進滿是塵土的停車場，坐進幾乎沒人的餐廳，地板由水泥鋪成，屋頂是鐵片和木瓦拼湊出來的遮蔽，而端到我們桌上的是一小籃糯米和一盤微微尖起的碎肉，上面撒著新鮮的香料植物和許多完整的乾辣椒，看來味道很重。

我們捏起一小球米飯，再用米飯品嘗料理，我一口一口地認識其中每種成分：混雜一團、每塊都如小指尖大小那樣（這是跟泰國人學來的形容方式，他們喜歡這樣形容很小的東西）的鴨肉碎塊，柔韌有嚼勁的鴨皮和鴨下水，又酸又辣的調味醬料，以及烘焙熟米碾成的芳香粉末。在米飯和鴨肉旁邊，還有一盤疊得高高的生菜和香料植物，這是吃肉要配的。飽餐一頓之後，心滿意足的桑尼很快就跟經營餐廳的中年夫妻交上了朋友，原來他們就住在幾步之遙的簡樸房子裡，桑尼邀請兩人有空到清邁找我們，他實在很會跟人打交道。無論是因為得到桑尼的背書，或者這頓午餐大大超乎我的期待。我們飢腸轆轆，原本只想找個地方果腹而已，還是老天保佑讓我們遇上這家好吃到無話可說的鴨肉末沙拉，我知道，儘管嘴巴還在辣著，找到了我的典範。

＊ ＊ ＊

接下來我介紹兩道來自泰國東北部的善肉末沙拉，分別用鴨肉及鯰魚製作，幾乎各個方面都跟泰北豬肉末沙拉（106頁）不同。由於伊善人長久以來一直是泰國主要的勞動力來源，他們成群前往曼谷和更遠的地方工作，把東北家鄉菜帶到全國每一個角落。時至今日，青木瓜沙拉和肉末沙拉等經典依善料理在泰國和美國受歡迎的程度，幾乎可以媲美無處不有的冬陰湯和泰式炒麵等泰國中部料理。從血統來看，依善人主要屬於佬族和高棉族，無論語言和文化都跟他們在泰國中部、南部和北部的同胞不同，他們特別喜愛嗆辣帶有臭味的食物，而他們的肉末沙拉雖然也是以豬肉、水牛肉和雞肉為主要材料，卻辣到令人噴火，而且充滿未精製醃魚醬汁的濃厚嗆味，享用時少不了一大堆糯米飯和冰啤酒。

依善鴨肉末沙拉

LAAP PET ISAAN

風味特性 酸、嗆辣、香、鹹

建議搭配 佬式／依善沙拉青木瓜（40 頁），或炒空心菜（97 頁）。要配糯米飯（33 頁）

鴨皮與鴨下水：雖然傳播廣泛，但肉末沙拉並非全都原原本本地傳到美國，有些在泰國不可或缺的材料到美國就全都不見了，像是為肉末提供豐富口感和嚼勁的鴨皮、鴨腸、鴨肝。如果你不排斥，我建議只用約 115 克的鴨肉，然後加上 ¼ 滿杯煮熟的鴨下水和鴨皮。食材和烹調方法如下所列，雖然都是可隨人喜好省略的，但我建議你嘗試一下。

南薑醬料
- 帶皮蒜瓣 28 克
- 帶皮的亞洲紅蔥頭 28 克
- 去皮的新鮮或冷凍（不解凍）南薑 14 克，橫切成約 0.6 公分厚的薄片

鴨肉
如果不用鴨下水的話
- 去皮鴨胸肉或鴨腿肉 156 克

如果要用鴨下水的話
- 去皮鴨胸肉或鴨腿肉 115 克，鴨皮留下備用

鴨皮和鴨下水（可不用）
- 預留的鴨胸皮或鴨腿皮 57 克
- 混合鴨肝和鴨心 28 克
- 泰國魚露少許

肉末調味
- 植物油 1 湯匙
- 鳥眼辣椒 6 根，炒過（12 頁）

- 萊姆汁 2 湯匙
- 泰國魚露 2 湯匙
- 砂糖 ½ 茶匙
- 去皮小紅蔥頭 14 克（建議用亞洲品種或極小的紅洋蔥），直刀剖半，縱切成薄片（約 2 湯匙）
- 檸檬香茅薄片 7 克，用 1 大根檸檬香茅來切，取幼嫩部（約 1 湯匙）
- 熟糯米粉 1 湯匙（271 頁），再加 1 大撮作裝飾用
- 熟辣椒粉 1 湯匙（270 頁）
- 新鮮或冷凍的卡非萊姆葉輕壓一下約 1 湯匙（去粗梗）
- 青蔥細圈輕壓一下約 2 湯匙
- 刺芹細圈輕壓一下約 2 湯匙
- 芫荽段輕壓一下約 2 湯匙（取嫩莖葉）
- 薄荷葉輕壓一下約 2 湯匙（越小片越好），太大片的等下鍋前撕小片

事前準備
- 前兩週：製作熟辣椒粉和熟糯米粉
- 前一週：製作南薑醬料和炒乾辣椒
- 前一天：剁鴨肉

特殊用具
- 燒烤爐，建議用炭火燒烤爐（可不用），網架上油
- 木籤 2 支（僅燒烤時需要），泡溫水 30 分鐘
- 泰式花崗石缽和杵
- 實木厚砧板（非竹製），建議使用
- 剁刀或其他沉重的大刀

2-6 人份，分量可隨意加倍

製作南薑醬料

準備牛排煎鍋或燒烤爐，鍋面或網架抹上薄油，起中火（見 124 頁，建議用炭火燒烤爐）。如果要烤，就將蒜頭和紅蔥頭分別串在木籤上，連同沒有串籤的南薑放在炭火上烤，翻面一、兩次，烤 5 分鐘至南薑熟透，看起來雙面都已烤乾即可，不要烤焦或烤

成金黃色，而蒜頭和紅蔥頭則烤 15-20 分鐘至表面出現焦黑斑點，已經充分軟化但仍保持原有形狀。靜置冷卻至常溫。

烤乾的南薑放入花崗石缽，搗 2 分鐘至勻滑帶有纖維的泥狀。剝去蒜頭外皮，加入石缽，搗 1-2 分鐘至完全混合。紅蔥頭一樣去皮加入石缽，搗 2-3

分鐘直到勻滑幾乎不見纖維。最後會得到約 ¼ 杯醬料，可以馬上使用。密封冷藏可保存 1 週，冷凍可保存 6 個月。這道食譜需要 1 湯匙醬料，多的建議分成多份保存。

把鴨肉放到一般或實木厚砧板上，先逆紋切成 2-3 公分寬的條狀，再以重刀或剁刀剁碎，每次下刀前刀子必須完全離開砧板，并然有序地從這一頭剁向另一頭，再從另一頭剁回來。每一下剁刀的力道都應該像是要把 1 根中等大小的紅蘿蔔切成兩半那樣，力量主要來自手腕的動作和刀子的重量。每隔約 10 秒，要用刀子鏟起一些碎肉，疊在其餘肉上再剁，粗剁至鴨肉如一般市售絞肉的 4 倍粗，需 5-8 分鐘。可將鴨肉密封冷藏 1 天。

汆燙鴨皮和鴨下水（可省略）

放進鴨皮、鴨肝、鴨心、魚露放進小鍋，加水淹過食材 2-3 公分，若鴨皮浮起來，也沒關係。開大火煮至大量冒泡，再轉成小火持續微滾，撈除浮沫，一旦鴨肝熟了變硬，中間帶點粉紅，就可移至砧板。

再滾 15 分鐘，偶爾將鴨皮翻面煮，煮至鴨皮稍微透明，軟化至可以輕鬆切成薄片。將鴨心和鴨皮移至砧板與鴨肝並置。待冷卻至不燙手時，將鴨心切薄片，鴨肝切成一口大小，鴨皮切成長 5 公分的條狀。

炒熟上桌

炒鍋或平底鍋大火熱油鍋，慢慢旋轉鍋子使油均勻沾滿鍋面。待油微微起煙，放入剁好的鴨肉和南薑醬料 1 湯匙，不斷翻炒，持續翻、拋、鏟 45 秒，使肉末完全分開不結塊，炒至鴨肉剛好熟透即可，不必把鴨肉炒成金黃色。

鍋子抬高離火，放進炒過的辣椒、萊姆汁、魚露、砂糖，再將鍋子放回爐子煮 2-3 分鐘，湯汁大量冒泡時，先是頻繁翻攪，而後再偶爾翻攪，直到湯汁收乾，但鴨肉看起來仍然濕潤。關火靜置，讓鍋裡的菜餚冷卻至略高於常溫。

放入鴨皮和鴨下水（如果要加）、紅蔥頭、檸檬香茅、糯米粉、辣椒粉、卡非萊姆葉以及剩下的香料植物各 1 湯匙拌勻，再移至餐盤，把剩下的香料植物和糯米粉全部撒上，即可上桌。

依善鯰魚肉末沙拉
LAAP PLAA DUUK ISAAN

事前準備

· 前兩週：製作熟辣椒粉和熟糯米粉

· 前一週：炒乾辣椒

· 前幾小時：剁魚肉

特殊用具

· 燒烤爐，建議使用炭火燒烤爐（可不用），網架抹油

· 實木厚砧板（非竹製），建議使用

· 剁刀或其他沉重的大刀

風味特性	酸、嗆辣、香、鹹、略帶煙燻味
建議搭配	佬式／依善沙拉青木瓜（40頁），或烤魚蘸醬（177頁）。要配糯米飯（33頁）

魚肉

· 完整的亞洲鯰魚1條（約1.5-1.8公斤，見附注），去除內臟並洗淨

· 去皮的新鮮或冷凍（不解凍）南薑14克，橫切薄片

肉末調味

· 植物油1湯匙

· 萊姆汁 ¼ 杯

· 泰國魚露3湯匙

· 砂糖1茶匙

· 去皮小紅蔥頭14克（建議用亞洲品種或極小的紅洋蔥），直刀剖半，縱切成薄片（約 ¼ 杯）

· 檸檬香茅薄片14克，用2大根檸檬香茅來切，取幼嫩部（約2湯匙）

· 青蔥圈輕壓一下約2湯匙

· 薄荷葉輕壓一下約2湯匙（越小片越好），太大片的等下鍋前切小段

· 刺芹圈輕壓一下約2湯匙

· 切小段的芫荽輕壓一下約2湯匙，取嫩莖葉

· 熟糯米粉輕壓一下約2湯匙（271頁），再加幾撮作裝飾用

· 熟辣椒粉2湯匙（270頁）

· 新鮮或冷凍的卡非萊姆葉輕壓一下約2湯匙（去粗梗）

· 鳥眼辣椒6根，炒過（12頁）

4-8 人份

附注　這道料理的亞洲鯰魚（沒有更精準的稱法，姑且用之），無法以其他魚類取代。亞洲鯰魚有很多名稱，像是越南語稱之為 cá bông lau，亞洲魚市有販售，但很可能沒有任何標誌，如果你特地跑到亞洲魚市，請購買置於冰塊上或水族箱裡的完整新鮮鯰魚。

烤熟魚肉並剁碎

準備牛排煎鍋或燒烤爐，鍋面或網架抹上薄油，起大火（見124頁，建議用炭火燒烤爐）。將鯰魚放在炭火上烤，翻面一、兩次，但至少必須等待10分鐘左右才能翻面，烤30分鐘至魚皮呈金黃色並帶點酥脆，而魚肉也熟透但並未乾掉。魚身略有破損也沒關係。

待魚冷卻至不燙手時切除魚頭丟棄，剝下的魚皮可炸過後用來裝飾菜色，也可直接棄置不用。再用叉子把魚肉從魚骨卸下。你需要約500克的魚肉，先秤出340克魚肉，輕壓一下約有2杯，其餘可留下食用。仔細檢查魚肉，挑出魚刺。

把南薑放到一般或實木厚砧板上，以重刀或剁刀簡單剁碎。再將340克的魚肉放在砧板上剁碎，每次下刀前刀子必須完全離開砧板，井然有序地從這一頭剁向另一頭，再從另一頭剁回來，偶爾要用刀子鏟起一些碎肉，疊在其餘肉上再剁，使魚肉大致剁碎，小塊和中等碎肉不得大於2.5公分，而南薑則已剁細並和魚肉充分混合，需45秒。

炒鍋或平底鍋開大火熱鍋，加入約 1 湯匙油，慢慢旋轉鍋子使油均勻沾滿鍋面，再把油倒出。放入剁好的魚肉，不斷翻炒並刮鏟鍋底 30 秒，但不必把魚肉炒成金黃色。

加入萊姆汁、魚露、砂糖再炒，不斷翻、拋、鏟 2-4 分鐘以上，把魚肉完全炒開至吸收所有湯汁，鍋內已無水分，但魚肉看起來仍然濕潤。

將魚肉移至攪拌碗稍微冷卻一下，再加入剩餘的食材拌勻移至餐盤，最後備用的糯米粉全部撒上，即可上桌。

燒烤
KHONG YAANG

Pok Pok 有許多烹飪工作在室外進行，每天都會升起熊熊炭火，待焰火燃盡，就用燒得火紅的木炭烤烤茄子沙拉（59頁）的長茄，不一會兒木炭覆滿炭灰，再用來烤依善野菇沙拉（70頁）的菇類，並把青辣椒醬（174頁）要用的辣椒、蒜頭和紅蔥頭炙焦，木炭餘溫逐漸冷卻時，再料理燒烤豬頸肉（125頁）的豬頸肉，不是炙烤，而是要讓肉慢慢烘熟，吸收些許炭香味。

炭火燒烤爐帶來的香氣和風味，是許多泰國料理不可或缺的元素，所以我得先聲明：本書介紹的每道料理都可以不用燒烤爐，我會提供替代方案，像是在廚房火爐用平底鍋來燒生辣椒，或用烤箱烤熟豬肋排。

但是，我不得不再三強調：需要使用燒烤爐的十來道料理，要是確實以炭火燒烤爐烹調，最後成品絕對會美味許多。雖然瓦斯爐控溫很方便，而炭火燒烤要花的工夫比較多，但最後的回報也會比較豐厚。除了燒烤爐，你也需要堅固耐用的炭火夾和防燙手套，以便推、戳，甚或鏟起炭火。

生火和調節火力需要多加練習，市面上相關的書籍滿坑滿谷，但我這本不是，如果你想了解炭火烹調的箇中精妙，建議去買一本專書來參考，我這裡只會說明烹調本書食譜需要知道的技巧已。

購買燒烤爐

本書有些食譜會要求直接在炭火上烹調，這樣溫度通常較高，而有些食譜則要求加蓋「間接」烹調，如此一來，無論烤什麼都不會直接接觸到炭火。這種方法近似烤箱烹調，比較不像燒烤，但好處是保有炭火帶來的炭香味。

如果要用同一套器具做這兩種燒烤，只要買個簡單便宜的燒烤爐即可，一個 Weber 戶外烤肉爐就能搞定，不需要任何花俏的附加功能，貴一點的就是兼有小燃燒室和圓筒大烤箱的爐具，這可讓間接燒烤變得比較容易些。Pok Pok 使用的是簡易的 Brinkmann 爐具，我在家用賣場買的。

只需直接燒烤的話，鑄鐵燒烤爐就很好用了，你可以任意調整網架的高低，以便在燒烤過程輕鬆調節火力。

選購木炭和生火

我最喜歡硬木炭，塊狀木炭和灌木木炭也許是最容易買到的。備長炭比其他木炭燒得旺、燒得久，如果你願意花大錢買，也是可行。煤球也沒問題。

我偏好的生火方式是使用升炭器，賣燒烤爐的店家都有販售。先把報紙揉成一團放進圓筒，然後堆炭，用火柴從底部點燃報紙。待木炭點燃，讓火焰稍稍熄滅，再把燒得火紅的木炭倒入燒烤爐。

或者，也可把尚未點燃的木炭放進燒烤爐，堆在一起，用噴燈點燃。甚至你用打火機油來生火，我也沒意見，只是你得等油燒完再開始燒烤。不過，其他方法都簡單得很，你何必多此一舉用上打火機油呢？

準備燒烤爐

雖然聽起來可能理所當然，但還是值得提醒一下。開始燒烤前，請先清潔網架再上油，用乾淨抹布或紙巾沾過植物油後擦拭網架，是最簡便的上油方式。

控制火力

這是最需要練習才能做好的步驟，基本概念卻是簡單明瞭。

第一種方法：也是最直接的方法，是藉由木炭產生的熱來調節燒烤爐的火力。點燃後，木炭會漸漸變紅甚或冒出火焰，這時木炭溫度極高。不久火焰會完全熄滅，木炭轉為灰色或覆上白灰，此時仍然很燙、很燙。一會兒溫度就會開始下降，然後越降越低。若要升溫，添加木炭或燃料，再搧風引進氧氣助燃。若要快速降溫就撒些濕灰。我習慣在燒烤爐旁擺一小桶備用。

第二種方法：藉由調整炭火與食物的距離來控制火力。將木炭堆高，炭火與食物間的距離拉近，烹調溫度自然變高，把木炭攤平，炭火與食物間的距離拉遠，烹調溫度自然變低。調節網架的高度或是在底下沒有炭火的區域間接燒烤食物，也是同樣的道理：離火越遠，烹調溫度越低。

加蓋燒烤

有時燒烤是將食物放進封閉空間燜熟，而非利用炭火直接烤熟。確認溫度的方法很簡單，大部分的燒烤爐都附有溫度計，如果沒有，就買個烤箱溫度計裝上。

這種燒烤方式通常不是快熟烹調，因此你的主要工作就是維持1、2個小時的適當溫度。為了維持溫度，你必須三不五時加炭（掀蓋無妨）。由於影響炭火持續時間的因素很多，像是使用的木炭種類、木炭排列密度、天氣、爐具等等，所以需要好好練習精準拿捏加炭分量和頻率。我建議在生好火之後，再生第二堆火，以便隨時補充炭火。

你也可以利用燒烤爐的通風孔在烹調過程中調節溫度。打開通風孔（小縫、半開、全開）讓氧氣灌入，溫度自然升高，木炭也會燒得比較快。此外，這也可以創造對流烹調的效果，把熱和煙導向或導離烹調的食物。

燒烤豬頸肉
MUU KHAM WAAN

特殊用具

· 泰式花崗石缽
  和杵
· 炭火燒烤爐
  （強烈建議使
  用），網架上
  油

午後深夜在小酒店暢飲豹王啤酒時，沒有什麼比來一盤燒烤豬頸肉更適合。這道料理毋庸置疑就是下酒菜，既有辣又有肉，令人忍不住想多喝幾杯，而且豬頸肉嚼勁十足，不是那種即使你仔細盯著也會煮爛的部位。

在泰國，這些豬頸肉片通常會附上簡單到不行的蘸醬，味道一定酸鹹辣到噴火。在 Pok Pok 餐廳，我把蘸醬直接淋在肉片上，這在泰國極為少見，因為在東南亞不會有人小心翼翼只用豬肉一角去蘸醬，但西方人總是如此。

這道料理就是要辣，辣是這道菜的料理精神，因此我才明知不可而為之。此外，我還多加一盤放了冰塊的生油菜，這是從清邁一家闊氣的健身房偷學的，我在那裡第一次嘗到這道料理，此後每次回去清邁幾乎都會上門光顧。生油菜口感又脆又冰，咬一口正好解救被蘸醬辣到冒火的嘴巴。

Pok Pok 特別講究選用沒閹過的野豬肉（muu paa），而非一般的豬肉，因為在泰北野豬十分常見。建議你也試試。不過，無論你是否使用野豬肉，我想我也不需要特地指出有些超市根本沒有豬頸肉，要買到滋味豐富油花又長又漂亮的豬頸肉，就必須去真正的肉鋪，最好是經手完整屠體的那種。如果實在找不到，豬肩胛肉是不錯的替代品。

風味特性　肉香、嗆辣、酸、略帶香料植物和胡椒香氣
建議搭配　椰漿烤玉米（144 頁），或炒泰國米線（238 頁）。要配很多啤酒和糯米飯（33 頁）

豬肉

- 去皮蒜頭 4 克，直刀剖半
- 芫荽根 2 克，切末
- 黑胡椒粒 12 顆
- 不帶骨的豬頸肉或豬肩胛肉塊 450 克，順著肌理片成 1 公分的厚片
- 泰國調味醬 1 湯匙外加 1 茶匙
- 砂糖 2 茶匙

蘸醬

- 泰國魚露 3 湯匙
- 萊姆汁 3 湯匙
- 蒜末 2 湯匙
- 生鳥眼辣椒 12 克（約 8 根），建議用紅辣椒，切碎
- 砂糖 1 湯匙外加 1 茶匙
- 芫荽碎末輕壓一下約 ¼ 杯（取嫩莖葉）

搭配生菜

- 油菜或芥藍苗 12 根
- 碎冰 3 杯

4-8 人份，分量可隨意加倍

醃烤豬肉

將蒜頭、芫荽根、胡椒粒放進花崗石缽混合，搗 45 秒至粗泥狀。

把豬肉、粗泥醬料、調味醬、砂糖放入攪拌碗混合，雙手按摩豬肉讓整塊肉均勻沾滿醃料。加蓋冷藏最多 1 小時。

準備牛排煎鍋或燒烤爐，鍋面或網架抹上薄油，起中火（見 124 頁，建議用炭火燒烤爐）。將豬肉放在炭火上烤，翻面一次，烤約 8 分鐘至雙面呈均勻金黃色並微微烤焦，豬肉剛好熟透。移至砧板靜置數分鐘，逆紋切成寬 8 公分、厚 0.3-0.6 公分的薄片。

製作蘸醬

將魚露、萊姆汁、蒜頭、辣椒、糖放入碗中拌勻，上桌前再放入芫荽拌勻。

上桌

將肉片排放在餐盤上，搭配 1 碗蘸醬及 1 盤冰鎮油菜食用。

大家出版 讀者回函卡

感謝您支持大家出版！

填妥本張回函卡，除了可成為大家讀友，獲得最新出版資訊，還有機會獲得精美小禮。

購買書名 _____ 姓名 _____

性別 □ 男 □ 女 　　 E-MAIL _____

聯絡地址 □□□_____

年齡 □15－20歲 □21－30歲 □31－40歲 □41－50歲 □51－60歲 □60歲以上

職業 □生產／製造 □金融／商業 □資訊／科技 □傳播／廣告 □軍警／公職

　　 □教育／文化 □餐飲／旅遊 □醫療／保健 □仲介／服務 □自由／家管

　　 □設計／文創 □學生 □其他_____

您從何處得知本書訊息？（可複選）

□ 書店 □ 網路 □ 電台 □ 電視 □ 雜誌／報紙 □ 廣告DM □ 親友推薦 □ 書展

□ 圖書館 □ 其他 _____

您以何種方式購買本書？

□ 實體書店 □ 網路書店 □ 學校團購 □ 大賣場 □ 活動展覽 □ 其他_____

吸引您購買本書的原因是？（可複選）

□ 書名 □ 主題 □ 作者 □ 文案 □ 贈品 □ 裝幀設計 □ 文宣（DM、海報、網頁）

□ 媒體推薦（媒體名稱）_____ □書店強打（書店名稱）_____

□ 親友力推 □其他 _____

本書定價您認為？

□ 恰到好處 □ 合理 □ 尚可接受 □ 可再降低些 □ 太貴了

您喜歡閱讀的類型？（可複選）

□ 文學小說 □ 商業理財 □ 藝術設計 □ 人文史地 □ 社會科學 □ 自然科普

□ 心靈勵志 □ 醫療保健 □ 飲食 □ 生活風格 □ 旅遊 □語言學習

您一年平均購買幾本書？

□ 1－5本 □ 5－10本 □ 11－20本 □ 數不盡幾本

您想對這本書或大家出版說：

廣　告　回　函
臺灣北區郵政管理局
登記證第14437號
（免貼郵票）

23141
新北市新店區民權路108-2號9樓
大家出版 收

請沿虛線對折寄

名為大家，在藝術人文中，指「大師」的作品
在生活旅遊中，指「眾人」的興趣

我們藉由閱讀而得到解放，拓展對自身心智的了解，檢驗自己對是非的觀念，超越原有的侷限並向上提升，道德觀念也可能受到激發及淬鍊。閱讀能提供現實生活無法遭遇的經歷，更有趣的是，樂在其中。　——《真的不用讀完一本書》

大家出版FB　　|　　http://www.facebook.com/commonmasterpress
大家出版Blog　|　　http://blog.roodo.com/common_master

泰式豬肋排

SII KHRONG MUU YAANG

特殊用具

· 炭火燒烤爐
（強烈建議使
用），網架上
油

有些挑戰我並不打算在 Pok Pok 挑起，所以我用了大量香料植物的泰北咖哩湯上不會浮著剁成塊的青蛙（我只用蛙腿），也不賣烈焰沖天的泰南熱炒或是生血湯（luu）。不過，我倒是說什麼也絕不改變烹調泰式豬肋排的方式，我就打算用豬肋排挑戰現狀。

絕大多數的美國人聽到「豬肋排」，腦海浮現的通常是後院烤肉不可或缺的烤肋排，上面塗滿厚厚醬料而且事先經過脫骨處理，再不然就是你曾在曼斐斯某家超棒酒館大快朵頤的肋排，輕輕一咬就開了。

這裡介紹的豬肋排，只在專門販售燒烤料理、酒類暢飲的泰國餐廳才找得到，而且和美國人熟悉的豬肋排截然不同。整副肋骨切成小塊，再以帶點中國風的威士忌、蜂蜜與生薑作醃料醃製，放上炭火烤到剛好軟化，而非烤到軟爛或脫骨的程度。有些人會不客氣地說這道豬肋排未免太有嚼勁，要我說的話，它們只是不肯跟你的牙齒妥協而已。

這就是泰國人口味和美國人不同的地方。西方人喜歡肉類煮到一定的柔嫩程度，泰國人卻愛啃硬骨、吮筋肉、嚼軟骨，他們會嚼一種硬得出奇卻極度美味的牛肉條，泰國人管它叫「老虎哭」，因為連老虎都嚼不動（我是這麼聽說的）。事實上，這道豬肋排因為嚼不爛，引來顧客不少的抱怨，可是卻也因此成為非常受歡迎的下酒菜。

儘管如此，顧客偶爾還是會抗議，有時我會讓步把豬肋排烤軟一點，但有時我得堅定立場，告訴顧客這道菜就是這樣。如果不喜歡，就改點雞翅吧，那比較合你意。

__風味特性__　肉香、富含鮮味、鹹中帶甜、煙燻味

__建議搭配__　泰式黃瓜沙拉（45頁），或烤茄子沙拉（59頁），椰漿烤玉米（144頁），以及糯米飯（33頁）

約 20 根肋骨，可為 4-8 人份合菜菜餚，分量可隨意加倍

豬肋排

- 蜂蜜 6 湯匙
- 泰國生抽 2 湯匙
- 紹興酒 2 湯匙
- 薑泥 1 湯匙
- 亞洲芝麻油 ½ 茶匙（請買百分之百純芝麻油的品牌）
- 白胡椒粉 ¼ 茶匙
- 錫蘭或墨西哥肉桂粉 ⅛ 茶匙
- 肉豆蔻粉少許
- 豬肋排 900 克，請肉販將每條肋骨切成約 5 公分寬的肋排肉（亞洲肉販多半都售有切好的肋排肉）
- 熱水 2 湯匙

佐食蘸醬

- 烤肉酸辣蘸醬 ½ 杯（278 頁），可不用

醃肋排

取 2 湯匙蜂蜜，與醬油、紹興酒、薑、芝麻油、胡椒、肉桂、肉豆蔻一起放入攪拌碗拌勻，攪打至蜂蜜完全溶解。豬肋排放入密封袋，再倒入醃料，壓出空氣後，密封冷藏至少 2 小時或 1 晚，需要偶爾翻面。

烤豬肋排

剩下的 4 湯匙蜂蜜與熱水放入小碗拌勻，蜂蜜必須完全溶解於水中。這是等豬肋排差不多烤好時，用來刷上豬肋排的。

用燒烤爐（強烈建議使用）：準備炭火燒烤爐，以大約 95-120℃ 的溫度（見 124 頁）燒烤。如果你的燒烤爐沒有便於間接燒烤的燃燒室，請把木炭推到燒烤爐一邊堆成低丘。豬肋排放上底下沒有木炭的那一邊網架，肉面朝上。如果可以，請旋轉網架，使燒烤爐蓋子上的通風孔正對豬肋排，然後蓋上蓋子。蓋子上的通風孔正對豬肋排可把炭火的煙吸過來，使豬肉帶有一股特殊的煙燻味。

燒烤過程偶爾翻面，同時把肋排肉旋轉 180 度，烤約 2 小時至 2 小時 15 分，直到豬肉呈紅棕色帶點酥脆，邊緣稍微烤焦，如有需要請加炭維持火力。從邊緣捏一小塊肉試吃，肉質應該柔嫩但帶點彈牙的嚼勁，不要到脫骨的程度。在接近完工前的 30 分鐘左右，就要開始用蜂蜜水每 10 分鐘刷一次豬肋排。

用烤箱：烤箱預熱至 120℃ 左右，將豬肋以間隔 2.5 公分的距離擺放在鋁箔紙上，烤 2 小時，期間需要翻面一、兩次，同時旋轉鋁箔紙。時間到了，就把溫度調高到 150℃ 左右，接著每 10 分鐘用蜂蜜水刷一次豬肋排，烤 30-60 分鐘以上，直至豬肋排表面呈現光亮的紅棕色，肉質柔嫩但帶點彈牙的嚼勁，但並未到脫骨的程度。

將豬肋排移至砧板靜置數分鐘，然後一根根切開，搭配蘸醬食用。

泰北香腸

SAI UA SAMUN PHRAI

我從沒吃過像這樣的香腸，而到目前為止，我吃過的泰北香腸就屬清邁近郊市場一個兜老闆賣的最好吃，他用小火烤著一圈圈香腸，論斤販售，通常下午三點就賣完收攤。如果你站在熱烘烘的炭火前一整天，想必脾氣也不會好到哪裡去。

泰北香腸獨一無二，甚至還沒咬上一口你就知道這不是普通的香腸。橫切開來像馬賽克的剖面，有綠色的香料植物微粒、紅色的辣椒碎屑、泛黃的豬肉間雜著一塊塊白色的脂肪。泰語意思大致是「塞了東西的腸子，有很多香料植物」，一口咬下馬上就明白原因何在：鬆鬆脆脆的香腸迸發出清新氣息，這是檸檬香茅、南薑、卡非萊姆葉等芳香植物施展的神奇魔法，不只如此，還有薑黃和咖哩粉等辛香料帶來另一層濃郁深邃的滋味。

就我所知，這種香腸是泰北獨有的特產，不過你可能偶爾會在依善發現其他香腸也打著同樣名號在販賣。如果你在美國餐廳發現好吃的泰北香腸，麻煩立刻傳簡訊給我。在此之前，你還是得自己動手灌香腸，坦白講，這是一件有夠痛苦的差事，但是結果保證值得。

附注：我強烈建議用絞肉機來製作會輕鬆得多。由於這是粗絞香腸，而非乳化香腸，所以不必在厚木砧板上拚命剁肉，只要像做鴨肉末沙拉（117頁）剁鴨肉那樣，把豬肉剁到一般市售絞肉的 4 倍粗即可，約 5-8 分鐘。

風味特性　香料植物味、肉味、濃郁、香、鹹

建議搭配　青辣椒醬（174頁），及長豇豆、甘藍和冬季小南瓜等蒸蔬菜。要配糯米飯（33頁）

事前準備

· 前一週：製作醬料

· 前一晚：絞肉和灌香腸

· 前幾小時：蒸香腸

特殊用具

· 炭火燒烤爐（強烈建議使用），網架抹油

· 木籤 2-3 支（僅燒烤時需要），泡溫水30 分鐘

· 泰式花崗石缽和杵

· 絞肉機或絞肉配件

· 灌香腸器或小漏斗

· 寬口鋁製中式蒸籠

約 900 克香腸，8-12 人份

醬料

· 帶皮蒜瓣 57 克

· 帶皮亞洲紅蔥頭 43 克

· 去皮新鮮或冷凍（不解凍）南薑 28 克，橫切成厚 0.6 公分片狀

· 去皮新鮮或冷凍（不解凍）薑黃 14 克，橫切成厚 0.6 公分片狀

· 去蒂泰國乾朝天椒或乾墨西哥普亞辣椒 14 克（約 8 根），剖開去籽

· 檸檬香茅薄片 37 克，用 6 大根檸檬香茅來切，取幼嫩部

· 芫荽根 18 克，切末

· 磨碎的萊姆皮 2 克，用新鮮或冷凍的卡非萊姆磨製

香腸

· 無骨豬肩胛肉 450 克，切成約 4 公分的肉塊

· 去皮豬五花肉 450 克，切成約 4 公分的肉塊

· 芫荽段輕壓一下約 ½ 杯（取嫩莖葉）

· 泰國魚露 ¼ 杯

· 切成細絲的新鮮或冷凍卡非萊姆葉 1 滿湯匙（去粗梗）

· 淡味印度咖哩粉 1½ 茶匙

· 黑胡椒粉 1 茶匙

· 天然腸衣 183 公分，口徑 2-3 公分（可向肉鋪購買），如有冷凍請解凍，如經醃製請泡水5 分鐘

製作醬料

準備牛排煎鍋或烤爐，鍋面或網架抹上薄油，起中火（見 124 頁，建議用炭火燒烤爐）。如果要烤，便將蒜頭和紅蔥頭分別串在木籤上，連同南薑、薑黃放在炭火上烤，翻面一、兩次，烤 5 分鐘至南薑和薑黃熟透，看起來雙面都已烤乾即可，不要烤焦或烤成金黃色，而蒜頭和紅蔥頭則烤 15-20 分鐘至表面出現焦黑斑點，充分軟化但仍保持原狀。將烤好的食材移至盤子，靜置冷卻至常溫，然後南薑和薑黃切小塊，蒜頭和紅蔥頭去皮。

將乾辣椒放入研缽用力捶搗 5 分鐘，刮一刮研缽內壁，再攪拌一、兩下，直到搗出極細緻的粉末。依序放入檸檬香茅、芫荽根、南薑、薑黃、蒜頭、紅蔥頭再搗，搗至所有食材變成相當勻滑、略帶纖維的泥狀，每樣食材必須充分搗 2-3 分鐘至均勻，再處理下一樣食材。最後放入卡非萊姆皮，搗 30 秒至整團均勻。

最後會得到 ½ 杯醬料，可以馬上使用。密封冷藏可保存 1 週，冷凍可保存 6 個月。

製作香腸灌料

豬肩胛肉、豬五花肉、絞肉機或絞肉配件放進冷凍庫，冰到豬肉邊緣開始結凍時拿出。選用孔徑約 1 公分的出肉板絞碎豬肉，然後放入大型攪拌碗。

所有調味醬料、芫荽、魚露、卡非萊姆葉、咖哩粉、黑胡椒加入碗中，用手輕輕拌勻，時間不要超過 1 分鐘，攪拌過度香腸肉質會太緊實。你可以先煎 1 大茶匙的灌料來嘗嘗味道，因為一旦灌進腸衣，就沒有機會補救了。如果需要，可用一點熟辣椒粉（270 頁）或魚露來調整味道。

灌製香腸

打開水龍頭將腸衣洗淨，再把一端套在水龍頭出水口上，讓自來水沖洗內部數分鐘，同時檢查腸衣是否有破洞。然後取一段長約 137 公分的腸衣灌製香腸。

最好使用灌香腸器，如果沒有，也可以借助灌料專用漏斗或一般漏斗，把灌料灌進腸衣。首先，在腸衣一端打個死結，然後盡可能把腸衣收攏，再將漏斗窄端套進腸衣的開口端。以一次數湯匙的速度，把絞肉從漏斗推進腸衣。每灌好 15 公分，就一手握著腸衣開口端，一手輕柔而有力地將絞肉擠向腸衣打結的底端。第一次會花點時間，不過會越做越順手。

所有灌料灌完後，查看腸衣上的氣泡，並用牙籤或竹籤在每個氣泡周圍戳一下，然後一隻手從香腸的開口端緩慢滑向打結的一端，確保絞肉分布均勻，同時消除氣泡。以同心圓方式將香腸盤繞在大盤子上，再用刀尖每隔 2-3 公分戳一下香腸表面，這樣香腸才不會在烤的時候爆開。

放進冰箱 2 小時，最多 1 晚。然後，便可以把部分或整條香腸放置冷凍庫，最久可保存 3 個月，料理前再放到冷藏室充分解凍。

先蒸後烤

鋁製中式蒸籠倒水 8 公分高（蒸籠口徑要寬，才能容納整條香腸，並留有數公分空間），放上蒸盤，加蓋，開大火把水煮沸之後，再把香腸放上蒸盤，加蓋蒸 6-10 分鐘，直到香腸摸起來結實有彈性但中間還沒熟的程度。

準備燒烤爐，起中火（見 124 頁，建議用炭火燒烤爐）。或取大口徑的牛排煎鍋或淺鍋，以中火熱鍋。放入香腸，燒烤 15-20 分鐘，途中小心翻面一次，直至香腸雙面呈淡褐色並帶有些許深褐色的斑塊時，即熟透。這道香腸不像歐式香腸會烤爆噴汁。當溫度降到「泰國的常溫」程度，即可切成厚約 1 公分的薄片食用。

燒烤春雞
KAI YAANG

一切都是從這道烤雞開始。

二〇〇五年我終於下定決心要開餐廳，可是想到要開哪種餐廳，卻一點頭緒也沒有。我原本考慮開墨西哥餐廳，在看到波特蘭東南大街上那間屋前有個破爛小舍的大房子時，原本模糊的念頭突然變得清晰起來，我心想：「忘掉墨西哥捲餅吧！如果要開，就開個賣雞的攤子。」

將近二十年前，我認識了一位奇人，他名叫「昭華利」，簡稱「利先生」，他在清邁的護城河畔開了一家叫作 SP Chicken 的餐廳。我住過那附近，也曾在旅遊指南上讀過這家餐廳的介紹，但我並沒有抱太高的期望。不過，我一走進店裡馬上目瞪口呆，一排串在直立炙叉上旋轉的烤雞，後頭是一面灼熱的炭火牆。

這道烤雞是依善的經典名菜，我吃過不下數十種，卻沒有一種像這樣。其他人的烤雞通常都是去骨展平，整隻燒烤或烘烤，只是現在越來越常見使用瓦斯的旋轉烤爐架。每次我去清邁，都會到 SP Chicken 點隻烤雞，坐在桌前享用切開一塊塊的多汁雞肉，外皮烤得紅澄澄，肚中還塞了滿是蒜頭和檸檬香茅的填料，雖然纖維很多卻美味極了，旁邊再搭配一小碟酸甜辣椒醬、糯米飯，偶爾還有青木瓜沙拉。

光顧十幾次之後，我決定要找出他們把烤雞做得這麼好吃的原因。每次光顧，我都注意到有個男人在看顧架上的烤雞，每當烤雞顏色變深時，就會在雞身塗上某種不知名的液體。等我泰語程度從零進步到勉強可用時，便決定去接近他。在我結結巴巴吐出了幾個句子之後，他竟然用完美的英語回答我。

我們很快就成了朋友，他除了跟我分享他歷年投書《曼谷郵報》(Bangkok Post) 和《民族報》(Nation) 的激烈論政文章，也告訴我關於雞的種種，具體細節雖然有所保留，但我認為這理所當然，我從來沒有期望過他分享食譜。然而，在我決定開 Pok Pok 時，他熱心地告訴了我該去哪裡買合用的旋轉烤爐架（在曼谷中國城九彎十八拐的深巷裡），更重要的是如何改造爐架。直接從紙箱拿出來的爐架中看不中用，所有東西看起來都好好的，一旦開始烤就破功了，後來還整個散掉。多虧有他，我才有辦法更換固定烤雞用的串肉叉、安裝變速馬達、打造新的瀝油盤（這樣油脂才不會流得到處都是）。一連串改造都是為了造就一臺好用的烤雞爐具。迄今，我已經寄了十幾臺這種旋轉烤爐架到美國。Pok Pok 草創之初，菜單只有區區幾道菜餚，烤雞就是其中一道，這是為了向他的烤雞致敬。

他的方法讓我獲益良多，但他的精神同樣令我感動良深。他說他耗費了兩年的時間不斷反覆實驗，最後才敢把他覺得滿意的成品拿出來賣，而且從他一九七七年開店以來，配方沒有半點變動。這點我很欣賞：不自我中心、沒有每週更換菜單、沒有創意料理，同樣的東西做到好，一做幾十年。SP Chicken 不只是我心目中的

烤雞典範，也是我理想中的餐廳料理典範：簡單、美味、始終如一。利先生估計，他烤好賣出的雞超過六十萬隻，就是這樣永無止境的重複，以至於他只要把雞拿起來惦惦重量，就知道是否已經烤好。這實在令人讚嘆，現在的人幾乎不這麼做生意了。利先生幾年前退休，把餐廳的日常營運交給妻女掌管，不過我每次去幾乎都瞥見他在餐廳後頭和孫子玩。

我從來沒想過要複製他的烤雞，我的做法是集各家大成，但料理的精神卻是不變的。當然，我並不期待你自己買爐架改造成旋轉式的，所以我提供下列方法，讓你用烤箱也能烤出幾乎同樣多汁入味的雞。

附注：如果你沒有刷子可用來醃雞和淋油，可以拿一根檸檬香茅來充當刷子。請切掉根部約 1 公分，撕去外層，再用小刀於較粗的一端垂直割出約 1 公分深的切口，重複做到末端看起來像刷子的刷毛為止。

風味特性 香、富含鮮味、鹹、略甜

建議搭配 任一種青木瓜沙拉系列（35 頁），及糯米飯（33 頁）

事前準備

· 前一週：炸蔥油或蒜油，製作蘸醬
· 前一晚：泡鹽水
· 當天早上：將填料塞入雞肚，放置冰箱讓雞變乾
· 前兩小時：醃雞

特殊用具

· 泰式花崗石缽和杵
· 炭火燒烤爐（強烈建議使用），網架上油
· 料理刷（或檸檬香茅刷，參閱附注）

· 美國嫩雛雞或春雞 2 隻（各重約 570-680 克），內外沖洗乾淨

鹵水

· 猶太鹽或細海鹽 1/2 杯
· 細砂糖 1/4 杯
· 溫水 10 杯
· 帶皮蒜瓣 5-6 顆
· 白胡椒粒 1 茶匙
· 拇指大小的帶皮生薑，橫切厚片 1 塊
· 帶皮檸檬香茅 1 大根，切成長 5 公分小段
· 芫荽梗 1 小把，最好帶根，折成兩半
· 青蔥 2-3 株，折成兩半

填料

· 檸檬香茅 3 大根，撕去外層，切頭（約 10 公分）去尾（約 1 公分）
· 帶皮蒜瓣 106 克，直刀剖半（約 3/4 杯）
· 猶太鹽或細海鹽 1 湯匙
· 白胡椒粉 1 湯匙
· 芫荽梗細末 57 克（約 1/4 杯）

醃料

· 泰國魚露 2 湯匙
· 泰國生抽 2 湯匙
· 砂糖 1/2 茶匙
· 黑胡椒粉 1/4 茶匙
· 水 2 湯匙

淋油料

· 紅蔥油（273 頁）或蒜油 2 湯匙（272 頁）
· 蜂蜜 1/4 杯和熱水 2 湯匙，混合均勻

建議蘸醬

· 甜辣醬（276 頁）
· 羅望子蘸醬（277 頁）

4-8 人份，分量可隨意加倍

泡鹵水

鹽、糖、10 杯溫水放入大攪拌碗或湯鍋，攪拌至鹽和糖完全融化。將蒜頭、胡椒粒、薑、檸檬香茅放進研缽混合，輕輕搗碎，連同芫荽和青蔥一起放進鹵水，接著雞胸朝下放入雞隻。如果雞隻浮起，就用盤子壓下。如果雞隻無法完全進入鹵水中，就改用其他容器。加蓋冷藏至少 4 小時，若能放上整晚更好。

製作填料並塞進雞肚

取出雞隻，將雞屁股朝下，放進濾器瀝乾水分，鹵水倒掉。

把檸檬香茅橫切（連同堅硬部）成寬約 0.3 公分的薄片，放進花崗石缽用力搗 10 秒至香氣散出。放入蒜頭搗 20 秒成碎片（不用搗成泥狀）。放入鹽和胡椒略搗，再放入芫荽梗搗碎，需 10 秒以上。

均分填料塞入雞肚，雞胸朝下置於盤子上（能在托盤上弄個架子更好），以使雞跟托盤間保有空隙。把雞翅尖端塞到雞身底下，不加蓋冷藏 4-12 小時，讓雞變乾。

醃雞

魚露、生抽、糖、胡椒放入小碗，加 2 湯匙水攪拌至糖完全融化。用刷子把醃料刷在雞身上，一樣不加蓋冷藏 2 小時。

烤雞

用燒烤爐（強烈建議使用）：準備炭火燒烤爐，以大約 175-190℃ 的火力燒烤（見 124 頁）。如果你的燒烤爐沒有便於間接燒烤的燃燒室，請把木炭推到燒烤爐一邊堆成低丘。將雞隻放上底下沒有木炭的那一邊網架，雞胸朝上。旋轉網架（如果可以），使燒烤爐蓋子上的通風孔正對雞隻，然後蓋上蓋子。蓋子上的通風孔正對準雞隻可把炭火的煙吸引過來，讓雞肉帶有一股特殊的煙燻味。燒烤過程需要適時加炭以維持溫度。

25 分鐘後把雞翻面，讓另一面上色，至少 5 分鐘後，再翻面一次。

如果你的燒烤爐沒有燃燒室，請小心拿起烤雞和網架，把底下原本堆成低丘的木炭攤平成一層或兩層，但仍保持在燒烤爐原位，再把網架和烤雞放回燒烤爐。

上蓋再間接燒烤，烤雞仍然擺在底下沒有炭火的一邊。5 分鐘後，蔥油刷塗全雞後蓋回蓋子。至少 5 分鐘後，再用蜂蜜水刷塗全雞，並且移到炭火正上方。上蓋再烤，適時翻面和旋轉使烤雞顏色均勻，偶爾刷點蜂蜜水，烤至少 5-10 分鐘（視雞隻大小）直到雞皮略呈金黃光澤，有幾處焦黑，大腿處不斷滴下雞汁。

用烤箱：把層架移到最下面的第三層，烤箱預熱至 175℃。雞胸朝下放上烤盤（能在托盤或旋轉盤上弄個架子更好）。

燒烤雞隻 30 分鐘。旋轉烤盤，以蔥油刷塗全雞。至少 5 分鐘後，再用蜂蜜水刷塗全雞。把烤箱溫度調至 205℃。每隔 5 分鐘檢查烤雞並刷上蜂蜜水，視雞隻大小烤至少 10 分鐘，直到雞皮略呈金黃色光澤，有幾處焦黑，戳刺大腿處可以明顯看到雞汁流出。

放涼和開動

烤好後靜置 10-30 分鐘。視喜好整隻上桌或切塊，搭配蘸醬食用。Pok Pok 是把全雞剖半，剁下後腿分切成棒棒腿和雞腿排，再剁下翅膀，雞胸部位則帶骨剁成 2、3 塊。

利先生 MR. LIT

我的烤雞師父利先生出生於一九四六年泰北山腳森林深處的一座村子，家中十個孩子，他排行第八。他的父親擁有一座專種龍眼和芒果的小果園，販售水果是家庭經濟來源，豐收年可以小賺一筆，一旦歉收就什麼都沒有。

他母親每天凌晨都會趕在天亮前去到村莊的市集，利先生經常跟去幫忙挑擔子，裡面滿滿裝著要賣的東西：從自家果園採收的水果、從森林摘來的香料植物和葉子。她會把賺到的錢拿去買家裡要吃的食物。「因為這樣，我們才有肉可吃。」利先生說道。

村裡沒電，家中照明全靠蠟燭和煤油。他的母親沒

有冰箱或冷藏庫可用，便會在爐灶上面擱個架子再擺上肉，好讓炊煙把吃不完的肉燻乾。魚的保存方法更簡單。他的兄弟會用巧妙的機關捕捉河魚，甚至徒手捉魚，母親有時也會從市場帶回活魚。他們用桶子把魚養在家裡，偶爾打打水。

儘管村莊距離清邁不到三十五公里，他們一家卻很少進城。當時進城只有兩個選擇：走路或是搭巴士，而所謂的巴士，就只是在卡車後車廂加道欄杆，就用來載客了。巴士得在坑坑巴巴、九彎十八拐的泥土路面走上三小時才能到清邁，有時甚至會陷進路面凹洞，所以司機手邊隨時都有一條堅韌的繩索，以備不時之需。有天，年幼的利先生看見一輛黑色汽車駛過村子。「那時我心想，長大以後我要買輛黑色汽車。」利先生回憶道。

他十歲那年第一次去到清邁，在那裡見到生平第一盞電燈。去清邁是為了升學，當時家裡很窮，只能跟富有的鄰居借錢支付學費。他的兄弟姊妹大多只讀到四年級，利先生在城裡讀了六年書，一直到十年級。那時，清邁大學已經成立，他很多朋友都去那裡繼續念書，但利先生念不起大學，他搬去曼谷跟一個堂兄住，徒勞地找著工作。他說自己沒有什麼偉大的夢想，家裡那麼窮，學歷也不怎樣，他沒有太大期待，只希望能夠養活自己就好。

後來，他找到一份月薪泰銖350元（約315臺幣）的辦公室小弟工作，工作內容瑣碎，從打字到打掃無所不包。晚上下班回家就苦讀英文，這是他唯一真心喜歡的科目。最後，他終於在一家大型農業公司謀得一職，從業務員到當上主管一待就是十二個年頭。因為工作，他得全國各地到處跑，他跑遍整個南部、東北部，在那裡他頭一次嘗到依善現在遠近馳名的烤雞。

他們公司的主要業務是將肉雞引進泰國，這種雞肉多、生長快，上市時間較一般品種來得快速許多。利先生說，他們公司靠這種便宜的雞在泰國掀起一場革命，後來他趁著這股肉雞風潮，和朋友合夥開了家雞隻屠宰場，剛開始一隻雞也沒有，但很快就發展到一天處理一千隻雞的規模。

他二十九歲那年成家，想要做些改變。屠宰場的朋友認為利先生應該好好利用肉雞大受歡迎的商機，於是在朋友的鼓勵下，他和妻子決定搬到清邁開餐廳。利先生決心要賣依善菜，也就是名聞遐邇的燒烤春雞。泰國所有的地方菜，他最愛依善菜。那時，清邁有很多泰北菜餐廳，但賣依善菜的不多，跟現在恰好相反。他把店取名為 SP Chicken，SP 指的是他的妻子素莉彭。

萬事俱備，只剩一個問題，利先生不會做依善菜。他只會做小時候看過母親做的泰北菜，他的妻子甚至連煎蛋都不會。所以他們開始學做依善菜，他的妻子日復一日跟著出身依善的嫂嫂學做肉末沙拉、酸辣湯（tom saep）和青木瓜沙拉等料理，專攻烤雞以外的菜餚，而烤雞則由利先生負責。

屠宰場的朋友贊助了旋轉燒烤爐，他還告訴利先生，有個欠他錢的客戶願意給利先生一份燒烤春雞食譜來償債。看來，那份食譜十分珍貴，因為他欠的可不是一筆小錢。不過，利先生堅稱，他最後拿到的食譜是假的，不只如此，後來幾年，那個騙子和他的表親都到附近來開燒烤春雞餐廳，搶利先生的生意。儘管有過這種經驗，利先生還是願意幫我這麼多忙，讓我益加感激，同時敬佩他的慷慨。

雖然如此，利先生依舊埋頭鑽研食譜，一再實驗，不斷調整鹵水和填料，他專心一志，把一件事情做到好。經過兩年鍥而不捨地調整，他終於滿意了。據他所說，他的烤雞從那時就再也沒改過配方，我從一九九〇年代中期就一再光顧他的烤雞店，我相信他的說法。

利先生的生意逐漸上軌道，起初一天賣二十隻烤雞，然後是五十隻，再來七十隻，如今約在一百隻左右，而附近另外兩家烤雞餐廳都已關門大吉了。前陣子，那兩個競爭對手來 SP Chicken 吃飯，給他假食譜的傢伙不是忘了以前幹過的好事，就是神經太大條，竟然問利先生願不願意分享烤雞的配方。利先生回他：「我是用你給的食譜，你忘了嗎？」

除了鹹魚翻身的喜悅，他的成就感主要來自餐廳生意為他的家庭帶來的貢獻。他現在還是不怎麼有錢，但在正式退休交棒時，他有能力交給女兒一間沒有負債的餐廳，而且他移交的不僅只是餐廳物業，還有養家活口的方法。喔，還有，他終於買了小時候夢寐以求的汽車。「其實，我有兩輛車，兩輛可能太多了，畢竟一次只能開一輛。」他說。

安迪：

很高興見到你和你的工作夥伴。

我認為你的這本泰國料理食譜書十分值得敬佩，因為不止告訴讀者如何在家以最有效率的方式做出泰國料理，也完整介紹了各種烹調程序背後的原理。

認識你將近十年，我只能說，很少泰國料理美食家，甚或是任何地方的泰國廚師，像你這麼了解泰國地方菜。

舉例來說，你在介紹楠府和清邁的「泰北豬肉末沙拉」時，鉅細靡遺地解釋了兩地製作方法和用料數量的差異，讓我又驚又喜。

此外，我們也都認同「老方法就是最好的方法」：用研缽搗出來的辣椒醬遠比果汁機打出來的美味，用炭火烤出來的肉比任何方法做出來的烤肉好吃多了。

為了更深入了解這個國家的食物和文化，你每年固定來泰國至少一次，你的內心其實已經是個泰國人了。

謹此代表全體泰國人，感謝你幫忙傳揚我們的文化價值。

祝福你

利華昭
泰國清邁，二〇一二年八月二十五日

沙嗲豬肉串
MUU SATEH

事前準備

· 前一週：製作
花生醬

· 前一天：製作
開胃醃黃瓜，
把豬肉串在竹
籤上

· 前幾小時：醃
豬肉

特殊用具

· 20 公分木籤
36 支，泡溫
水 30 分鐘

· 泰式花崗石缽
和杵

· 炭火燒烤爐
（強烈建議使
用），網架上
油

美國的泰國料理種類有限，光從餐廳菜單你可能以為沙嗲在泰國赫赫有名。沒錯，有些店家因為他們的沙嗲而出名，但那只是幾百種街頭小吃中的其中一種。老話一句，當初在美國捧紅這種街頭小吃的人真是天才，我們就愛這玩意兒。只要把柔軟的肉泡在甜甜的椰子醃料裡就成了，根本不必花一點腦筋。

因為如此，我一開始就把它放進 Pok Pok 的菜單，然而現在如果可以，我會把它拿掉。不光只是切肉和串籤十分耗時的問題而已。當然這在家做不是太大的問題，畢竟不必每晚製作幾百份。事實上，只要菜單出現「花生醬」三個字，就會有人想要點來淋在糯米飯上。如果我聽起來有點惱火，那是因為我實在是厭倦老是看這些人毫不尊重我眼中最舉世無雙的料理。大家也愛吃荷蘭醬，但你不會看到有人點來淋在法國餐廳的每樣餐點上。

可是你能怎麼辦呢？像是沙嗲、燒烤春雞（135 頁）和青木瓜沙拉系列（35 頁），這些都是吸引顧客上門的招牌菜——別誤會我的意思，它們都很好吃——但我希望能在這些固定要角之外，也讓不太容易推廣的泰北豬肉末沙拉（106 頁）或泰北牛肉燉湯（154 頁）有機會露露臉。

美國的泰國餐廳幾乎都少不了沙嗲（英文拼法是 satay），但它仍然有點神祕。就跟許多菜餚一樣，它的起源已經因為年代久遠而不可考了，但不屈不撓的研究者大衛・湯普森，依舊嘗試追蹤沙嗲在整個東南亞地區的流傳過程，結果發現，主要信仰伊斯蘭教的中東移民可能是最初源頭。再進一步深究，泰國沙嗲幾乎理所當然都用豬肉（muu）製作，但這是穆斯林的禁忌，而且在美國吃過沙嗲的人可能也會覺得訝異，因為美國的沙嗲主要使用雞胸肉。

即使是在泰國四月天這麼炎熱的天氣下，你都可以在街上看到有人賣沙嗲，小販總把一大排肉串擺在灼熱的炭火上烤，我喜歡看他們用手指翻動肉串的模樣，有時還會用剪刀把烤焦的部分剪掉，這對喜歡炭烤焦肉的人來說，實在是個奇怪舉動。順帶一提，Pok Pok 肉串的寬度和長度幾乎是泰國當地的兩倍，因為要把肉切得像泰國那麼小，基本上要耗費兩倍的人力。有些專門供應咖哩麵（214 頁）或泰式海南雞飯（khao man kai）的餐廳也會看到沙嗲。在肉串旁邊，通常會有熟悉的開胃醃黃瓜和花生醬，再加上幾塊或許有點不搭調的烤白土司。我認為 Pok Pok 既然要做沙嗲豬肉串，就要做到最好，儘管這很麻煩。我們的做法持續改良，已經與剛開始不同。Pok Pok 所有的食譜都是從抓住料理的基本元素開始，然後隨著我的進步而不斷進化。在一次行程特別緊湊、從曼谷到清邁再到南邦的沙嗲瘋狂

試吃之旅後，我發覺多年來我深深喜愛的那種口味，其實少了某種東西。我提高甜度、加進南薑、減少芫荽，不斷調整到我覺得比較滿意為止。我估計，醃料花了兩年才調成現在的樣子，花生醬是三年。雖然費盡心思，但我不確定除了我之外是否有人注意到。儘管如此，我還是聽到還是有人抱怨不夠辣。你知道為什麼嗎？因為它本來就不是辣的。

<u>風味特性</u>　略甜、富含鮮味
<u>建議搭配</u>　泰北咖哩雞湯麵（214 頁）

肉

- 豬背脂 1 塊（約 170 克，強烈建議使用，但可省略）
- 無骨豬里肌肉 900 克，切成長寬厚約 8、3、0.6 公分的長條

醃料

- 芫荽籽 1½ 茶匙
- 孜然籽少許
- 猶太鹽或細海鹽 1 茶匙，另加肉串調味所需的額外分量
- 檸檬香茅薄片 14 克，用 2 大根檸檬香茅來切，取幼嫩部
- 去皮新鮮或冷凍（不解凍）南薑 14 克，橫切薄片
- 去皮新鮮或冷凍（不解凍）薑黃 14 克，橫切薄片
- 砂糖 2 湯匙
- 煉乳 6 湯匙，品牌建議用 Black & White 或 Longevity
- 白胡椒粉 ½ 茶匙
- 不甜椰奶 1 杯（建議用盒裝椰奶）

上桌搭配

- 花生醬 1½ 杯（281 頁）
- 開胃醃黃瓜 1½ 杯（283 頁）
- 薄土司或其他白麵包切片 6 片，用炭火或烤箱稍微烤過，再切四等分

> 約 36 串，可做 6 人份點心或 6-10 人份的合菜菜餚

串籤

豬背脂放入鍋中加水淹過，開大火煮至小滾後將火轉小維持滾沸，繼續煮至原本不透明的白色脂肪變成稍微透明，約 5 分鐘。瀝乾後，切成長寬 2 公分、厚 0.6 公分的正方體。

每支木籤串一塊脂肪（切剩的脂肪丟棄），將脂肪塊推至距離尖端約 10 公分處。再將木籤從豬肉條中央插進去，可以拉推幾次調整，好讓豬肉條穩穩固定於木籤上，而且末端剛好就在木籤尖端下方。

製作醃料

芫荽和孜然放入小平底鍋，開中小火炒約 8 分鐘，直至香料散發濃郁香氣，芫荽籽顏色變深一、兩個色度。待辛香料稍微冷卻，就放入花崗石缽搗

或用香料研磨器磨成粗粒粉末。將香料粉末、煉乳、檸檬香茅、南薑、薑黃、糖、鹽、胡椒與椰奶（先預留數湯匙起來）放入果汁機攪拌至勻滑，倒入深窄型容器。把預留的椰奶放入果汁機攪打，帶出果汁機裡剩餘的混合物，再倒入深窄型容器。

醃肉

把木籤放入裝有醃料的深窄型容器，讓肉完全浸在醃料中，豬背脂可以不必浸到。靜置 30-60 分鐘，這期間你可以開始準備燒烤爐。

烤肉

準備燒烤爐，起中大火至大火（見 124 頁，建議用炭火燒烤爐）。或取大口平底淺鍋，以中大火熱鍋。取

出肉串，讓多餘醃料滴回容器內，豬肉雙面都撒鹽調味，再分批烤熟。如有必要則翻面一次，並把肉串移至火焰上方，烤 3-6 分鐘至豬肉剛好熟透，外表符合你偏好的焦度。

烤好的肉串最好立即享用，頂多用錫箔稍微蓋一下，最多放 15 分鐘。搭配花生醬、開胃醃黃瓜和白土司，即可上桌。

椰漿烤玉米
KHAO PHOT PING

我決定在美國試做泰國菜時，面臨到食材不夠有味、不夠嗆鼻、不夠辛辣的老問題，我需要想辦法彌補。不過，也有非常罕見的相反情況。

就我的口味而言，泰國的玉米說好聽點不是那麼厲害，但當我在清邁寺廟旁吃到小販賣的這種玉米時，我迫不及待想要回家自己試做。帶著斑蘭葉香氣的鹹濃椰漿，配上一級棒的美國甜玉米，好吃程度比起加了蛋黃醬和起司的墨西哥食物，毫不遜色。

風味特性　甜、濃郁、鹹、略帶煙燻味

建議搭配　任何燒烤料理，如燒烤春雞（135頁），或泰式豬肋排（128頁）

6-12 人份的合菜菜餚，或作點心

· 玉米 6 大根，去苞葉

椰漿

· 不甜椰漿 1 杯（建議用盒裝椰漿）

· 砂糖 1 湯匙

· 猶太鹽或細海鹽 1 茶匙

· 新鮮或冷凍斑蘭葉 1 片，打結（可不用）

上桌搭配

· 切成楔形的萊姆 6 塊

煮玉米

煮沸一大鍋水，放入玉米煮約 8 分鐘至變軟變熟，然後瀝乾。玉米可以在烤前的幾小時就煮好，甚至提早幾天都沒問題，只是煮好的玉米務必要在離開滾水後，立刻泡冰水。

製作椰漿

椰漿、糖、鹽、斑蘭葉放入小湯鍋混合。斑蘭葉沒有完全淹沒無妨。開大火煮至滾沸，但不要大滾，把火轉小加蓋持續煮到椰漿稍微變稠，並且充滿斑蘭葉的香氣，約 10 分鐘。然後取出斑蘭葉，丟棄。

烤玉米

準備牛排煎鍋或燒烤爐，鍋面或網架抹上薄油，起中火（見 124 頁，建議用炭火燒烤爐）。

將混合椰漿倒入大盤子，一次放入 1-2 根玉米，轉動玉米使表面覆上薄薄的椰漿。烤玉米 5-10 分鐘，直至表面略帶焦黑斑點，中間偶爾轉動玉米，並且刷上或把玉米放回盤子轉動沾附椰漿。

上桌時淋上少許剩餘的混合椰漿，搭配切好的萊姆擠汁享用。

咖哩和湯煲
KAENG, TOM, & CO.

本章介紹的是可能被視為咖哩或湯煲的料理。在泰國美食中，這兩種料理的差異相當細微，像我這種外國人看來，有時似乎沒有一定標準。我的理解是「湯湯水水的料理」，如果在清湯裡面或拌炒過程加了辣椒和香料植物醬料，再以清湯或椰奶之類的湯汁加以稀釋，就是所謂的 kaeng。當然，我的理解有一堆例外，像是清湯冬粉（Kaeng Jeut，149 頁）通常不用醬料，卻也叫作 kaeng，泰北雞湯（Yam Jin Kai，158 頁）是將醬料溶於湯汁，卻視為 tom（意思大概是「滾沸的」或「湯」）。而方言和口語的介入把情況弄得更複雜：泰北牛肉燉湯（Jin Hoom，154 頁）一般都認為是 kaeng，但泰北用語 hoom 的本意卻是「慢燉」。

咖哩的概念值得好好解釋一番，因為美國人對它的誤解實在太大了，如果你以為泰國咖哩都是加了椰奶，香甜濃郁，算是情有可原。這種色調柔和的濃稠料理，美國幾乎每家賣有春捲和三杯雞的餐廳都有供應，已經變成泰國咖哩的代表。第一次去泰國時，我滿心期待吃到像美國那種「正宗」咖哩，體驗真正泰國滋味，朋友帶我去的餐廳卻沒有一家賣這種咖哩，不過我們還是嘗到很多咖哩。在清邁，我吃到像湯一樣浮著幾塊蒸豬血的紅色咖哩，用湯匙淋在麵上吃。在南部，我吃到以薑黃上色，以魚雜調味的劇辣咖哩。在曼谷，我看到的許多咖哩有些稠如勾芡，有些稀如淡高湯，還有介於這兩者之間的各種濃度，裡面全都加了各式各樣蔬菜。另外，我還嘗過許多不同種類的咖哩，它們的差異

遠遠不止顏色而已。偶爾，我也會遇到熟悉地加了許多椰奶的紅咖哩和綠咖哩，但是這種咖哩並不像在美國這樣幾乎到處都有。

順帶一提，英文的 curry（咖哩）跟泰文的 kaeng 一點關係也沒有，而是來自印度南端泰米爾族所說的 kàrìi，意指「配飯的醬汁」。泰文的 karii 這個字則是指深受南亞影響的 kaeng，例如 kaeng karii，這是味道相對較淡的黃色咖哩，含有來自印度料理的乾辛香料。或是使用咖哩粉（這是英國人發明的，用以模擬印度料理常用的混合辛香料）的料理，如咖哩螃蟹（Puu Phat Phong Karii，101 頁）。

若非滋味如此美妙，像 kaeng 和 tom 這類料理之間的文字遊戲實在多到足以把人逼瘋。

清湯冬粉

KAENG JEUT WUN SEN

那些以為泰國料理是膽大之徒才敢嘗試、每道菜都應該布滿辣椒要把你辣到沖頂的人，總會跟我抱怨「這不夠辣」。以為泰國料理每樣東西都很辣的印象是大錯特錯。

我想我了解這種錯誤觀念的來源。起初，泰國料理傳到美國就被餐廳老闆拔去利齒，被迫使用外國食材烹調，以吸引外國食客。所有烹飪支系都是這樣開始，像是祕魯的 chifa 是中菜和祕魯菜的混合體，印式中菜則是煮給印度顧客吃的中國料理等等。泰國廚師也運用了這種策略，這是在異鄉餐飲界討生活的必備生存技能，他們也運用得非常成功，看看美國各地彩虹咖哩餐廳的榮景便知一二。

然而，有些食客開始想吃更加接近泰國當地料理的食物，於是辣到噴火的辣椒超越泰國料理其他特色，超越醃魚的腥味與香料植物的刺激，成了正宗的代表，是泰國料理原汁原味的象徵。

某些情況下的確如此，如果泰國朋友幫你點了依善青木瓜沙拉，你可能辣到不停哈氣，急著想找啤酒喝，若是他要求做成 phet phet der 就更可見得。以前我經常參考一個住在清邁的荷蘭朋友章昭在網路上發表的食記，他就將 phet phet der 譯為「準備去死」。

然而，如同不是每道料理都有椰奶，泰國料理也不是每一樣菜都想在你的嘴裡放火，有很多的地方菜，尤其是泰北菜，幾乎不辣或只是微辣，但滋味一樣鮮活帶勁。

想嘗試新奇的東西不是壞事，嗜辣的心理卻讓人產生不辣就不好的錯誤印象，導正這個誤解也是我想介紹泰式清湯的原因。一頓泰國正餐通常都有好幾道菜，菜餚之間都有相互平衡的效果。

舉例來說，在美國經常一頓晚餐只有一大碗紅咖哩，這在泰國並不是正常的吃法。泰國人稱這種湯為「清」湯並無貶義，而是相對於辛辣濃郁的咖哩、又辣又酸的沙拉、烤肉烤魚與同時上桌的其他菜餚，它的味道真的相對清淡許多，在一頓飯中是平衡味道的要角。泰式清湯幾乎不曾像椰奶咖哩或酸辣沙拉那樣得到應有的尊重，但在泰國人的合菜組合中，就是理所當然。

我介紹泰式清湯的第二個理由是：我自己愛吃，只要它出現在餐桌上，我可以整頓就只吃這道。這種清淡的肉湯我愛死了，通常是用豬骨或雞骨熬成，並且加入蒜頭、檸檬香茅、芫荽等芳香食材，造就豐富多元的風味。你初次嘗試時不見得會吃到嘖嘖稱好，吃了兩回可能也不覺特出。可是只要開始體會到它的美妙滋味，就欲罷不能。

正如咖哩不只有一種，泰式清湯也是，一碗可能有滑溜的冬粉、爽脆的木耳和空心菜，另一碗可能是豆腐和絞肉，再往熱湯打入蛋花，成了泰式蛋花湯，裡面還會加上香味濃郁、口感結實的彈牙豬肉丸（269 頁），最後灑上幾滴蒜油，賦予另一層香氣。

風味特性　富含鮮味、香、略鹹、些微胡椒味
建議搭配　荷包蛋沙拉（51 頁）、醬油蒸魚（79 頁），以及茉莉香米飯（31 頁）

2-6 人份，分量可隨意加倍

- 乾木耳 1 大朵或數小朵，或數小朵乾香菇
- 乾冬粉 28 克
- 泰國生抽 1 湯匙
- 菜脯絲 1 湯匙，泡水 10 分鐘後瀝乾
- 白胡椒粉少許
- 彈牙肉丸 8 顆，常溫（269 頁）

- 豬高湯 1½ 杯（268 頁）
- 蒜油 1 茶匙（272 頁）
- 蒜頭酥 1 湯匙（272 頁）
- 本芹碎末 1 大撮（取嫩莖葉部，約 1 湯匙）
- 青蔥圈 1 大撮（約 1 湯匙）
- 芫荽碎末 1 大撮（取嫩莖葉部，約 1 湯匙）

木耳或香菇放入滾水中，淹過數公分，泡至完全軟化，木耳 5 分鐘，香菇 15 分鐘。瀝乾後，切成細絲，約滿滿 1 湯匙。

冬粉放入溫水泡 10 分鐘使之變軟，瀝乾後，剪成長 8 公分的小段。

木耳絲或香菇絲，和泡軟的冬粉放入碗中，加進生抽、菜脯、胡椒粉、肉丸混合。用小鍋以中大火煮高湯至開始沸騰，再倒入碗中。高湯的熱度可以燙熟冬粉和加熱其他材料。滴上蒜油，撒上蒜頭酥、本芹、青蔥、芫荽，如果喜歡可再加點生抽。拌勻即可享用。

泰北羅望子豬肋芥菜湯
JAW PHAK KAT

事前準備

· 前一週：製作
 醬料和羅望子
 汁
· 前三天左右：
 煮湯
· 前兩天：炒紅
 蔥頭和乾辣椒

特殊用具

· 泰式花崗石缽
 和杵

泰北話裡頭的 jaw phak kat 可以簡單譯為「芥菜湯」，聽起來沒什麼了不起，卻是我的最愛。帶著泥土芳香的豬肉湯加入羅望子，增添幾許誘人酸勁，最適合搭配肉末沙拉之類的辛辣料理。這是可能是泰北老祖母發明的舒心食物。

我猜料理本身由來已久，只需用到鍋子和研缽，油蔥酥裝飾也許是晚近才有的。當初老祖母可能先從一鍋水開始，放點豬肋和簡單的醬料。煮豬肋的空檔，她們會在醬料裡加點羅望子，讓湯更有滋味。

煮豬肋通常不用小火慢煨，而是大火強滾，畢竟這不是高級法國廚房，而老祖母也不在乎湯頭是否混濁。不過，豬肋可不是最重要的角色，泰文湯名暗示著 phak kat（油菜）才是真正主角，就如同美國南方人煮羽衣甘藍時，肯定少不了豬肉一樣。

在泰國，廚師會用一種叫作 thua nao kap 的豆餅調味，這是用發酵以後乾燥的黃豆製成，先經烘烤，再搗碎製成圓餅狀。不過，在美國，我們只能遷就用泰國豆瓣醬。

風味特性　土味、蔬菜味、酸、鹹

建議搭配　泰北炒南瓜（94頁）或泰北豬肉末沙拉（106頁）。要配糯米飯（33頁）

醬料

- 乾鳥眼辣椒 2 克（約 6 根）
- 猶太鹽或細海鹽 1 茶匙外加 1 撮
- 去皮蒜瓣 21 克，直刀剖半
- 去皮亞洲紅蔥頭 28 克，橫切薄片
- 自製蝦醬 2 湯匙（274 頁）

湯

- 豬肋排 900 克，請肉販將每條肋骨切成約 5 公分寬的肋排肉，再將肋排一根一根切開（大部分亞洲肉販都有販售已經切好的肋排肉），洗淨
- 水 8 杯
- 猶太鹽或細海鹽少許
- 羅望子汁 ¾ 杯（275 頁）
- 泰國豆瓣醬 1 湯匙
- 油菜（梗和葉）450 克，切除根部，切成 5 公分長的小段
- 去皮黃洋蔥 200 克，切成約 1 公分厚的小塊
- 泰國魚露 1 湯匙
- 乾鳥眼辣椒 5-10 根，炒過（12 頁）
- 油蔥酥 2 湯匙（273 頁）

製作醬料

辣椒連同一小撮鹽放入花崗石缽搗 1-2 分鐘，直到成為相當細緻的粉末，但大部分的辣椒籽都還清晰可見。

加進蒜頭再搗 1-2 分鐘成極為勻滑的泥狀。接著放入紅蔥頭進行相同動作，最後放入蝦醬，搗 30 秒至整團均勻。

最後會得到 ¼ 杯醬料，可以馬上使用。密封冷藏可保存 1 週，冷凍可保存 6 個月。

煮湯

豬肋放進中湯鍋，倒 8 杯水淹過豬肋。開大火煮至微滾後轉小火，繼續保持微滾，同時撈除水面浮沫。將所有醬料倒入拌勻，嘗嘗味道。放心，這時水都滾了，豬肋也都燙過了。

接著拌入 1 茶匙鹽，讓湯變得更有滋味，帶有鹹味。豬肋會吸收鹹味，而稍後加入的羅望子會平衡鹹味。

加蓋再滾 35 分鐘至豬肋肉變軟，不要煮到脫骨。拌入羅望子汁和泰國豆瓣醬，火轉大煮至全滾。

放入油菜和黃洋蔥，但不要攪拌，加蓋煮 5 分鐘至油菜變軟。打開蓋子攪拌一下，再把火轉小保持微滾。不加蓋再煮 10-15 分鐘至油菜變得極軟，但不要過爛。此時蔬菜應該呈現黯淡的綠色，洋蔥也會散開。拌入魚露，關火。

放涼密封置於冰箱可保存 3 天，放上 1 天的味道最好。要喝的時候，倒入鍋裡加蓋，以文火加熱。

靜置讓溫度降至溫熱後試味道，如有需要可再加魚露調味。上桌前，把炒過的乾辣椒切半，或者像右圖那樣，保留整根也可以，加進湯裡，再放入油蔥酥。

整鍋端上桌，並附上幾個小碗和湯勺。

泰北牛肉燉湯

JIN HOOM NEUA

如果事先不知道地方，肯定找不到像 Krua Phech Doi Ngam 這樣的餐廳，即使清邁算是泰國北部最重要的城市，也越來越難找到如實呈現泰北地方菜的餐廳，我頭一次嘗到泰北牛肉燉湯就是在這家餐廳。

我的泰國料理師父在十年前左右帶我來到這裡，這家餐廳其實是我的第二個師父。第一個師父堅持教我正統的泰國料理，讓我失望透頂，因為我最想聊天的對象是市場攤販和街頭廚師。第二個師父理解我的目的，但是習藝過程很容易岔開聊吃的，這就是為什麼我認識的食物字彙要比其他字彙來得多。

Krua Phech Doi Ngam 的菜單是真正的泰北菜，我在那裡經歷了許多第一次，第一次啜飲泡過斑蘭葉的水，第一次嘗到泰北香料植物沙拉（65頁），第一次吃到抹上厚厚咖哩醬放在竹筒裡蒸的魚。當我嘗到泰北牛肉燉湯時，我愣了一下才回過神。有種料理是你嘗了一口，馬上就會盯著同伴的眼睛，好確認自己沒有發瘋，你吃的東西真的就是這麼棒，而泰北牛肉燉湯就是。

慢燉肉（Jin hoom，泰北方言）進入 Pok Pok 的菜單已經是好幾年後的事，當時我根本還沒想到這點，不過即使如此，我心中還是很疑惑，這麼好吃的東西為什麼沒有引進美國，它不像某些像是將青蛙剁塊煮湯的泰北料理那樣令人難以接受。就我的西方味蕾而言，泰北牛肉燉湯非常平易近人，完全可以理解，但跟我吃過的任何東西都不一樣，更別說我預期的泰國料理。

我必須吃上好幾回，才能把這道料理摸個透徹，還得詢問許多泰國朋友，但我始終找不到有用的食譜可以參照，我得自己摸索，不斷失敗，不斷重新來過。這道料理是十足的泰北料理，這是我現在才體認到的事實。

首先是料理方式，泰北牛肉燉湯是用加了很多羅望子和南薑的辣椒醬燉煮而成。它不是油炒醬料，再加椰奶或高湯等液體稀釋，而是像一般泰北菜那樣，醬料只是融入水裡，融成香味四溢的湯汁之後，再放進一些檸檬香茅和南薑，然後整鍋用來慢燉牛肉。不需要炒鍋，只需用研缽和湯鍋。古早年代的湯鍋是以陶土製成，用炭火烹煮食物。

再來是使用泰南和泰北料理常見的薑黃，以及最後撒上泰北香料植物三寶，刺芹、青蔥、芫荽。這些烹飪手法和食材結合在一起，便造就出令我驚豔的道地泰北味。

牛肉是另一個泰北特色。我發覺泰北人愛吃母牛肉、水牛肉和閹牛肉的程度，遠遠超過中部人，他們自古以來就利用這些動物耕田，幾乎所有有蹄的東西最後的歸宿都在鍋子裡。泰北牛肉燉湯裡的牛肉肉質往往近似橡皮筋，真的很韌，但也真的很有味道。

你在美國烹煮這道料理的時候，牛肉難免質地較軟，不過切記不要煮到過爛。就如泰國廚師給我的忠告，好好享受嚼勁，不要害怕。

風味特性　濃濃香料植物氣味、富含鮮味、辣、鹹

建議搭配　泰北香料植物沙拉（65頁）或依善野菇沙拉（70頁），以及糯米飯（33頁）

4-8 人份	

醬料

- 檸檬香茅薄片 28 克，用 4 大根檸檬香茅來切，取幼嫩部
- 猶太鹽或細海鹽 1 茶匙
- 去皮新鮮或冷凍（不解凍）南薑 43 克，橫切薄片
- 去皮新鮮或冷凍（不解凍）薑黃 28 克，橫切薄片
- 去蒂泰國乾朝天椒或乾墨西哥普亞辣椒 14 克（約 8 根），泡熱水約 15 分鐘至完全軟化，
- 去皮蒜瓣 43 克，直刀剖半
- 去皮亞洲紅蔥頭 128 克，橫切薄片
- 自製蝦醬 1½ 湯匙（274 頁）

湯

- 泰國生抽 6 湯匙
- 熟辣椒粉 3 湯匙（270 頁）
- 水 8 杯
- 無骨牛腱或牛肩肉 900 克，去肌膜，逆紋切成長寬厚 5、2.5、1 公分的條狀
- 去皮黃洋蔥 185 克，切成厚 1 公分的角狀
- 猶太鹽或細海鹽少許
- 新鮮或冷凍卡非萊姆葉 12 片
- 黑胡椒粉 1½ 茶匙
- 芫荽段輕壓一下約 ¼ 杯（取嫩莖葉）
- 刺芹圈輕壓一下約 ¼ 杯
- 青蔥圈輕壓一下約 ¼ 杯

製作醬料

檸檬香茅連同鹽放入花崗石缽，搗 2 分鐘成略帶纖維的勻滑泥狀。加進南薑再搗，偶爾停下刮一刮研缽內壁的碎屑，搗 2 分鐘直到食材變成相當勻滑、略帶纖維的泥狀。接著放入薑黃一樣搗成泥。辣椒瀝乾，用紙巾包住，輕輕壓乾，再放入研缽搗碎，然後放入蒜頭，再接著是紅蔥頭，每樣食材都充分搗勻之後，再繼續處理下一樣食材。最後放入蝦醬，搗 1 分鐘至整團均勻。

最後會得到 1 杯醬料，可以馬上使用。密封冷藏可保存 1 週，冷凍可保存 6 個月。

煮湯

所有醬料、醬油、辣椒粉放入中湯鍋，加進 8 杯水拌勻。在研缽加入 1-2 湯匙的水，盡量把附著在研缽底的醬料帶開，全部倒入鍋中。

開大火，將水燒至大滾，放入牛肉，再燒至全滾，蓋上鍋蓋，同時火轉小，保持微滾煮 1 小時，然後拌入洋蔥，加蓋再煮 1-1.5 小時以上，直至牛肉變軟但不要過爛，肉湯稍稍收乾。

加鹽調味，卡非萊姆葉撕碎連同黑胡椒入鍋。關火讓湯稍涼。上桌前，撒上香料植物和青蔥即成。

泰北雞湯
YAM JIN KAI

事前準備

· 前一週：製作醬料

· 前五天：煮湯

· 前兩天：炒蒜頭酥

特殊用具

· 泰式花崗石缽和杵

以前在類似《廚房機密檔案》(Kitchen Confidential，講述餐廳廚房故事的美劇) 那種餐廳當基層廚師的時候，我遇過好幾個法國訓練出身的主廚，他們都會要求我一絲不苟地過濾高湯，並用蛋白吸附雜質，以便做出清澈的法式清燉肉湯。而今，我喜歡澄清如水的肉湯，也喜歡接下來要介紹的另一種肉湯，如果要二選一，我想我會選泰北雞湯。

我曾在非常簡陋、只有水泥地加上一片屋頂的路邊餐廳，喝過極具泰北特色、帶有濃厚鄉下風味的泰北雞湯，也曾在友人家裡的餐桌上，喝過他們祖母親手烹調的泰北雞湯，還曾於泰國新年潑水節期間，在班帕杜小村排隊晉見當地被神靈附身、抽著菸斗的靈媒，接受祝福之後，從大桶子舀出泰北雞湯享用。

這道湯一點也不精緻，略為混濁的湯頭是最基本的特色，味道又鹹又辣，你若想喝上一口，湯匙還得避開厚片南薑、大塊檸檬香茅和卡非萊姆葉。有些版本的泰北雞湯，湯裡不能吃的香料甚至比雞肉還多。

雖然吃起來費事，入口的美味卻絕對超乎這番辛苦。除了大量香料之外，湯頭的濃郁香氣還得歸功於一種特製醬料，其成分包括辣椒、乾辛香料以及兩種經過一定程度腐壞的海鮮。雞肉使用滋味鮮美的放養土雞，牠們骨瘦如柴，整天在村裡遊蕩啄食，跟野雞沒有兩樣。我

喜歡在湯裡灑幾滴魚露提升鮮味，有些忠於傳統的泰北廚師看見我這麼做會皺起眉頭，不表認同。

風味特性　香料植物氣味、富含鮮味、鹹、中辣、略苦

建議搭配　泰北炒南瓜 (94 頁) 或泰北豬肉末沙拉 (106 頁)。要配糯米飯 (33 頁)

醬料

· 芫荽籽 2 茶匙

· 乾篳茇 2 粒

· 泰北馬昆花椒 2 茶匙 (見 110 頁附注) 或黑色四川花椒，或再加黑色胡椒粒 1 顆

· 醃魚醬的魚柳 4 片

· 乾鳥眼辣椒 2 克 (約 6 根)

· 猶太鹽或細海鹽 1 茶匙

· 自製蝦醬 2 茶匙 (274 頁)

燉雞

· 新鮮或解凍的冷凍煲湯瘦雞 1 隻 (約 0.9-1.4 公斤，最好連頭帶腳)，可視喜好留下內臟

· 檸檬香茅 2 根，撕去外層，剖半，再以研杵、平底鍋或刀面輕輕拍碎

· 去皮新鮮或冷凍 (不解凍) 南薑 57 克，粗切

· 青蔥 1 小把，切除根部，綁成一束

· 芫荽根 14 克，用研杵、平底鍋或刀面輕輕拍碎，或芫荽梗段 28 克

· 自製蝦醬 2 湯匙 (274 頁)

湯

- 檸檬香茅 2 根，撕去外層
- 去皮新鮮或冷凍（不解凍）南薑 28 克，橫切薄片
- 去皮的小顆亞洲紅蔥頭或紅色珠蔥 71 克，體積較大者直刀剖半（約 ⅔ 杯）
- 去皮蒜頭 14 克（約 4 顆中等大小的蒜瓣），直刀剖半，略為切碎
- 新鮮或冷凍卡非萊姆葉 10 片
- 猶太鹽或細海鹽少許，調味用
- 青蔥圈輕壓一下約 2 湯匙
- 刺芹圈輕壓一下約 2 湯匙
- 芫荽段輕壓一下約 2 湯匙（取嫩莖葉）
- 粗切蒔蘿葉輕壓一下約 2 湯匙
- 粗切越南薄荷輕壓一下約 2 湯匙
- 蒜頭酥 1 湯匙（272 頁）

製作醬料

芫荽籽、長豇豆、泰北馬昆花椒放入小平底鍋混合，開小火翻炒 8 分鐘至香氣四溢，芫荽籽顏色變深一、兩個色度，倒至碗中。

醃魚柳放上雙層錫箔或蕉葉，折成一個包裹。剛剛用來炒辛香料的小平底鍋擦乾淨，中火熱鍋（用低溫炭火燒熱更好），放入錫箔包裹烹煮 15 分鐘，偶爾翻面，直到醃魚柳散發出香味。

打開包裹，丟棄大骨和魚鰭，也不必費力去魚刺，直接移入花崗石缽，用力捶搗成均勻泥糊狀，搗 45 秒至魚刺完全碎掉，把缽裡的魚泥挖到碗內放置。

乾辣椒和鹽放進研缽混合，用力捶搗 3 分鐘，中間停下一、兩次，刮一刮研缽內壁的碎屑攪拌一下，然後繼續捶搗，直到食材變成非常細緻的粉末。加入辛香料，搗 1 分鐘成粗粉末狀。放入蝦醬和 2 茶匙醃魚醬的汁（剩餘的可留作他用），捶搗 30 秒至所有食材充分混合，辣椒碎片清晰可見。

最後會得到 3 湯匙醬料，可以馬上使用。密封冷藏可保存 1 週，冷凍可保存 6 個月。

燉雞

雞隻、雞下水、檸檬香茅、南薑、青蔥、香料植物根、蝦醬放入中湯鍋，倒進淹過雞隻的水。

大火煮至大量冒泡，略開鍋蓋降溫，保持微滾，再煮至雞肉可以輕易從雞骨撕下，雞腿和雞翅開始從雞身分離，約 1.5 小時。

關火，把雞、雞下水移至大盤放涼，再將雞皮和雞肉從骨頭取下，如果喜歡雞軟骨，也一併取下，撕成一口大小的條狀，將雞下水切成一口大小的塊狀，雞骨丟棄。

煮雞所得的湯汁倒入或過濾至另一個鍋子，濾出的固狀物丟棄。這道料理需要 6 杯雞湯。雞湯和雞肉一同密封冷藏可保存 5 天，冷凍可保存 3 個月。

煮湯

檸檬香茅切除底部約 1 公分和頭部約 13 公分，切掉的部分丟棄。用研杵或平底鍋輕輕拍碎，切成約 0.6 公分的碎末。

所有醬料連同檸檬香茅、南薑、紅蔥頭、蒜頭、卡非萊姆葉、6 杯預留的雞湯全部倒入中湯鍋，大火煮至大量冒泡後，火轉小，保持微滾。

煮 5 分鐘，讓香料的氣味溶入雞湯，接著加入雞肉、雞皮、雞下水，火轉大，使湯大滾一下後關火。等湯稍涼，再以鹽調味。

其餘的香料植物和青蔥放入小碗混合，預留一點點，其他全部拌入湯中，再將湯倒入大湯碗。上桌前，撒上剛剛預留的香料植物和蒜頭酥。

切記，這是一道鄉土料理，享用時請像泰國人那樣，撥開檸檬香茅、南薑、卡非萊姆葉和其他香料植物。

綠咖哩魚丸

KAENG KHIAW WAAN LUUK CHIN PLAA

特殊用具
· 泰式花崗石缽
  和杵

在本書介紹的所有泰式咖哩當中，這一道可能是美國人最熟悉的。這是綠咖哩，烹調手法多少帶有泰國中部風格，加了大量椰奶和椰漿味道略甜，不過可別以為它是亮眼的翠綠色。

事實上，綠咖哩之名係取自其中所用新鮮辣椒的顏色，我懷疑那些呈現鮮豔綠色的綠咖哩都加了食用色素，其實正確的顏色比較接近卡其色。我強烈建議使用盒裝椰漿製作這道料理，因為罐裝椰漿較難油水分離，但要正確炒出咖哩醬，勢必得讓椰漿油水分離。

風味特性 濃郁、辣、香、鹹、略甜

建議搭配 炒什錦蔬菜（98 頁），或荷包蛋沙拉（51 頁），以及茉莉香米飯（31 頁）。亦可加入泰國米線做成一客飯（231 頁），搭配切成四等分的八分鐘水煮蛋（270 頁）、燙過的豆芽菜以及數枝紅骨九層塔

6-8 人份

咖哩醬

· 芫荽籽 1½ 茶匙
· 孜然籽 ¼ 茶匙
· 黃芥末籽 ¼ 茶匙
· 現磨黑胡椒粉 ¼ 茶匙
· 芫荽根 3 克，切末
· 猶太鹽或細海鹽 1 茶匙
· 檸檬香茅薄片 14 克，用 2 大根檸檬香茅來切，取幼嫩部
· 去皮新鮮或冷凍（不解凍）南薑 14 克，橫切薄片
· 磨碎的新鮮或冷凍卡非萊姆皮 1 茶匙（若省略萊姆皮，就多加 2 片卡非萊姆葉）
· 新鮮青鳥眼辣椒或新鮮塞拉諾辣椒 35 克，切細圈
· 去皮蒜瓣 28 克，直刀剖半
· 去皮亞洲紅蔥頭 43 克，橫切薄片
· 自製蝦醬 1 湯匙（274 頁）

咖哩

· 不甜椰漿 2 杯（建議用盒裝椰漿）
· 椰糖 57 克，粗切
· 無糖椰奶 4 杯（建議用盒裝椰漿）
· 新鮮魚丸或解凍的冷凍魚丸 36 顆
· 泰國馬可圓茄 6 個（綠色，高爾夫球大小）
· 左右新鮮或冷凍卡非萊姆葉 6 片
· 紅骨九層塔 2 枝，帶葉
· 泰國魚露 1 湯匙外加 1 茶匙
· 新鮮青鳥眼辣椒 6-18 根，直刀剖半

製作醬料

芫荽籽、孜然籽、芥末籽放入小平底鍋混合，開中小火，翻炒 8 分鐘至香氣四溢，芫荽籽顏色變深一、兩個色度。待溫度稍降，連同胡椒放入花崗石缽或香料研磨器，搗磨成細緻粉末，舀出置於碗中備用。

芫荽根和鹽放入花崗石缽，搗 30 秒成纖維泥狀。加入檸檬香茅，搗 1 分鐘成纖維泥狀。接著依序放

入以下食材以相同方式搗成泥狀：南薑 1 分鐘、萊姆皮 1 分鐘、辣椒 4 分鐘、蒜頭 4 分鐘、紅蔥頭 4 分鐘、蝦醬 1 分鐘，每樣食材都充分搗勻後，再放入下一樣食材，捶搗過程偶爾用湯匙攪拌一下，再搗成勻滑、略帶纖維的醬料。最後再加入辣椒粉，與醬料捶搗 30 秒成均勻一團。

最終會得到 9 湯匙醬料，可以馬上使用。密封冷藏可保存 1 週，冷凍可保存 6 個月。6 人份咖哩湯需要 6 湯匙咖哩醬。

煮咖哩

½ 杯椰漿倒入中湯鍋或炒鍋，開大火煮至沸騰，中途不時攪拌，煮開後立即把火轉小，保持微滾。視椰漿質地再煮 3-10 分鐘，偶爾攪拌一下，煮至椰漿減少近半，而且整個「破裂」，看起來像是凝乳。煮沸的目的是為了蒸發椰漿所含水分，取得白色固狀物，其中主要是半透明的油脂，可以用來炒咖哩醬。

在此過程需要保持耐性，如果 10 分鐘後椰漿仍無裂痕出現，請加入 1 湯匙植物油，不過這樣咖哩就會變得比較油。

轉至中小火，加進 6 湯匙咖哩醬拌勻。仔細聞會有生紅蔥頭和生蒜頭的味道。不時攪拌，煮 6-8 分鐘，直至咖哩醬裡的蒜頭和紅蔥頭聞起來不再有生味，咖哩醬的顏色也變深一、兩個色度。判斷咖哩醬煮好與否需要經驗，不過只要持續以小火慢煮，咖哩都會很好吃。

加入椰糖再煮 2 分鐘，不時攪拌，只要椰糖一軟化就把它拌碎，直到椰糖幾乎完全融化。放入其餘的椰漿、椰奶、魚丸。

此時，咖哩的顏色一點也不翠綠，反而比較接近卡其色，這才是應有的樣子。嘗一口看看是否要再多加一點咖哩醬，如果要的話，請慢慢逐步加入，不要一古腦全下。

轉大火，將咖哩煮至微滾，然後轉小火慢慢燉煮。茄子去梗切四等分，加入咖哩，煮 3 分鐘至變軟但仍保有脆度。

搓揉卡非萊姆葉，稍加捏碎後，連同九層塔、魚露和大辣分量的辣椒，加入咖哩拌勻，關火。

加蓋靜置 10-60 分鐘，在 10 分鐘時得先取出九層塔。咖哩溫度稍微高於常溫時，風味最佳。表面浮油是好現象，不用擔心。

酸咖哩蝦

KAENG SOM KUNG

特殊用具

泰式花崗石缽
和杵

Kaeng Som 是酸咖哩，kung 指的是蝦子。酸咖哩是與彩虹咖哩截然不同的類型，既無甜味也不濃郁，最顯著的味道反而是酸味。

這道辣咖哩有各種不同做法，可能淋在魚形盤所盛裝的吳郭魚身上，不斷冒著滾沸的泡泡，可能飾以臭菜煎蛋，不過再怎麼樣，都不會比這裡介紹的還要精緻複雜。

風味特性　酸、辣、鹹、略甜

建議搭配　炒空心菜（97 頁），或辣拌酥魚（83 頁），以及茉莉香米飯（31 頁）

4-6 人份

咖哩醬

- 去蒂泰國乾朝天椒或乾墨西哥普亞辣椒 6 克（約 4 根）
- 乾鳥眼辣椒 1 克（約 4 根），可不用
- 猶太鹽或細海鹽 1 湯匙
- 新鮮或冷凍（不解凍）的完整泰國沙薑 14 克，帶皮，仔細洗淨，橫刀切薄片
- 去皮蒜瓣 28 克，直刀剖半
- 去皮亞洲紅蔥頭 43 克，橫切薄片
- 泰國蝦醬 2 茶匙（稱 gapi 或 kapi）

咖哩

- 中等大小的蝦子 227 克（約 16 隻），去殼，去腸泥

- 水 4½ 杯
- 羅望子汁 ½ 杯（275 頁）
- 椰糖 28 克，粗切
- 泰國魚露 2 湯匙
- 去核帶皮的佛手瓜，或去皮去籽的結實黃瓜 142 克，切成一口大小，厚約 0.6 公分的半月形（約 1 杯）
- 去皮白蘿蔔 114 克，去皮，切成一口大小的厚片（約 1 杯）
- 長豇豆或四季豆 114 克，摘絲，切成長約 5 公分的小段（約 2 杯）
- 大白菜 114 克，剝除外葉，切成約 2.5 公分的大塊（約 1 杯）

製作醬料

乾辣椒和鹽放入花崗石缽用力捶搗 3-5 分鐘，中間停下一、兩次，刮一刮研缽內壁的碎屑，拌一下，然後繼續捶搗，直到食材變成非常細緻的粉末。加入泰國沙薑捶搗，偶爾停下，刮一刮研缽內壁的碎屑，然後繼續搗 2 分鐘，直到食材變成極為勻滑、略帶纖維的泥狀。接著依序放入蒜瓣，紅蔥頭、蝦醬進行相同動作，每樣食材都充分搗勻後，再放入下一樣食材。

最後會得到 ⅓ 滿杯醬料，可以馬上使用。密封冷藏可保存 1 週，冷凍可保存 6 個月。

煮咖哩

3 隻蝦子放入盛著咖哩醬料的研缽，搗成泥狀，隱約消失在醬料裡。所有醬料連同 4½ 杯水放入中湯鍋混合拌勻。可在研缽加入 1-2 湯匙的水，盡量把附著在研缽底的醬料帶開，全部倒入鍋中。開大火煮沸。

以大火將咖哩煮至大量冒泡，然後把火轉小保持微滾。5 分鐘後，倒入羅望子汁，把火開大煮至微滾。加進椰糖、魚露、蔬菜，煮至微滾，偶爾攪拌，只要椰糖一軟化就把它弄碎，燉至蔬菜變軟但仍有些許脆度，需 10-12 分鐘。

關火，倒入其餘的蝦子攪拌。利用湯汁熱度把蝦子煨到剛好熟透，約 2 分鐘，視蝦子大小而定，再將咖哩舀入大碗公，稍待冷卻即可享用。如果羅望子肉開始沉澱碗底，只要攪拌一下即可。

泰北青波羅蜜咖哩

KAENG KHANUN

特殊用具

· 泰式花崗石缽
  和杵

對現今許多泰國人而言，吃肉仍是很奢侈的事，古早年代更是如此。養大牲畜需要耗費時間、精力和大把大把的飼料，不可能週週都有豬可殺，只有在像是喪禮和節慶等特殊日子，才會宰殺牲畜，這是整個村莊全員參與的大事。在冰箱普及之前，牲畜一宰殺，牲肉便旋即放上燒烤爐、擺入燉鍋、吊在炭火之上，或以其他方式保存。

桑尼小時候難得吃肉。他母親每天外出工作前，都會趁天未破曉，跋涉到當地市集叫賣自家種植的蔬果，偶爾會用叫賣所得買點肉回家。只有家裡有訪客時，他母親才會特地製作以肉為主、所費不貲的肉末沙拉，他們通常會把茄子烤過切碎，拌入豬肉末以增加分量。

泰北青波羅蜜咖哩是在這種時空環境下孕育而生，所以你看到的是一道簡單的泰北經典煮咖哩，卻帶有濃郁的豬骨鮮味。如果你不是生長在一個隨處可見肉鋪、二十四入裝熱狗和得來速漢堡的美國，一定會覺得吸吮那些豬骨，啃光上面的細肉和軟骨，是件多麼享受的事。

不過，浮在咖哩裡面的是一塊塊的青波羅蜜，紅色碎屑是乾辣椒，香氣則是來自蒜頭和蝦醬。尚未成熟的波羅蜜吃起來有肉的口感，很像朝鮮薊。如果你不明就裡，或即使心知肚明，都很容易誤以為那一塊塊的波羅蜜就是肉。正因如此，很多素食者喜歡用波羅蜜入菜，他們還發明出「波羅蜜燉肉」之類的仿葷素菜。如果哪天肉太貴吃不起，你可以拿根長竿子，把樹上的波羅蜜戳下來煮。樹上不會長錢，但會長肉。

這道咖哩既不甜也不酸，肯定會讓吃慣冒牌泰國料理的人困惑不已。好好享受這鹹中帶有土味，而且洋溢荖葉和臭菜葉濃烈香料植物氣息的咖哩湯汁吧！

風味特性　鹹、土味、香料植物味、肉味、略酸
建議搭配　泰北香料植物沙拉（65頁），或烤茄子沙拉（59頁）。要配糯米飯（33頁）

咖哩醬

· 乾鳥眼辣椒 2 克（約 6 根）

· 猶太鹽或細海鹽 1 茶匙

· 去皮蒜瓣 21 克，直刀剖半

· 去皮亞洲紅蔥頭 28 克，橫切薄片

· 自製蝦醬 2 湯匙（274 頁）

咖哩

· 豬肋排 450 克，請肉販將每條肋骨切成約 5 公分寬的肋排肉（大部分亞洲肉販都售有已切好的肋排肉），再把一根根肋骨切開，洗淨

· 猶太鹽或細海鹽 1 茶匙

· 水 8 杯

· 泡過鹽水瀝乾水分的青波羅蜜 450 克（取自 2 個重約 570 克的罐頭），洗淨，切成長寬厚約 2.5、1、0.6 公分不規則塊狀（約 4 杯）

· 去皮的小顆亞洲紅蔥頭或紅色珠蔥 71 克，體積較大者直刀剖半（約 ⅔ 杯）

· 小番茄 170 克（約 12 顆），切半

· 新鮮臭菜 71 克，取細梗和葉子（約 2 杯，壓實），見附注

· 新鮮莙葉 28 克（壓實約 1 杯）

附注　請到東南亞雜貨店（特別是泰國雜貨店）購買新鮮而非冷凍的臭菜，又稱羽葉金合歡，通常會放在冷藏櫃保鮮。臭菜味道強烈，有些人很愛，有些人卻非常討厭。如果你幸運買到，請小心粗梗上的尖刺，烹飪僅取接近整株臭菜頂端的嫩葉和細梗，請連梗帶葉摘下幾支備用。

製作醬料

乾辣椒和鹽放入花崗石缽，搗 1-2 分鐘成非常細緻的粉末，而部分辣椒籽仍清晰可見。加進蒜瓣捶搗 2 分鐘，加入紅蔥頭再搗 3 分鐘，最後放入蝦醬，搗 1 分鐘至整團均勻。每樣食材都充分搗勻後，再放入下一樣食材。

最後會得到 5 湯匙醬料，可以馬上使用。密封冷藏可保存 1 週，冷凍可保存 6 個月。

煮咖哩

豬肋、所有咖哩醬、鹽、8 杯水放入中湯鍋混合。在研缽加入 1-2 湯匙的水拌勻，盡量把附著在研缽底的醬料帶開，全部倒入鍋中。大火煮到穩定冒泡，撈除浮沫，把火轉小讓咖哩保持微滾。不加蓋熬煮 30 分鐘。

拌入波羅蜜，火轉大煮至湯汁滾沸，在將火轉小保持微滾，煮 15 分鐘至波羅蜜開始變軟。放入紅蔥頭，煮 5 分鐘以上再拌入番茄。

再煮至波羅蜜完全變軟，看起來肉、質地如燉朝鮮薊一般，豬肉柔軟但仍保有嚼勁，紅蔥頭和番茄變得極軟但形狀仍完整，需 15 分鐘以上。罐裝波羅蜜差異很大，難以預估，最久可能花到 30 分鐘也沒有關係。嘗一下味道，用鹽調味。

加入臭菜和莙葉拌勻，再嘗一下味道看看是否用鹽調味，然後關火。稍微放涼再享用。

整鍋端上桌，擺上幾個小碗和勺子，方便取用。

緬式豬五花咖哩

KAENG HUNG LEH

事前準備

· 前一週：製作
咖哩醬和羅望
子汁
· 前幾天：煮咖
哩
· 前兩天：炸油
蔥酥

特殊用具

· 泰式花崗石缽
和杵

我有一張桑尼的照片，他一手拿著一團壘球大小的糯米飯，前方桌面擺著一個小碗，裡面有幾塊豬肉泡在一碗紅通通的湯汁中。照片沒有照出來的是，桑尼不停用另一隻手，從那一大團糯米飯捏下一球接一球的小糯米飯糰，沾著那碗肉湯吃，前前後後總共吃下了一公斤左右的米飯。小小一碗緬式豬五花咖哩竟然這麼下飯。

緬式豬五花咖哩在清邁有著崇高地位，曼谷來的遊客總把這道料理擺在必吃名單的前幾位，就像紐約客去到德州奧斯汀，鐵定直奔 BBQ 烤肉餐廳一樣。如果是在清邁的外國人，當地的朋友一定會建議你去吃緬式豬五花咖哩，聽他們的準沒錯，他們清楚你的口味，知道你一定會愛上那柔軟的豬肩胛肉和豬五花肉，以及羅望子與醃蒜的酸味和椰糖的甜味激盪而出的美味湯汁。事實上，就是這種獨一無二的甜味，以及豬肉脂肪帶來的濃郁口感，使得這道咖哩在泰北料理有著無與倫比的地位，當地人稱之為緬甸咖哩，可能是從北方鄰國緬甸傳入。清邁在十八世紀末期前，都在緬甸的統治之下。

湯汁的做法就跟很多菜餚一樣，也是因廚師而異，我看過各式各樣的版本，有些是稀稀的金黃色，有些是像滷汁的深紅色，有些則是濃稠的深棕色。就我所知，碗裡有花生的，是比較現代的做法，如果你喜歡，這道料理可以省略長豇豆，以¼ 杯炒過去膜的原味花生取代。碗裡只有豬五花肉而沒有豬肩胛肉或豬肋的，是比較傳統的做法。

如你所料，一頓飯只吃緬式豬五花咖哩肯定是不可能任務，必須多人分食一碗，並且搭配其他食物才行，或許是一碟辣椒醬、一把香料植物和蔬菜以及一大堆糯米飯。

這道料理如果一次只煮一點非常奇怪，所以往往得要分好幾頓才能全部吃完。現代社會大家都過著朝九晚五的忙碌生活，緬式豬五花咖哩煮起來很花工夫，所以越來越少出現在一般家庭的餐桌上，反而比較常見於外賣餐廳和市場，用塑膠袋分裝，方便顧客提回家享用。

也許是因為味道太過濃郁，一般家裡會在吃剩的緬式豬五花咖哩加入冬粉和香料植物，一起烹調成隔日餐食，稱作 kaeng hok，這是泰國料理版的即食調理包，不過味道好吃太多了。

風味特性　濃郁、味道豐富、甜、辛烈香、略鹹

建議搭配　泰北青波羅蜜咖哩（166 頁），或泰北香料植物沙拉（65 頁）。要配糯米飯（33 頁）

咖哩醬

- 檸檬香茅薄片 28 克（取幼嫩部），用約 4 大根檸檬香茅切
- 猶太鹽或細海鹽 1 茶匙
- 去皮新鮮或冷凍（不解凍）南薑 14 克，橫切薄片
- 去蒂泰國乾朝天椒或乾墨西哥普亞辣椒 7 克（約 4 根），熱水泡約 15 分鐘至完全軟化
- 去皮亞洲紅蔥頭 43 克，橫切薄片
- 自製蝦醬 1½ 茶匙（274 頁）

咖哩

- 植物油 2 湯匙
- 去皮亞洲紅蔥頭 28 克，縱切成薄片（約 ¼ 杯）
- 淡味印度咖哩粉 1½ 茶匙
- 薑黃粉 ½ 茶匙
- 去皮豬五花肉 450 克，切成約 4 公分的塊狀
- 無骨豬肩胛肉 450 克，切成約 4 公分的塊狀
- 泰國魚露 3 湯匙
- 泰國老抽 2 湯匙
- 泰國醃蒜水 1½ 湯匙（直接取自醃蒜罐）
- 椰糖 43 克，粗切
- 羅望子汁 6 湯匙（274 頁）
- 水 2 杯
- 去皮生薑 28 克，切成細長條狀（約 0.3、3.8 公分，約 ¼ 杯）
- 撥開並去皮的醃蒜瓣 43 克（約 30 個小蒜瓣）
- 長豇豆 114 克，去絲，並切成長約 4 公分的小段（約 2 杯）
- 油蔥酥 6 湯匙（273 頁）

製作醬料

檸檬香茅和鹽放入花崗石缽，用力捶搗 2 分鐘，直到成極為勻滑、略帶纖維的泥狀。加進南薑，再搗 2 分鐘成勻滑、略帶纖維的泥狀。辣椒瀝乾，用紙巾包著輕輕壓乾，再放入研缽捶搗，接著放入紅蔥頭，最後放入蝦醬，每樣食材都充分搗勻之後，再繼續處理下一樣食材。

最後會得到 ½ 杯醬料，可以馬上使用。密封冷藏可保存 1 週，冷凍可保存 6 個月。

煮咖哩

中型湯鍋倒入植物油，開中小火熱油至微微發亮。所有醬料全部下鍋，略為炒開，偶爾翻炒一下，直到香味溢出，而且醬料顏色轉為深紅色，需 2-3 分鐘。

拌入紅蔥頭，再炒 3 分鐘至紅蔥頭稍微變軟，加入咖哩粉和薑黃粉，頻繁翻炒 1 分鐘，使香味溢出。豬五花肉和豬肩胛肉下鍋拌炒，使豬肉表面裹上醬料，這樣豬肉才會入味。由於不是要讓豬肉上色，所以塞滿整個鍋子無妨。

拌入魚醬、老抽、醃蒜水，再加進椰糖。火稍微轉大煮至微滾，再煮至椰糖幾乎完全融化，接著將羅望子汁連同 2 杯水拌入。轉至大火，煮至大量冒泡後立刻關成小火降溫，蓋上蓋子，如果鍋蓋沒有透氣孔，就不要完全蓋死，保持微滾狀態。燉煮 45 分鐘，拌入生薑，再開蓋繼續以小火慢煮 45 分鐘，直到豬肩胛肉變得非常柔軟，但還沒到軟爛程度，湯汁稍微收乾。

此時，咖哩應該還很稀，不像滷汁，水分很多。湯面會浮著一層紅色液體，這是油脂，是必要的，但有時可能因為豬肉太肥而變得太油。請自行斟酌，可用湯匙撈除多餘的油脂。

拌入醃蒜瓣煮 10 分鐘，再拌入長豇豆煮 5 分鐘以上至稍微變軟，但仍保有些微脆度。咖哩放涼至溫熱程度，擺上半小時，風味更佳。然後嘗嘗味道，理想狀況是甜、鹹、辣三味均衡，其中以甜味最為突出。如有需要，可用椰糖、羅望子汁、魚露調味。

至此，冷藏可保存 5 天，但煮完隔天風味最佳。享用前，咖哩須稍微加熱，然後撒上油蔥酥，即可上桌。

辣椒醬
NAAM PHRIK

我第一次去清邁已經是一九九○年代的事了，那短短一週可能是影響我烹飪生涯最重要的一段時間。那次我只是要去看老朋友克里斯和他的妻子蘭娜，但這裡畢竟是泰國，無論做什麼永遠少不了吃，於是他們帶我到城裡四處走看、去餐廳、去市場、去蘭娜親戚家裡，讓我認識泰北美食，以及後來成為我的師父、老師和朋友的人。

起先，我們有一餐是從東帕勇夜市（Talaat Ton Phayom）直接用塑膠袋提回家的，克里斯家位在清邁大學後面的山坡上，蘭娜就在大學教書，東帕勇市場離他們家只有幾步之遙，市場不大但是有屋頂可以遮風避雨，裡面許多攤商靠著祖傳祕方作了好幾十年的生意。

我們坐在家裡的草蓆上，把買來的食物全部擺上，而且按照泰北地方的飲食習慣，我第一次用手抓著吃。除了糯米飯、烤香腸、清蒸青菜和香料植物之外，我們的食物還有一種綠色軟糊狀的東西，叫作青辣椒醬。

我這個無肉不歡的西方人，原本以為香腸會是這頓飯的主角，結果不是，青辣椒醬搶盡了鋒頭。我看著克里斯和蘭娜吃，他們用手捏起一小團糯米飯，接著用飯抓取一口大小的香腸，然後沾著剛剛說的辣椒醬。有時他們會用一小段長豇豆或炸得捲脆的豬皮舀著吃。

這種辣椒醬非常厲害，吃完餘味無窮，不是只有辣而已。

泰國有各式各樣的 naam phrik，這是一系列通常翻譯為辣椒醬、蘸醬或調味醬的食物，製作原料多元，像是鮮蝦、豬肉、蝦醬、醃魚等等。追根究底，這些食物提供一扇窗，讓我們一窺古早飲食的面貌，一窺幾樣食材搗在一起配上米飯就是一餐的年代。

儘管質地、顏色、味道、複雜程度、食用習慣多元，泰式辣椒醬扮演的角色大致相同，主要是帶來濃重味道，為偏重米飯、清燙蔬菜，也許還有肉類或像酥脆炸豬皮的飲食帶來亮點，彰顯泰國美食注重平衡的特色。

本章介紹的食譜無法代表種類繁多的泰式辣椒醬，這些只是我最熟悉的四種醬料而已。

青辣椒醬

NAAM PHRIK NUM

特殊用具

· 炭火燒烤爐（強烈建議使用），網架上油

· 木籤 2-3 支（僅燒烤時需要），泡溫水 30 分鐘

· 泰式花崗石缽和杵

在波特蘭製作這道經典的泰北料理，是 Pok Pok 遇到的難題中令人氣結的典型。在泰國做這道菜是輕而易舉的小事：把幾樣食材烤過、搗在一起、調味，這樣就完成了。

為了更省事，泰北許多攤商效法曼谷市場小販將烹調冬陰湯使用的卡非萊姆葉、南薑、檸檬香茅分裝成小包販售，他們也賣青辣椒醬的主要材料，如新鮮青辣椒、紅蔥頭、蒜頭，而且是已經烤好的。

問題是，美國沒有你需要的那種辣椒。起初，我以為這沒什麼大不了，畢竟我們多的是墨西哥青辣椒和塞拉諾辣椒，但這個如意算盤打錯了，味道就是不對，就像用哈瓦那辣椒做酪梨醬一樣不對味。

不是出身嗜辣文化的人，有時可能忘記辣椒不只有辣味，不同品種各有其獨特的味道、香氣和質地。這份食譜介紹的蘸醬，主要味道來自它名字裡頭的角椒，一種辣味中等的青色長辣椒，經過多次反覆試驗，我終於發現可能可以用阿納海椒、匈牙利辣椒或羊角椒替代，如果需要更辣，再加點塞拉諾辣椒[1] 即可。

Pok Pok 總是拿青辣椒醬搭配泰北香腸（132 頁），部分原因是美國顧客很難接受一盤清蒸青菜搭配以蔬菜為主要材料的蘸醬，另外也是因為這兩道料理經常一起出現在泰國餐桌上。

風味特性　辣、蔬菜味、鹹、略臭

建議搭配　泰北香腸（132 頁），以及糯米飯（33 頁）

1 杯，4-8 人份

· 帶皮亞洲紅蔥頭 57 克

· 帶皮蒜瓣 28 克

· 新鮮青鳥眼辣椒或塞拉諾辣椒數根（以防其他辣椒不辣）

· 角椒或小根完整的青色阿納海椒、匈牙利辣椒或羊角椒 227 克

· 醃魚醬的魚柳 3 片

· 芫荽根 4 克，切成碎末

· 泰國魚露 1 茶匙

上桌搭配

· 生黃瓜、原味炸豬皮、清蒸什錦青菜（如長豇豆、甘藍、佛手瓜、冬季小南瓜），蘸醬吃

---

1. 編注：台灣取得角椒、鳥眼椒比較便利，可多洽詢泰國食材行。

炸豬皮

糯米飯
（33 頁）

泰北番茄肉醬
（179 頁）

泰北香腸
（132 頁）

青辣椒醬
（174 頁）

黃瓜和
泰國馬可圓茄

干煸南薑辣椒醬
（180 頁）

烤魚蘸醬
（177 頁）

紅骨九層塔（正中央）、清蒸什錦青菜
（日本南瓜、白球甘藍、切段長豇豆、蠔菇、
嫩亞洲茄）

準備燒烤爐，最好是炭火燒烤爐，火力分高、中溫兩區（見124頁）。你也可以在爐子上準備兩只厚重的平底鍋，分別中火、大火熱鍋。

如果選擇燒烤，用木籤分別把紅蔥頭、蒜頭、鳥眼辣椒或塞拉諾辣椒（如果有用上）串起來。大辣椒不需串籤。醃魚柳放在雙層錫箔或蕉葉上，折成一個包裹。

辣椒放在燒烤爐的高溫區，紅蔥頭、蒜頭和鋁箔包裹放在中溫區，烤好之後全部移到盤中。

烤辣椒時，頻繁翻面，偶爾壓住讓它們烤得均勻，烤到辣椒表面整個起泡，幾乎全部焦黑，裡肉軟透但未軟爛，小辣椒需 5-8 分鐘，大辣椒需 15-25 分鐘。烤鋁箔包裹時，偶爾翻面，烤 15 分鐘至絲鱸魚溢出類似花香的濃郁香味。

烤蒜頭和紅蔥頭時，偶爾翻面，烤 15-20 分鐘，直至表面出現烤焦的黑點，軟透但仍然保持原有的形狀。把烤好的辣椒、紅蔥頭、蒜頭置於一旁，冷卻至常溫。

於此同時，打開鋁箔包裹丟棄大骨和魚鰭，不必費心去魚刺，直接移入花崗石缽，用力捶搗 45 秒成均勻泥糊狀，搗至魚刺完全碎掉為止。留下 1 茶匙魚泥，其餘挖出留作他用。

芫荽根加入缽內，與 1 茶匙魚泥搗 30 秒成粗糙泥狀。剝掉紅蔥頭和蒜頭的外皮，先將蒜頭放入研缽，搗1分鐘成極細緻的濃稠泥狀，再放入紅蔥頭，一樣搗 2 分鐘成泥狀。

做好的辣椒醬應該很辣，不過每個人口味各異，所以請先試嘗烤好的角椒或阿納海椒或羊角椒。如果太辣，酌量挑掉一些辣椒籽，如果不夠辣，大辣椒可以酌量加些鳥眼辣椒或塞拉諾辣椒。

用手指或小刀將辣椒去蒂、剝皮，接著把辣椒放入研缽，搗 1-2 分鐘，直至辣椒碎成細長的纖維狀，但不要搗成細泥。加入魚露輕搗，簡單把食材混合均勻。

辣椒醬密封冷藏可以保存 3 天。食用前先退冰至常溫。

烤魚蘸醬

NAAM PHRIK PLAA THUU

相較於青辣椒醬，這道蘸醬比較不辣，重點也不在辣椒，因為主要使用的食材是烤金帶花鯖（plaa thuu），一種市場常見的鯖魚，有著引人注目、傻裡傻氣的歪下巴[1]。大西洋鯖魚甚至是沙丁魚，都很適合用來取代它那油脂略豐的魚肉。

風味特性 輕微魚腥味、略帶蔬菜味、辣

建議搭配 蕉香咖哩魚（85 頁），或泰北炒南瓜（94 頁），以及糯米飯（33 頁）

特殊用具

· 炭火燒烤爐（強烈建議使用），網架上油

· 木籤 2-3 支（僅燒烤時需要），泡溫水 30 分鐘

· 泰式花崗石缽和杵或陶缽和木杵（這道料理兩種研缽都適用）

1 杯，2-6 人份

· 帶皮亞洲紅蔥頭 28 克
· 帶皮蒜瓣 14 克
· 新鮮青鳥眼辣椒或塞拉諾辣椒數根（以防下列辣椒不辣）
· 小根完整的青色阿納海椒、匈牙利辣椒或羊角椒 114 克
· 金帶花鯖或大西洋鯖魚 1 尾（約 450 克），或新鮮的大尾沙丁魚 625 克，去鱗去內臟後洗淨
· 猶太鹽或細海鹽 ¼ 茶匙

· 醃魚醬汁 ¼ 茶匙
· 萊姆汁 1 茶匙
· 芫荽段輕壓一下約 1 湯匙（取嫩莖葉）
· 青蔥圈輕壓一下約 1 湯匙

上桌搭配

· 生黃瓜、原味炸豬皮、清蒸什錦青菜（例如長豇豆、甘藍、佛手瓜、冬季小南瓜），蘸醬吃

準備燒烤爐，最好是炭火燒烤爐，火力分高、中溫兩區（見 124 頁）。或者，你也可以在爐子上準備兩只厚重的平底鍋，分別以中火、大火熱鍋。

如果選擇燒烤，用木籤分別把紅蔥頭、蒜頭、鳥眼辣椒或塞拉諾辣椒（如果有用上）串起來。大辣椒不需串籤。辣椒放在燒烤爐的高溫區，紅蔥頭、蒜頭和魚放在中溫區，烤好之後全部移到盤中。

烤辣椒時，頻繁翻面，偶爾壓住讓它們烤得均勻，烤到辣椒表面整個起泡，幾乎全部焦黑，裡肉軟透但未軟爛，小辣椒需 5-8 分鐘，大辣椒需 15-20 分鐘。

烤蒜頭和紅蔥頭時，偶爾翻面，烤 15-20 分鐘，

直至表面出現烤焦的黑點，軟透但仍然保持原有的形狀。

烤魚時，偶爾翻面，直到雙面魚皮起泡並出現深棕色的斑點，而且魚肉完全烤熟。

如果是用平底鍋，則倒少許油至鍋中，再煎魚。鯖魚需 10 分鐘，沙丁魚需 5 分鐘。烤好後，靜置冷卻至常溫。

剝掉紅蔥頭和蒜頭的外皮，先把蒜頭連同鹽放入石缽或陶缽，搗 45 秒成極細緻的濃稠泥狀，接著放入紅蔥頭一樣搗碎，搗 90 秒成泥狀。

做好的辣椒醬應該很辣，不過每個人口味各異，所以請先試嘗烤好的角椒或阿納海椒或羊角椒，如

---

1. 編注：俗稱歪頭魚，彎折的頭部並非天生，而是泰國魚販將這種鯖魚的頭頸往下巴彎折，使其方便塞入裝盛的竹編容器中展售所致。

果太辣，酌量挑掉一些辣椒籽，如果不夠辣，大辣椒可以酌量加些鳥眼辣椒或塞拉諾辣椒。

用手指或小刀將辣椒去蒂、剝皮，接著把辣椒放入研缽，搗 45 秒成粗糙泥狀。

把烤魚的皮盡量剝掉，然後用叉子將魚肉整片取下，清掉血線，再將整片魚肉分成數片，小心挑掉魚刺。取 1 杯魚肉，略壓一下，其餘留作他用。

將魚肉放入研缽輕搗，需要時用湯匙將整團醬料拌勻，搗 30 秒成粗糙泥狀。此階段的辣椒醬密封冷藏可保存 3 天，使用前，再把醬料拿出冰箱退冰至常溫。

加入醃魚醬汁和適量萊姆汁，可讓辣椒醬爽口卻不酸，然後簡單捶搗，把所有食材充分混合。輕輕拌入芫荽和青蔥。

泰北番茄肉醬

NAAM PHRIK ONG

特殊用具

· 泰式花崗石缽
  和杵

我為這道泰北醬料取了一個綽號：辣椒醬版波隆那肉醬，它主要是以豬絞肉和番茄烹調而成，濕潤多汁，實在像極了義大利肉醬，尤其是淋在看起來也很像義大利麵的泰國米線上時，不過蝦醬和醬油特有的發酵臭味，絕對把你從義大利馬上拉到泰國。

風味特性 富含鮮味、略酸、臭、略鹹、辣

建議搭配 青辣椒醬（174頁），泰北香腸（132頁），以及糯米飯（33頁），或淋在泰國米線（231頁）上

醬料

· 乾鳥眼辣椒 2 克（約 6 根）
· 猶太鹽或細海鹽 1½ 茶匙
· 芫荽根 5 克，切末
· 去皮蒜瓣 28 克，直刀切半
· 去皮亞洲紅蔥頭 21 克，橫切薄片
· 自製蝦醬 2 湯匙（274頁），如有需要可再多一點

辣椒醬

· 蒜油（272頁）或紅蔥油 2 湯匙（273頁）
· 豬絞肉 450 克（不要太瘦）
· 小番茄 450 克（約 24 粒），剖半
· 泰國豆瓣醬 1 茶匙
· 油蔥酥 1 湯匙（273頁）

上桌搭配

· 生黃瓜、原味炸豬皮、清蒸什錦青菜（如長豇豆、甘藍、佛手瓜、冬季小南瓜），蘸醬吃

3 杯，4-6 人份

製作醬料

乾辣椒和鹽放進研缽混合，用力捶搗 3 分鐘，中間停下一、兩次，刮一刮研缽內壁的碎屑攪拌一下，然後繼續捶搗，直到食材變成非常細緻的粉末。放入芫荽根再搗 1 分鐘，中間停下一、兩次，刮一刮研缽內壁的碎屑，攪拌一下，然後繼續搗至食材變成相當勻滑的泥狀。依序放入蒜頭和紅蔥頭，一樣搗成泥。加入蝦醬再搗 30 秒至食材充分混合，最後得到 ¼ 杯醬料。

製作辣椒醬

中平底鍋倒油，開中小火熱油至微微發亮，倒入所有醬料不斷翻炒 5 分鐘，直到香味飄出，蒜頭和紅蔥頭聞起來不再有生味。

放入豬肉，轉大火持續翻炒 1 分鐘，直到半數豬肉炒熟，但不要炒到焦黃。倒入番茄再炒 1 分鐘，邊炒邊把肉打散。蓋上鍋蓋，把火轉小再煮，偶爾翻炒，看到肉結塊就打散，煮 30 分鐘至各種香味開始溢出並融合。烹調過程，番茄和豬肉都會釋出水分，如有需要，可調整火力以保持微滾狀態。鍋內的醬料看起來應該像波隆那肉醬，非常濕潤但沒有過多水分。如果水水的，請打開蓋子，讓水分蒸發一些。

待辣椒醬冷卻至常溫後，以蝦醬調味。記住，辣椒醬是味道很重的醬料，小心添加。最後，撒上油蔥酥，即可上桌。

干煸南薑辣椒醬
NAAM PHRIK KHA

特殊用具

- 泰式花崗石缽和杵
- 炒鍋（強烈建議使用不沾鍋）
- 木鏟（如用不沾鍋）或鐵鏟

泰國很多餐廳一點也不像餐廳，即使在這樣的國家，Pa Daeng Jin Tup 乍看之下仍舊不像是個吃飯的地方。

這家小店在清邁東北方 15 分鐘車程處，店面是一片塵土飛揚的路邊泥地，地上散亂地擺著鋪著油布的桌子、折椅和幾張胡亂釘起來的長凳，防水布、毯子和茂密的樹枝勉強拼湊出一片屋頂，不下五隻流浪貓在桌底鑽來鑽去，忙著尋覓食物碎屑。

店裡的客人穿著 T 恤坐在桌前開聊，桌上擺著啤酒罐和盛滿冰塊的玻璃杯，他們悠閒地清空裝著各色菜餚的塑膠盤子，裡面有肥美的烤豬乳頭、配上幾瓣蒜頭的發酵酸香腸、小得出奇的新鮮青辣椒，還有蕉葉包裹的咖哩豬腦，看起來很像餡餅夾心。當然，也少不了幾籃糯米飯和土產香料植物。

這些是泰國的下酒菜，通常是燒烤食物、嚼勁十足、帶點臭味，非常好吃。我在波特蘭開的酒吧 Whiskey Soda Lounge，菜單便擷取了泰國下酒菜的精髓。說明白點，那家小店擅長的就是泰北的下酒菜。

那家店是我和桑尼開車前往清邁途中意外發現的。我喜歡看老闆在戶外廚房工作的情景，如果那也算廚房，那裡只有幾個湯鍋和一組從油桶改裝而成的爐子，凳子上另有一臺用來燒旺爐火的舊電扇。老闆用簡陋的滑輪組控制炭火上面的網架升降。

第一次來時，我一直聽到砰砰砰的敲打聲，原來有個女人正拿著木棒奮力敲著厚木砧板上的一塊牛肉，女服務生和桑尼都被我一臉迷惑的模樣給逗樂了。桑尼擤出一連串落落長好像永遠沒完沒了的泰北話，這種方言在北部仍然普遍，但我幾乎聽不懂。他在點菜。沒一會兒，我們的桌上就擺滿粉紅色、藍色、黃色和綠色的塑膠盤。

食物非常美味，我很愛其中最不顯眼的一道：幾湯匙散發辣椒和南薑香氣的粗糙粉末，南薑香氣類似檸檬，幾近肥皂味。我看著桑尼抓起一小塊肉，沾了一下粉末後放進嘴裡吃，我跟著照做，好吃到不行。

兩小時後，我忙著做兩件事，一是掃光第二盤發酵香腸，二是研究這種神奇粉末的成分。桑尼一說粉末名叫 naam phrik kha，我馬上知道這是辣椒蘸醬的一種，這種蘸醬通常是搭配蔬菜和肉類食用。不過，這跟我以前看過的辣椒醬都不一樣，完全是乾的，不是濕濕的泥狀醬料。

桑尼和老闆娘本人一陣熱烈交談後，向我解釋道：他們是將大量辣椒醬放進大研缽捶搗，再把帶有纖維的醬料分批放到乾燥的厚重炒鍋裡，用炭火炒到全乾。我猜是為了保存而這麼做，但我懷疑這炒到所剩無幾的美味醬料粉老早就會吃光，根本放不了那麼久。

這東西很鹹、味道很重，按照食譜做出 ½ 杯就能吃上很久。在泰國經常可以看到有人用來搭配清蒸牛肉或清蒸菇蕈。我通常會感嘆美國很難找到泰國那種質地較嫩、味道較淡的南薑，不過就這份食譜而言，這可是個好消息，因為就是要用質地較老、味道較重的南薑來做，才對味。

風味特性　鹹、極香、辣
建議搭配　泰式豬肋排（128 頁）或其他燒烤肉類，以及糯米飯（33 頁）

½ 杯，4-6 人份

- 去蒂泰國乾朝天椒或乾墨西哥普亞辣椒 14 克（約 8 根）
- 猶太鹽或細海鹽 1 茶匙
- 檸檬香茅薄片 14 克，用 2 大根檸檬香茅來切，取幼嫩部
- 去皮新鮮或冷凍（不解凍）南薑 64 克，橫切薄片
- 去皮蒜瓣 35 克，直刀切半

上桌搭配
- 生黃瓜、原味炸豬皮、清蒸什錦青菜（如長豇豆、甘藍、佛手瓜、冬季小南瓜），沾著吃

將乾辣椒和鹽放進研缽混合，用力捶搗 5 分鐘，中間停下一、兩次，刮一刮附著在研缽內壁的碎屑，攪拌一下，然後繼續捶搗，直到食材變成非常細緻的粉末。

放入檸檬香茅再搗 2 分鐘，偶爾停下刮一刮研缽內壁的碎屑，然後繼續搗至食材變成相當勻滑，帶有纖維的泥狀。接著依序放入南薑和蒜頭一樣搗碎，南薑 4 分鐘，蒜頭 3 分鐘，每樣食材都充分搗勻後，再放入下一樣食材，最後得到 ⅓ 杯醬料。

接下來用乾燥的炒鍋，慢慢把搗好的醬料炒乾，直到剩下完全乾燥的粗糙粉末。

炒醬的祕訣在於使用極小的火力，如果火不夠小，可以偶爾把炒鍋抬離火爐。還有不沾鍋，因為需要刮鍋，所以建議使用木鏟，才不會刮傷鍋面。

以極小的火力熱鍋，然後將所有醬料放入，不斷翻炒，任何結塊都會殘留水分，所以即使是小結塊也得炒散，此外還要頻繁刮鍋，確保醬料沒有結塊或燒焦，炒 30-50 分鐘，直至醬料變成極為粗糙、完全乾燥的粉末。

以淺碗或淺盤裝盛炒好的粉末，等完全冷卻後就可立刻使用，也可加蓋保存，置於常溫下可保存 1 個月。

客飯
AAHAAN JAAN DIAW

客飯在泰國是指快餐，適合只能匆匆完成吃飯這件例行公事的時候點用，這是泰國料理版的披薩和火雞三明治，而且一樣好吃得不得了。客飯一上桌，你就能迅速解決，然後趕快回去工作或火速奔往酒吧跟朋友續攤。客飯種類包羅萬象，從湯麵、熱炒，到任何要配飯吃的菜餚，都可以包涵在內。

我介紹的客飯有些只有一種菜色，不像一般食譜書都會有四到六樣菜，這是因為一個鍋子一次通常只炒一道菜，不可能一起解決四道菜。如果你想多弄幾樣菜，只要多加點食材，然後一道一道地完成即可。

米飯（KHAO）

接下來介紹的客飯都會出現泰國這項主食，有時是陪襯重口味菜色，像是青木瓜沙拉或是炒肉，有時則自成主角，可能泡在豬高湯裡或做成炒飯。

五香滷豬腳飯
KHAO KHA MUU

特殊用具

· 泰式花崗石缽和杵

· 特大口湯鍋

一個女人頭戴牛仔帽，站在一堆豬腳旁。

我人在清邁一個路邊小小的昌卜克夜市（Talaat Chang Pheuak）。

我是為了那堆豬腳而來，用醬油和辛香料滷得入口即化，剁開之後鋪在米飯上，就是五香滷豬腳飯，而那女人賣的豬腳飯，是我吃過最棒的。

兩個穿著圍裙的年輕女孩幫忙點餐、送餐，我猜可能是她女兒，而她自己則是不斷揮舞著沉重的剁刀。她的粉絲每晚雲集在攤前排起長長的人龍，有人站著，有人幸運搶到藍色洋傘下的橘色塑膠凳，有人則展現典型泰式風格，連機車都懶得下。搖搖晃晃的金屬桌上滿是盤子，大家都點一樣的東西，水泥空地上明明還有其他攤販，卻鮮少有人放在眼裡。

不像絕大部分的五香滷豬腳飯店家，她的蛋沒跟豬腳一塊兒滷，而是單純的原味水煮蛋，切成兩半擺在盤子上，展現完美的溏心蛋黃。我總愛加幾匙桌上免費供應的辣椒醋，味道不怎麼辣，可是就跟溏心蛋黃一樣，漂亮的橘黃色令人食指大動。

雖然我最喜愛的小販是在泰北首善之都清邁，但五香滷豬腳並非泰北料理，泰國各地都可見蹤跡，真正發源地更是遠在中國，只不過現在已經徹底泰國化。在曼谷，這道料理就跟車子一樣無所不在，無論在市集或是街頭小攤，你都可以瞥見一鍋一鍋幾乎淹沒在滷汁裡面的燉豬腳，烏漆嘛黑的滷湯上還時常浮著滷蛋。大概 30 泰銖（約新臺幣 27 元）就可以吃到一盤，米飯上面鋪著外皮滷得油亮彈嫩的豬腳，外加一些滷酸菜和一顆滷蛋，豐盛極了。

用五香粉和斑蘭葉滷到入味的豬腳，就可以是美味的一餐，然而頂尖的小販讓這道料理不只是好吃而已，許多人會用濃郁、略帶甜味的滷汁來滷隔日要賣的豬腳，日復一日，年復一年，最後養出一鍋號稱傳承數代的老滷，就跟酵母麵包的老麵一樣。

不過，這個帶著牛仔帽的老闆娘還有另一個祕方，她的滷汁偷偷加了美祿，就是類似阿華田的巧克力麥芽飲品粉末。為了向她致敬，我也加了。

風味特性　富含肉味和鮮味、略鹹、略甜

醬料

- 芫荽根約 28 克，切末
- 去皮新鮮或冷凍（不解凍）南薑 28 克，橫切薄片
- 白胡椒粒 1 湯匙
- 去皮蒜瓣 35 克，直刀剖半
- 泰國五香粉 ¼ 杯（找有泰文或有 pha lo 或 pae lo 字樣的品牌）

6 客

豬腳

- 植物油 ¼ 杯
- 帶皮帶骨豬腳 2 隻（約 1.8-2.2 公斤）
- 泰國生抽 1¼ 杯
- 泰國老抽 ½ 杯
- 泰國蠔油 ¾ 杯
- 紹興酒 ⅓ 杯
- 椰糖 128 克
- 美祿粉 2 湯匙
- 去皮新鮮或冷凍（不解凍）南薑 43 克，橫切薄片
- 芫荽根 5-6 根，長約 8 公分，帶梗
- 斑蘭葉 6 片，打結
- 中等大小的黃洋蔥 1 顆，切成四等分
- 帶皮蒜頭 1 整顆
- 水 5 公升
- 八分鐘水煮蛋 6 顆（270 頁）
- 瀝乾粗切的酸菜 3 杯（菜葉和切薄片的菜梗），泡水 10 分鐘後瀝乾
- 芫荽段輕壓一下約 ½ 杯（取嫩莖葉）

上桌搭配

- 茉莉香米飯（31 頁）
- 酸辣蘸醬（279 頁）

製作醬料

芫荽根放入花崗石缽，搗約 1 分鐘成粗糙、略帶纖維的泥狀。加進南薑再搗，搗 1 分鐘成相當勻滑、略帶纖維的泥狀。接著依序放入胡椒粒、蒜頭、五香粉，每樣食材都充分搗碎後，再繼續處理下一樣食材。

最後會得到壓緊後有 ½ 杯的醬料，可以馬上使用。密封冷藏可保存 1 週，冷凍可保存 6 個月。

滷豬腳

大型平底鍋倒入油，開中大火熱油至微微發亮。先放一隻豬腳到油鍋裡煎，偶爾小心翻個面，煎到外皮都呈現十分輕薄的金黃色，但不是西方料理習慣的深棕色，煎好一隻後，再煎另外一隻，每隻豬腳需時 5 分鐘。將豬腳移至盤中，煎出的油留下 2 湯匙。

剛剛留下的 2 湯匙油加進大湯鍋，再以中小火熱鍋。等鍋子熱了之後，將所有醬料倒入炒散，同時頻繁翻炒 10 分鐘，直到醬料顏色變深，並且散發濃郁香氣為止。

放入豬腳、醬油、蠔油、紹興酒、椰糖、美祿粉、南薑、香料植物根、斑蘭葉、洋蔥、蒜頭和所有的水，以大火煮至微滾，加蓋後把火轉小保持微滾，燉煮 4 小時至豬腳極軟開始轉爛。

撈除表面浮油，等豬肉和滷汁冷卻至溫熱程度，放入水煮蛋，浸泡至少 30 分鐘，整夜更好。你可以在這個階段把豬肉連同滷汁放在冰箱 1-2 天，記得要先等滷汁完全冷卻，並把凝結的油脂撈除。將豬肉連同滷汁慢慢重新加熱，等滷汁一滾，馬上把蛋撈出。

合體

酸菜放入中湯鍋，舀入適量滷汁淹沒酸菜，然後煮至滾沸，持續滾 30 分鐘至酸菜變軟入味。

直刀剖開滷蛋。把米飯、蛋、酸菜一一擺進盤裡。豬肉去骨，帶皮切成厚 1 公分的長片狀。將切好的豬肉鋪在米飯上面，舀 ¼ 杯左右的滷汁淋上，再撒上芫荽。上桌時旁邊放上蘸醬。

建議　這不是西方的燉肉或爛肉。在泰國，豬腳是淹沒在深褐色的滷汁裡，連同蛋在大盆子滷出來的。在家自己做的時候，一定會剩下很多滷汁。我建議把滷汁過濾之後，留下來做燉肉或煮湯麵。滷汁可以冷凍保存很久。

香滷炸豬腳 KHA MUU THAWT

　　Pok Pok 沒有供應五香滷豬腳，但有一道類似的料理。每當我把這一大塊炸豬肉放到桌上，就像懷舊卡通「摩登原始人」裡出現的東西那樣，總會令顧客面面相覷，我愛死這種場景了。我老愛想如果一併端上泰國人習慣搭配食用的馬鈴薯泥，不知道他們臉上會出現多少問號。

　　這道看似不東不西的泰國菜，其實是廣受歡迎的無國界料理代表。德國人很久以前就來到泰國，而泰國人露天用餐、喝啤酒，泰國許多啤酒也都是德國釀造，所以德國露天啤酒屋的概念早已在泰國根深蒂固。

　　德國美食也是如此，清邁附近有人賣德式香腸，他的店門口永遠擠滿車子，大多都是從曼谷等遙遠外地慕名前來的客人。在擁有多家分店的達灣頂啤酒屋（Tawandang，曼谷店可容納兩千名來客），你可以點冬陰湯、沙拉花枝，或者來上一盤德國烤香腸加酸菜，搭配一杯黑啤酒，暢快下肚。

　　這些啤酒屋都已經徹底泰國化，舞臺喇叭強力播送泰國樂曲，而且少不了滿場穿梭的酒促小姐，她們是泰象（Chang）或勝獅（Singha）等啤酒大廠派來的，個個穿著清涼。由此看來，食物跟著泰國化，一點也不令人驚訝。炸豬腳對泰國料理而言，不算太難想像，因為他們自己也滷豬腳，而且烤豬基本上是全民娛樂，沒有理由不把柔嫩美味的豬肉、黏答答的軟骨和其他骨頭，丟進滾沸的油鍋裡炸一下。

　　先滷後炸的豬腳外脆內軟，配菜則隨餐廳和目標客群而有各種變化，可能是馬鈴薯和甘藍，也可能跟五香滷豬腳一樣搭配酸菜，再加上青辣椒、萊姆汁和魚露調製而成的蘸醬。

　　我不建議在家自己做這道料理，或者至少我有義務提醒，要把豬腳丟進熱滾滾的油鍋裡，需要很大的勇氣，不過愛吃油炸火雞的人鐵定會想試試。如果你想自己動手的話，務必小心。

・請使用深鍋和防油濺網，或是火雞油炸鍋。

・依照食譜指示滷豬腳，但別放老抽，因為放進熱油會燒焦。滷 3-3.5 小時至豬肉變軟但仍保持完整，不要滷到 4 小時。

・把豬腳拍乾，不加覆蓋靜置到豬皮乾透，最好放在電扇前面吹到乾。如果你事先已把豬腳滷好，請以小火加熱至豬腳中心都熱了，接著準備放進油鍋炸幾分鐘。

・倒入足以淹沒豬腳的油量，加熱到 205℃ 左右。祈禱一下，放入豬腳，然後趕快閃到後面去。炸 5 分鐘至豬皮微焦酥脆，最好稍微膨脹，最後移至紙巾吸油。

打拋葉炒雞飯
KAI KAPHRAO KHAI DAO

特殊用具

· 泰式花崗石缽
  和杵
· 炒鍋和鍋鏟

曼谷的早晨，馬路塞著車陣，機車忽左忽右穿梭其間，你步行在大街小巷之中，頭頂是密密麻麻布滿整個城市天空的電線，高樓大廈映著晨曦在天際線閃耀光芒。你飢腸轆轆，想找點東西吃，但不必大費周章就能飽餐一頓，因為在曼谷，食物會自己送到你面前。

每走幾步路，就看到一群擺攤洋傘底下的小販，賣著果肉粉紅的碩大柚子、串燒或是湯麵，最後終於在某個巷口旁的攤子前停下腳步，老闆娘擺出十幾個鋁盤，每盤都裝著你一輩子也叫不出名字的菜餚，儘管如此，你還是想全部吃上一輪。

許多來到泰國的觀光客，就是在這樣的店家（raan khao kaeng，咖哩飯攤）吃到打拋炒肉的，這是一道炒豬肉或雞肉料理，特色是以蒜頭、辣椒、魚露、醬油和少許糖調出的濃厚滋味，是泰國常見的早餐食物，但也可以當作午餐或下午點心，只要你喜歡，隨時都可以來上一盤，通常搭配茉莉香米飯食用，或許再加上一顆邊緣煎得焦脆的荷包蛋，這樣就是一道典型的客飯。

這道菜的特色是起鍋前下的那把打拋葉，這項食材實在太重要了，因而以此為名，點菜時，大家經常把菜名簡稱為炒打拋葉（phat kaphrao）。在美國，我們從來不讓香料植物當主角。蒔蘿沙拉？不，我們叫蛋沙拉。烤迷迭香？沒，我們叫烤牛排。只是用幾支香料植物增添香氣，那又怎樣？

打拋葉的味道確實非常特別，嘗起來有一股獨特的辣味，不過打拋葉深受泰國人推崇的是那股濃烈的香氣。香氣勝於味道的概念可能令我們西方人疑惑，不過叫泰國人形容打拋葉，他們第一個想到的肯定是「聞起來很香」（hom）。

相較於街上攤販賣的，一般人在家自己做這道菜的時候，打拋葉會放得比較多，因為在泰國打拋葉價格比較昂貴。這是在家自己做的好處，你可以自己決定要放多少，而且可以享受那一下熱鍋，香味立刻散逸滿室的樂趣。

<u>風味特性</u>　香、鹹、辣、甜

1 客。如果要做多一點，
食材分量可加 2 倍或 4
倍，但是煮的時候，仍
要逐份完成

- 植物油 2 湯匙
- 大顆雞蛋 1 顆，常溫
- 泰國魚露 2 湯匙
- 泰國老抽 2 茶匙
- 砂糖 1 茶匙
- 去皮蒜瓣 11 克，直刀剖半，用研缽輕搗成小塊（約 1 湯匙）
- 土雞（建議用雞腿肉）或豬肉 142 克
- 長豇豆 28 克，橫刀切成長約 0.3 公分的小段（約 ¼ 杯）

- 去皮黃洋蔥 43 克，縱切成條狀（約 ¼ 杯）
- 生鳥眼辣椒 6 克（約 4 根），建議用紅辣椒，切細圈
- 乾鳥眼辣椒 3-4 根，炒過（見 12 頁），簡單壓碎一下
- 打拋葉 6 克（約 1 杯），見附注

上桌搭配
- 茉莉香米飯 1-1½ 杯（31 頁）
- 魚露漬辣椒（286 頁），可不用

附注　打拋葉（泰文稱 bai kaphrao）屬於羅勒的一種，具有辣味和獨特香氣，建議最好到泰國食品專賣超市選購，幸運的話，也可以在印度雜貨店（香料植物在此可能稱 tulsi）或農夫市集買到。注意標籤不一定正確：我就看過紫梗的紅骨九層塔或甜羅勒被標成打拋葉。

煎蛋

大火熱鍋後，倒入油，慢慢旋轉鍋子使油均勻沾滿鍋面。待油開始冒煙，打入蛋，煎 5 秒。此時，蛋會開始冒泡並劈里啪啦作響，蛋白部分膨脹，冒出透明的大泡泡。轉中火再煎 1 分鐘，頻繁地把鍋稍微傾斜，讓蛋浸在油中，煎至蛋白凝固，外緣呈金黃色，蛋黃熟到你滿意的程度，像我就偏好還會稍微流動的蛋黃。

關火，將煎蛋移至紙巾吸乾油分，鍋內剩餘的油留著。

快炒上桌

魚露、醬油、砂糖倒入小碗拌勻。

以大火重新熱鍋，待油微微起煙，放入蒜頭，並將鍋子抬高離火，讓蒜頭在鍋裡滋滋作響 30 秒，不時翻炒，直到蒜頭呈金黃色。

鍋子放回爐上，接著加入雞肉、長豇豆、洋蔥、生辣椒，大火快炒，持續翻、拋、鏟，邊炒邊打散雞肉，炒 1 分鐘至雞肉剛好熟透。

放入乾辣椒和混合好的魚露調味料，如有需要，可以加點水帶出碗底的調味料。大火快炒至湯汁被肉充分吸收，需要 30-60 秒以上。關火。

等到要上桌的前一刻，再轉開大火，等鍋內的雞肉熱透之後，放進打拋葉，大火快炒 15 秒至打拋葉開始縮水，並釋出極為濃郁的香氣。

搭配茉莉香米飯、荷包蛋和魚露漬辣椒食用。

泰式肉絲炒飯

KHAO PHAT MUU

特殊用具

· 泰式花崗石缽
　和杵
· 炒鍋和鍋鏟

在開 Pok Pok 以前，每當幹完一天的活，像是幫別人拆掉公寓牆壁或者油漆刷完一千坪，一回到家，我總是餓得不得了，這時只會想吃一樣東西：炒飯，有很長一段時間都是這樣，即便現在，炒飯還是我最喜歡外帶的餐點之一，因為很快就能解決一頓，精神抖擻地回到工作崗位。

吃過了各種美味但轉瞬即忘的外帶炒飯，我以為自己不可能迷上這麼普通的料理。然而，多年前我騎著摩托車奔馳在泰國某處高速公路上，突然覺得肚子好餓，迫不得已只好下高速公路，在稻田角落的一處路邊攤前停了下來。

我問小販有賣什麼，聽到他回答「炒飯」時，我好生失望。「還有別的嗎？」我問。沒有。沒辦法，我只好試試看。他的炒飯沒有雜七雜八的花樣，更沒有羅勒、甜椒或玉米筍，完全展現出最純粹的泰國料理面貌，只用魚露和萊姆帶出不同於中式炒飯的風味。用隔夜飯來炒實為神來之筆，讓料理的整體滋味勝過各樣食材的總和。

幾乎任何蛋白質都可以取代豬肉絲：絞肉、雞肉絲、花枝、蝦子或牛肉皆可。有時我不用食譜建議的豬肉，而是用約 57 克的蟹肉來炒飯，這時蟹肉要在魚露、砂糖等調味料之後加入，再大火快炒至蟹肉溫熱即可。

風味特性　鹹、富含鮮味

1 客。如果要做多一點，食材分量 2 倍或 4 倍，但是煮的時候，仍要逐份完成

· 泰國魚露 1 湯匙
· 泰國生抽 1 茶匙
· 砂糖 1 茶匙
· 白胡椒粉少許
· 植物油 2 湯匙
· 大顆雞蛋 1 顆，常溫
· 去皮小紅蔥頭 28 克（建議用亞洲品種或極小的紅洋蔥），直刀剖半，縱切成薄片（約 ¼ 杯）
· 去皮蒜瓣 11 克，直刀剖半，用研缽輕搗成小塊（約 1 湯匙）

· 無骨豬肩胛肉 114 克，逆紋切成一口大小厚約 0.3 公分的長條
· 茉莉香米飯 2 杯（31 頁），建議用隔夜飯
· 青蔥圈輕壓一下約 2 湯匙，外加一小撮作裝飾用
· 芫荽段輕壓一下約 1 湯匙（取嫩莖葉）

上桌搭配
· 黃瓜片 8 片左右（厚 0.6 公分），若皮太厚，須削皮
· 萊姆 1 瓣
· 魚露漬辣椒（286 頁），可不用

魚露、醬油、砂糖、胡椒粉倒入小碗拌勻。

大火熱鍋後倒油，慢慢旋轉鍋子使油均勻沾滿鍋面。待油開始冒煙，打入蛋。此時，蛋會開始冒泡並且劈里啪啦作響，蛋白部分膨脹，冒出透明大泡泡。小心不要把蛋黃弄破，煎 15 秒至中央蛋白以外部分都已凝固。把蛋翻面，若蛋黃破掉也無妨，

然後推到鍋子一邊，若推到鍋壁上也沒關係。紅蔥頭和蒜頭一起下鍋翻炒 1 分鐘，炒到表面呈金黃色，但小心不要動到蛋。

放入豬肉，把所有食材拌勻，大火快炒 30 秒，持續翻、拋、鏟，直到豬肉表面的粉紅色消失為止。

放入米飯大火翻炒 30 秒，把蛋稍微炒散。倒入剛剛調好的魚露調味料，如有需要，可以加點水帶出碗底的調味料。

繼續翻炒至少 1 分鐘，直到肉被煮熟而且香氣滲入米飯。

關火，拌入 2 湯匙的青蔥後，把飯盛到盤內。撒上芫荽和其餘的青蔥，上桌時，盤邊擺上黃瓜片，並搭配萊姆瓣，魚露漬辣椒用小碗裝著，以便用湯匙淋在飯上。

豬肉椰漿飯佐青木瓜沙拉

KHAO MAN SOM TAM

特殊用具
· 細網篩
· 煮飯電鍋
· 青木瓜刨絲器
  （或食物刨削器
  或菜刀）
· 泰式陶缽
· 木杵

就我所知，在青木瓜沙拉還沒從寮國和依善地區傳播到泰國各地甚至更遠地方之前，這道料理曾是上流社會才能享受的奢侈食物。長期旅外的資深泰國料理專家鮑伯·哈樂戴（Bob Halliday）曾為《曼谷郵報》撰文，探討依善料理受到歡迎的現象。他說，早期青木瓜沙拉並非大街小巷處處可見的主食，而是富有的曼谷婦女才吃得起的稀有料理，當時的做法偏重甜味，搭配的也不是依善地區盛產的糯米，反倒是以椰漿增添微妙香氣的茉莉香米。

每次這兩樣料理一起上桌時，總是少不了黏呼呼的甜豬肉絲（muu waan），這應該只是裝飾、增添風味、襯托兩大主角之用。可是顧客每次看到這盤比照泰國原版製作的客飯時，老是用古怪的眼神看著我，於是我們增加這道豬肉的分量。

Pok Pok 的老主顧稱之為「豬肉糖」，他們還真叫對了。我們只用四種食材，把一塊塊豬肩胛肉慢慢煮成黏呼呼版的手撕豬肉，一吃就上癮，真的非常好吃，我敢打賭一定會有很多讀者最後做了一大堆甜豬肉，完全把青木瓜沙拉和米飯拋到腦後。

風味特性 青木瓜沙拉甜、酸、辣、鹹四味幾近均衡，椰漿飯濃郁芳香，豬肉甜中帶鹹

甜豬肉
· 無骨豬肩胛肉 1 塊（約 900 克），除去筋膜和大塊脂肪
· 泰國珠油 ¼ 杯外加 1 湯匙
· 泰國生抽 ¼ 杯外加 1 湯匙
· 椰糖約 71 克，粗切
· 白胡椒粉 1 茶匙

椰漿飯
· 茉莉香米 2 杯

· 不甜椰漿 ½ 杯（建議用盒裝椰漿）
· 特細砂糖 1½ 湯匙
· 猶太鹽或細海鹽 ½ 茶匙
· 水 1¾ 杯

完成
· 泰國中部青木瓜沙拉 2 份，（38 頁），上桌前製作
· 油蔥酥 ¼ 杯（273 頁）
· 芫荽葉碎末數大撮

4 客

煮甜豬肉

順著肌肉紋理把豬肉切成厚 2 公分、長 13 公分的片狀。

豬肉連同醬油、椰糖、白胡椒粉放入厚底湯鍋，混合攪拌使豬肉裹上調味料。中大火煮至鍋內食材大量冒泡，但千萬不要大滾，否則會燒焦。

然後上蓋，把火轉小保持微滾，煮 1.5 小時至豬肉變軟，輕輕一戳就能穿透。

趁著鍋子還熱，用堅固一點的打蛋器或大湯匙，把肉全部搗成肉絲。把火轉大，將湯汁煮至持續微滾，不加蓋再煮，直至湯汁完全收乾，肉絲閃閃發亮，看起來黏黏的很像糖果，需 5-20 分鐘，端視

豬肉在燉煮過程釋出的水量而定。最後會得到 3½ 杯的豬肉絲。

如果要馬上吃,請稍微放涼一下,不然就等肉完全冷卻。密封冷藏可保存 1 週,使用前可用微波爐或是放入鍋子以微火重新加熱。

煮椰漿飯

大碗先放進細網篩,再倒入米,加冷水蓋過白米約 2-5 公分。用手輕輕淘洗米粒後,把盛著白米的細網篩取出,此時碗內的水會因米粒的澱粉成分而變得混濁。倒掉水再把細網篩放進碗中,重複淘洗程序 2-3 次,直到洗米水變得比較澄清。輕輕搖晃幾下細網篩,瀝乾白米,直到摸起來完全乾燥,需 15 分鐘。

把米、椰漿、糖、鹽和 1¾ 杯水倒進電鍋,拌勻後,蓋上鍋蓋,按下按鈕開始煮飯。

飯煮好之後,不要馬上掀開鍋蓋,讓飯在保溫狀態再燜 20 分鐘。

最後,耙鬆米飯:用叉子輕輕耙鬆上面幾層使米粒分開,然後逐步向下耙鬆直到鍋底。盡量不要弄破或壓爛米粒。鍋底可能會有椰漿焦化之後產生的鍋巴,如果有,那就太棒了。

椰漿飯可在電鍋保溫數小時。

合體

準備 4 個餐盤,每個都放上壓實時約 ¾ 杯的椰漿飯或你自己喜歡的分量,米飯上頭再倒壓實時約 ½ 杯的豬肉絲。青木瓜沙拉分成四等分,擺在椰漿飯旁邊。在每盤的豬肉絲上面撒 1 湯匙的紅蔥頭和少許芫荽,即可上桌。

泰式湯飯
KHAO TOM

特殊用具
· 細網篩
· 煮飯電鍋
· 青木瓜刨絲器
 （或食物刨削器
 或菜刀）
· 泰式陶缽
· 木杵

門買市場是清邁市中心規模最大的果菜批發市場，即使夜半時分，市況依舊熱鬧喧嘩，因為滿載鳳梨、甘藍和蒜頭的貨車才正開始湧進。天還沒亮，市場就開門營業，許多餐廳老闆、街頭攤商、村莊市集攤販及民眾，都會來此採買。

我喜歡花上一個鐘頭慢慢閒逛，貪饞地盯著一簍簍的發酵米線、一箱箱的生羅望子和山竹、一堆堆的綠色蔬菜或香草，其中有些我至今還是叫不出名字。之後，我會東彎西拐地閃避近 5 公尺長、上面堆滿南瓜的手推車，或是在擁擠人群中鑽來鑽去的摩托車，直奔我最愛的湯飯店家。

除了權當餐桌的辦公桌外，這地方看起來跟市場裡大部分賣吃的店家沒什麼兩樣，牆上貼滿月曆、廣告和佛教勸世格言，顧客坐在搖搖晃晃的木頭長椅和塑膠凳上吃飯。這種一點設計也沒有的設計風格，是我所有餐廳的裝潢靈感源頭。上次我去光顧的時候，老闆在後面設了幾個小神龕，並且擺上豐盛的貢品。他們告訴我，這是為了感謝神明讓他們中了彩券。

店裡有賣幾樣現成的餐點，幾片白土司抹上顏色黃得嚇人的人造奶油，就攤在蠟紙上讓顧客直接取用，偶爾我還會再加上一顆半熟蛋（khai luak）。而這裡需要點餐的東西，全在一個便宜的鍋子裡，顫顫巍巍擱在便攜式火爐上熱著，這就是泰式湯飯，豬肉湯裡面放了彈牙的豬肉丸、薑絲和青蔥以及隔夜飯。如果你要，店裡的夥計還可以放一顆蛋白尚未完全凝固、蛋黃也還水嫩嫩的半熟蛋進去。

馬芬、貝果和泰式湯飯我都一樣愛吃，最後卻總會選吃湯飯。這是泰國的早點，但無論哪時吃都很美味。

風味特性　富含鮮味、香、鹹

| 1 客 |

· 大顆雞蛋 1 顆，常溫
· 豬高湯 2 杯（268 頁）
· 彈牙肉丸 8 顆（269 頁）
· 菜脯絲 2 湯匙，泡水 10 分鐘後，瀝乾
· 泰國生抽 1 湯匙
· 泰國魚露 1 湯匙
· 白胡椒粉少許

· 煮好的茉莉香米飯（31 頁）1 杯，建議用隔夜飯
· 去皮生薑 7 克，切成火柴棒的細長條狀（長寬 4、0.1 公分，約 1 湯匙）
· 蒜頭酥 1 湯匙（272 頁）
· 本芹段輕壓一下約 1 湯匙（取幼嫩莖葉）
· 青蔥圈輕壓一下約 1 湯匙
· 芫荽段輕壓一下約 1 湯匙（取幼嫩莖葉）

煮沸一小鍋水。取可容納兩顆蛋的長形耐熱容器，如量杯或空鋁罐，將蛋放入耐熱容器後，倒進適量滾水淹過蛋面幾公分，靜置 10-15 分鐘，端看你偏好的熟度而定。蛋燙好後，拿出來備用。

鍋內剩餘的水倒掉，加入高湯、豬肉丸、菜脯、醬油、魚露和胡椒粉，大火煮沸後，立刻加入米飯，再重新煮沸，然後倒入準備好的大碗中。

把蛋打上，再加入薑、蒜頭酥、本芹、青蔥和芫荽。享用前再拌勻即可。

麵條（KUAYTIAW）

泰國麵食舉世聞名，儘管麵條種類和料理形式大多源自中國，然而享譽國際的美味仍是貨真價實，這點我們得感謝當初大力傳介的廣大華裔移民，以及當地巧思獨具的廚師，將麵條徹底融入泰國的烹飪傳統。

以下這節介紹幾道我最喜愛的麵食料理，有湯麵也有炒麵。除了源自中國的麵食之外，還有一些是以泰國本土特有泰國米線為主角的料理。

許多泰國料理都是到最後一刻才合體完成，例如青木瓜沙拉，麵食料理也是如此，而且幾乎任何食材都可以派上用場，甚至點你最喜歡的湯麵，然後要求老闆做成「只加少許湯底」（khruk khrik）或「全乾，不加任何湯底」（haeng）。大部分的麵食料理都有慣用的麵條，如 204 頁的船麵使用細扁河粉，而 207 頁的豬肉香料植物酸辣麵則用生細麵。然而，最後決定權通常掌握在顧客手中，有些人甚至會點湯麵但不要湯。雖然我有提供建議，但自己在家裡做，你也可以決定。

麵館的餐桌上通常會擺四個小罐，裡面裝的是「四味」（khruang phrung），讓你自己調味。這「四味」一般是指：砂糖、魚露漬鳥眼辣椒丁、辣椒粉，以及醋漬淡味青辣椒。送上桌的湯麵，湯底會刻意減少調味，因為老闆知道客人會用四味調出自己愛吃的味道。同樣地，四味的詳細內容也會有所變化，像是船麵和其他湯頭濃重的麵類，搭配的辣椒粉是用烘烤時間特長、幾乎變黑冒煙的乾辣椒磨製而成，嘗起來甚至帶點菸草味。又如介於咖哩和湯麵之間的咖哩麵，用的不是辣椒粉，而是略帶油脂的辣椒醬。許多炒麵店也不是四味俱全，像泰式炒河粉通常只用魚露、砂糖和辣椒粉。不過，無論哪種料理，使用方法幾乎一樣：四味就放在桌上，你可以隨意使用。

最後一點，你讀到本節介紹的頭三道麵食料理時會發現，我希望你建立類似工廠流水線那樣的流程，煮完一碗才下一碗。如果你有辦法在家如法炮製外頭高級餐廳流行的那套：四個侍者同時端著銀蓋餐盤，呈上烤得無懈可擊的鵪鶉，讓所有賓客的麵同時上桌，其實也沒什麼不好，只是我在食譜建議的做法，煮出來的麵會最好吃。

畢竟，這些不是餐廳料理，而是街頭攤販和其他小店販售的食物可以隨性一點，而且我保證它們絕對好吃到賓客願意耐心等待自己的那份上桌，絲毫不介意其他友人搶先開動。

燉鴨湯麵
KUAYTIAW PET TUUN

事前準備

· 前五天：熬湯和
烤辣椒

· 前三天：製作酸
辣蘸醬

· 前兩天：炒蒜頭
酥和蒜油

特殊用具

· 長柄撈麵勺 1-2
支

如果有心理治療師要我講出我的「安全場域」，我會選「泰國麵店的凳子上」。

這類小店的樞紐大多是一個金屬櫃臺，上面擺著一堆又一堆的塑膠碗，還有一個玻璃櫃，展示著各式形狀和分量的麵條，以及不同部位的肉塊。櫃臺後方通常站著一個女人，手裡拿著巨大的勺子，守在一大鍋混濁的湯底旁邊，生意好的店家，甚至會有兩鍋湯底，而且鍋子有那女人的肩膀那麼高。

我以前很常坐在大洋傘底下，揮汗大啖蒸氣騰騰的熱食，像是 pinkish yen ta fo（經過發酵，帶有特殊顏色和臭味的豆腐）、湯底清澈還加幾片紅色燒肉或彈珠般小魚丸的雞蛋麵、褐色湯底浮著幾塊燉牛肉的細河粉。這些都是我的最愛，不過真正讓我興奮難抑的，只有燉鴨湯麵，以八角、肉桂、醬油、冰糖熬煮而成的鴨肉燉湯，色澤近似咖啡，香氣格外濃烈。

因為湯頭實在太棒了，所以 Pok Pok 以此變出多款不同菜式，有時根本不用麵條，只有鴨腿加上湯底滷過的酸菜，類似五香滷豬腳飯（185 頁）那樣，搭配茉莉香米飯食用，光是如此，就好吃得不得了。

風味特性　肉味、富含鮮味、香、略為鹹中帶甜

4 碗（每碗 1 客）

湯底

· 新鮮或冷凍（不解凍）南薑 28 克，橫切薄片

· 檸檬香茅 4 大根（撕去外層，切除根部約 1 公分及頭部約 10 公分），切薄片

· 芫荽根 10 克（約 10 大株），用研杵、平底鍋或刀面輕輕拍碎

· 新鮮或冷凍斑蘭葉 2 片，打結

· 本芹 28 克，切成長約 8 公分的小段（輕壓一下約 2 杯）

· 泰國生抽 1 杯

· 泰國老抽 1/3 杯

· 冰糖 57 克

· 錫蘭或墨西哥肉桂 3 克（長約 4 公分）

· 八角 2 粒

· 中等大小的月桂葉 4 片（建議亞洲超市購買）

· 黑胡椒粒 1 湯匙

· 瘦鴨腿 4 隻（約 900 克），用冷水洗淨

· 乾香菇 25 克（約 2 杯），用 2 杯熱水泡開，約 1 小時，香菇水保留

· 水 5 杯

湯麵

- 新鮮寬河粉 680 克（寬約 4 公分，見 19 頁）、或新鮮的中式生細麵（又稱鹼水麵）
- 本芹段輕壓一下約 ¼ 杯（取嫩莖葉）
- 芫荽段輕壓一下約 ¼ 杯（取嫩莖葉）
- 蒜頭酥 ¼ 杯（272 頁）
- 蒜油 ¼ 杯（272 頁）

搭配上桌

- 酸辣蘸醬（279 頁），可不用
- 魚露
- 砂糖
- 醋漬辣椒（286 頁）
- 熟辣椒粉（270 頁）

熬製湯底

所有熬湯材料放入中湯鍋，加入泡香菇的水和 5 杯水。開大火，煮至滾沸，就加蓋轉小火保持微滾，燉 2 小時至鴨肉能用夾子輕易脫骨，但不要煮到太老或自行脫骨。

用湯匙大略撈除湯面的油脂，也可把湯放進冰箱，使油脂凝固，會更好撈除。把鴨腿和香菇撈出，過濾湯底，或者是在舀湯底的時候，注意不要撈到香料。

鴨腿、香菇和湯底密封冷藏可保存 5 天。4 碗燉鴨湯麵需要 4 杯湯底，使用前請以中小火煮至接近微滾。

逐碗煮麵

準備煮麵時，煮沸一大鍋水。

香菇去梗，如果很大可以切成一大口的大小。若選用河粉，請小心切開。

除非你找到的是新鮮麵條，否則用微波爐稍微熱一下，或浸泡滾水幾秒，讓麵條變軟，以便完整剝開。麵條瀝乾，分成四等分，每一份約 170 克。讓水持續大滾。

建立流水線：備妥 4 份麵條、湯底和鴨腿，並把本芹、芫荽、蒜頭酥與蒜油分別加在 4 個碗裡。一次煮 1 碗麵，如果有 2 支撈麵勺，便可以一次煮上 2 碗。

將一份麵條和 ¼ 份香菇放入長柄撈麵勺，然後放到滾水裡煮，中途不時輕輕晃動撈麵勺，讓食材受熱均勻，煮 2 分鐘，把麵煮熟，但不要煮爛，保留一點嚼勁。

如果用河粉則煮 20 秒至河粉熱透。

用力甩幾下撈麵勺將麵條瀝乾，再放入碗中，擺上鴨腿，舀入 ½-1 杯湯底，撒上一大撮芫荽和本芹，最後用湯匙舀些油蔥酥和蔥油。

繼續煮下一碗麵。

上桌時，一併放上酸辣蘸醬、魚露、砂糖、醋漬辣椒及辣椒粉，調好味並拌勻，即可享用。

船麵

KUAYTIAW REUA

事前準備

· 前兩週：烤熟辣椒粉

· 前五天：熬湯和製作辣椒醋

· 前兩天：炒蒜頭酥和蒜油

特殊用具

· 長柄撈麵勺 1-2支

走在泰國城市裡，幾乎走沒幾步就會經過一處賣麵人家，有的是店面，有的是擺幾張五顏六色的桌子就作起生意的路邊攤，讓人熟慣到視而不見。不過，要是有個男人坐在船上叫賣一碗碗湯底濃黑的河粉，而這船是停在陸地上的，那肯定難以忽視。這就是船麵，絕對不容錯過。

古時候，商販會坐船從古泰國都城阿育陀耶（Ayutthaya），沿昭皮耶河下行一百多公里，經由運河（khlong）水道進入曼谷，這些水道的兩岸曾經擠滿划船兜售貨品的小販，繁華有如現在沿街都是攤販的市況。如今，阿育陀耶的小販雖然大多把船停上陸地，但仍跟從前一樣，賣著我吃過最難以忘懷的船麵。

現在，即使像我這種看不懂泰文的人，也能從有沒有船這點，辨識哪家店專賣船麵。所謂的「船」可能是招牌和店面的船形標誌、船形櫃臺，甚至是把一艘真正的船當作切菜煮麵的廚房。泰國大部分地方賣的船麵分量都不是很多，不像美國大的跟浴缸一樣，所以一碗船麵大概只能解嘴饞，要吃飽的話可以再點一碗。

起初，我以為以船為名的料理一定會用到魚，結果沒有，船麵用的是牛高湯或豬高湯，以南薑、八角、斑蘭葉調味，最後再加一匙生血，增添濃郁口感。你可以自己選擇要吃牛或吃豬，我的食譜是用豬肉，而且省略了普遍會加的軟骨和其他古怪材料。

除了葷料之外，船麵通常會有空心菜和河粉。大部分湯麵搭配的調味料是熟辣椒粉（270 頁），但船麵用的是顏色特別深的熟辣椒粉，這是辣椒以慢火烤到幾乎焦黑的結果，好酒總是沉甕底，因此只要少少的 1、2 匙，就能為湯底帶來無可媲美的層次與個性。

關於肉丸的說明

浮在船麵碗裡的肉丸，讓泰國人創了一個十分貼切的泰式英文字來形容它們的口感，音譯起來就是：rubber-REE。這些形狀飽滿的丸子吃起來十分彈牙，西方人有時很難接受，但我得說句公道話，這些討厭牛肉丸的人在吞熱狗的時候，眼睛可是連眨都不眨一下。很多湯麵都會用上這種肉丸，主要是依照所需成品的結實程度使用魚肉、豬肉、牛肉，再混合大量脂肪和麵粉製成，麵粉必須經過重複研磨，然後放在攪拌碗中一遍又一遍地打過，以提高麵粉的筋性。這都需要技巧、手勁和時間來做，所以放自己一馬，買現成的就好。

風味特性　富含鮮味、辣、略甜、略酸

4 碗（每碗 1 客）。用剩的湯底和燉肉大約可以再煮 8 碗，這做起來比較省事，只要注意「逐碗煮麵」這個步驟使用的食材分量

湯底

- 無骨豬肩胛肉 1 公斤，洗淨切成長寬厚約 5、2.5、0.6 公分的長條
- 新鮮或冷凍（不解凍）帶皮南薑 28 克，橫切薄片
- 檸檬香茅 3 大根（撕去外層，切除根部約 1 公分及頭部約 10 公分），切薄片
- 芫荽根 10 克（約 10 大株），用研杵、平底鍋或刀面輕輕拍碎
- 新鮮或冷凍斑蘭葉 2 片，打結
- 本芹 28 克，切成長約 8 公分的小段（輕壓一下約 2 杯）
- 泰國生抽 ¾ 杯
- 泰國老抽 1 湯匙
- 冰糖 57 克
- 錫蘭或墨西哥肉桂 3 克（長約 4 公分）
- 中等大小的月桂葉 4 片
- 黑胡椒粒 1 湯匙
- 八角 2 粒
- 水或豬高湯 12 杯（268 頁）

湯麵

- 泰國魚露 ¼ 杯
- 辣椒醋 ¼ 杯（285 頁）
- 砂糖 ¼ 杯
- 蒜油 2 湯匙（272 頁）
- 蒜頭酥 2 湯匙（272 頁）
- 熟辣椒粉 1 湯匙外加 1 茶匙（270 頁）
- 新鮮或解凍的冷凍生豬血 1 湯匙外加 1 茶匙（可不用）
- 無骨豬肩胛肉 227 克，逆紋切成一口大小厚約 0.3 公分的長條
- 新鮮或解凍的泰國豬肉丸 16 顆
- 半乾細扁河粉 284 克（壓實約 5 杯），用溫水泡 15 分鐘至軟化，但不要泡到全軟，再瀝乾
- 空心菜 57 克，取葉子和細梗，切成長 5 公分的小段（輕壓一下約 2½ 杯）
- 豆芽菜 114 克（輕壓一下約 2 杯）
- 本芹段輕壓一下約 ¼ 杯（取嫩莖葉）
- 芫荽段輕壓一下約 ¼ 杯（取嫩莖葉）
- 刺芹段輕壓一下約 ¼ 杯

上桌搭配

- 魚露漬辣椒（286 頁）
- 砂糖
- 醋漬辣椒（286 頁）
- 熟辣椒粉（270 頁）

熬製湯底

所有熬湯材料放入大湯鍋，加入 12 杯水（可以改用豬高湯）。開大火煮至滾沸，再加蓋轉小火保持微滾，煮 1 小時至豬肉熟軟但仍保持原有形狀。

最後可以得到 12-14 杯湯底。不要過濾，取出 4 杯湯底和 1 杯豬肉，以便烹煮 4 碗船麵，剩餘的湯底和豬肉密封冷藏可以保存 5 天，冷凍可以保存 6 個月。

湯底使用前，請以中小火煮至接近微滾。

逐碗煮麵

準備煮麵時，煮沸一大鍋水。準備 4 個大湯碗，各放入魚露 1 湯匙、辣椒醋 1 湯匙、糖 1 湯匙、蒜油 1½ 茶匙、蒜頭酥 1½ 茶匙、辣椒粉 1 茶匙、生血 1 茶匙（如果要用）。

建立流水線：準備 4 個小碗，每個小碗放入生豬肩胛肉 57 克、豬肉丸 4 顆、河粉 70 克、空心菜 ½ 杯、豆芽菜 ½ 杯。

剛開始的時候，務必確實秤好食材分量，之後掌握訣竅，就可只用目測。剩餘材料另外保存。

一次煮 1 碗麵，如果有 2 支撈麵勺的話，可以

一次煮 2 碗。將麵條及同一小碗的所有材料放進長柄撈麵勺，然後放到滾水裡煮，中途用湯匙翻攪一、兩回，煮 1 分鐘至豬肉熟透。用力甩幾下撈麵勺，瀝去水分，再放入大湯碗，加上 ¼ 杯燉肉，舀入 1 杯湯底，注意不要撈到湯底使用的香料。每種香料植物各撒上一大撮，然後繼續煮下一碗麵。

上桌時，一併放上魚露漬辣椒、砂糖、醋漬辣椒及辣椒粉，調好味並拌勻，即可享用。

豬肉香料植物酸辣麵

BA MII TOM YAM MUU HAENG

事前準備

· 前兩週：製作熟辣椒粉

· 前五天：熬豬高湯、製作辣椒醋

· 前兩天：炒肉末、炒蒜頭酥和蒜油

特殊用具

· 長柄撈麵勺 1-2 支

如果瞄一下上面的泰文菜名，就會注意到「tom yam」兩個字，這是美國人最熟悉的泰國名湯冬陰湯，美國幾乎每間泰國餐廳都有賣。不過，現在這個詞不再專指特定一道料理，偏向指稱大致類似冬陰湯那樣讓人毫無招架之力的酸辣風味。這裡的 Tom 意為「煮沸的」，指的是湯底，風味特性則以 yam 表示，這是集酸、甜、辣三味於一身的雜和菜，英文沒有相應的詞彙，往往譯為「沙拉」。這道麵食料理完整體現了這些迷人的滋味。

如果你開始頭暈了，歡迎你來到我的世界，我一直努力想把零碎的資訊拼湊在一起，以便理解我所聽到和吃到的東西。讓你再暈一點，聽說我吃這種麵的偏好吃法叫作乾吃（haeng），不加湯底的意思，那麼這道料理豈不成了……沒錯，你說出來了，沒有湯的湯麵。以下介紹的做法還是會加少許湯底，這樣食用或裝碗都比較容易些。

這份食譜煮出來的分量大概是泰國當地正常分量的兩倍，或者相當於泰國的超大份（phiseht），因為每次我在泰國吃到小碗酸辣麵時，幾乎第一碗還沒吃完就會叫第二碗。

風味特性 酸甜、辣、香、富含鮮味

4 碗（每碗 1 客）。用剩的湯底和燉肉大約可以再煮 8 碗，這做起來比較省事，只要注意「逐碗煮麵」這個步驟使用的食材分量

肉末

· 植物油 1 茶匙

· 豬絞肉 200 克

· 泰國魚露少許

分裝各碗的調味料

· 碾成粗屑的無鹽烤花生 ½ 杯

· 泰國魚露 ¼ 杯外加 2 湯匙

· 砂糖 ¼ 杯

· 辣椒醋 ¼ 杯（285 頁）

· 菜脯絲 ¼ 杯，泡水 10 分鐘後，瀝乾

· 蒜頭酥（272 頁）或油蔥酥（273 頁）2 湯匙

· 蒜油（272 頁）或紅蔥油（273 頁）2 湯匙

· 熟辣椒粉 4 茶匙（270 頁）

熬製湯底

平底鍋開中大火熱油鍋，待油面微微發亮，放入豬肉炒熟，不斷翻炒，把肉炒散，中途灑幾滴魚露，需 5 分鐘。

逐碗煮麵

我建議煮好一碗就先端上桌讓客人吃，不要擺在旁邊繼續煮下一碗。記住，這是街頭小吃，不是餐館大宴。

煮沸一大鍋水。準備 4 個大湯碗，各放入花生 2 湯匙、魚露 1½ 湯匙、糖 1 湯匙、辣椒醋 1 湯匙、菜脯滿滿 1 湯匙、蒜頭酥或油蔥酥 1½ 茶匙、蒜油或紅蔥油 1½ 茶匙，以及辣椒粉 1 茶匙。

湯麵

- 長豇豆 100 克，斜切成長約 2 公分的薄塊（約 1 杯）
- 豆芽菜 114 克（輕壓一下約 2 杯）
- 新鮮或解凍的冷凍生中式生細麵 255 克
- 新鮮或解凍的冷凍豬肉丸 16 顆
- 無骨豬肩胛肉 227 克，逆紋切成厚約 0.3 公分、一口大小的長條
- 脆豬皮 ¼ 杯，粗切（約 0.6 公分）、未經調味，最好帶點肉
- 青蔥圈輕壓一下約 ¼ 杯，外加數撮

- 芫荽段輕壓一下約 ¼ 杯（取嫩莖葉）
- 本芹段輕壓一下約 ¼ 杯（取嫩莖葉）
- 刺芹段輕壓一下約 ¼ 杯
- 新鮮厚餛飩皮 4 片（正方形），對角切，炸成金黃色，用紙巾瀝乾油分（可不用）

搭配上桌

- 豬高湯 2 杯（268 頁），用小鍋熱過
- 泰國魚露 1 湯匙外加 1 茶匙
- 白胡椒粉 4 小撮
- 切成楔形的萊姆 4 塊

建立流水線：準備 4 個小碗，每個小碗放入長豇豆 ¼ 杯、豆芽菜 ½ 杯、麵條 65 克、豬肉丸 4 顆、豬肩胛肉 57 克、豬絞肉 ¼ 杯。

剛開始的時候，務必確實秤好食材分量，之後掌握訣竅，就可只用目測。脆豬皮、青蔥、芫荽、刺芹放置於其他容器。

一次煮 1 碗麵，如果有 2 支撈麵勺，可以一次煮 2 碗。將麵條及同一小碗的所有材料放入長柄撈麵勺，然後放到滾水裡煮，中途用湯匙翻攪一、兩回，煮 2 分鐘至豬肉熟透，麵條全熟但仍保有些許嚼勁。用力甩幾下撈麵勺，瀝掉水分，再放入湯碗輕輕拌勻。

放入脆豬皮 1 湯匙、青蔥和各種香料植物一大撮、炸餛飩皮 2 片（如果要用），然後再繼續煮下一碗麵。

熱高湯用魚露和胡椒粉調味，再加幾撮青蔥，然後分成 4 小碗。每碗麵上桌時都附上 1 塊切塊萊姆，吃麵的時候可以擠進麵條和湯頭裡面，增添風味。享用之前拌勻。

冬粉蝦煲

KUNG OP WUN SEN

特殊用具

- 泰式花崗石缽
  和杵
- 容量 1.5-2 公升
  的中式陶鍋，
  第一次使用前，
  先泡水 1 小時
  再瀝乾
- 泰式炭爐（強烈
  建議使用，但可
  不用）

我把冬粉蝦煲送上桌，掀開陶鍋的蓋子，Pok Pok 的天字第二號員工周大廚聞了一聞，覺得不怎麼樣。「大廚」這個頭銜是我逗他的玩笑話，他以前不曾在餐廳工作過。

泰國境內凡是以這道料理出名的中國餐廳，我全都吃遍了，我以為自己已經破解其中的美味密碼，但周大廚顯然很不同意。我掀開蓋子之後，他脫口而出的是：「Mai hom phrik thai, mai hom keun chai.」意思大概是：我聞不到胡椒的味道，也聞不到芹的味道。

在 Pok Pok 營運上軌道之前，我自己顧攤，還在隔壁弄個小空間，晚上就睡在地板上。在僅剩的一點點空閒時間中，我忙著研發新菜單，試做新的菜色，而最有資格擔綱品嘗重任的莫過於老周，他出身中上階層的華泰聯姻家庭，換句話說，就是肯定吃過無數次頂級冬粉蝦煲的那種人，這可不是街頭小吃，而是在曼谷和靠海城市的中國餐廳才會出現的菜餚。

雖然源自中國，但這道料理就跟絕大部分傳入泰國的美食一樣，經過一代又一代泰國廚師的巧思改造，味道變得非常符合當地泰國人的口味。傳統使用的陶鍋、冬粉、海鮮和豬肉的組合，全都非常中國，但芫荽根和蒜頭再加上薑這類的中國香料，竟讓整碗上好材料變成道道地地的泰國味。

周大廚的反應讓我體會到香氣在泰國料理中的重要性。對西方人而言，香氣當然也重要，如果東西好吃，聞起來也香，那就太棒了，但是在泰國料理中，香氣的重要性跟味道不相上下。

我和泰國友人聊起食物的時候，經常聽到他們誇讚料理的香氣，頻繁程度不下於提起味道的次數。西方人不同，我們不太會去注意黑胡椒和本芹等食材的氣味，除非氣味真的太難聞，嚴重蓋過味道。在泰國各地餐廳和 Pok Pok，冬粉蝦煲都是蓋著鍋蓋上桌，然後當著客人的面把蓋子掀開，讓香氣轟地竄出。

不像老周吃過那麼多冬粉蝦煲的人可能不會這麼挑剔，但說實在的，要把這道菜搞砸還真不容易。

這道料理的煮法充分展現了簡單烹調的魔力。首先把五花肉片鋪在鍋底，接著再放一層香料植物、一層蝦子和一層冬粉，最後淋上醬汁。因為全程加蓋燜煮，所以豬肉會開始焦化並吸收醬汁，蝦子一面緩緩蒸熟，一面吸取香料的味道，沸騰的湯汁不斷冒出泡泡，浸潤冬粉。有的廚師會用青蔥取代本芹，用四川花椒取代黑胡椒，有的廚師不用蝦子或帶卵明蝦，改用螃蟹，煮出來的冬粉會整個變成橘色。

最好吃的做法是把陶鍋放在泰式炭爐上面煮，效果會比用普通鋁鍋和瓦斯爐好很多，因為火焰會爬上陶鍋四周，煙透過容器的孔隙鑽進菜裡，讓整道料理增添一股煙燻香味。這也是這道料理需要火焰的原因，不是用瓦斯就是用炭火，但一般燒烤爐和電子爐都辦不到。菜名裡面的「op」意為「焙烤」，因為爐子的火焰會包住陶鍋，不過嚴格說來，主要的熱源是來自下方炭火。

風味特性　香、富含鮮味、鹹、胡椒味
建議搭配　炒什錦蔬菜（98 頁）、醬油蒸魚 79 頁），或咖哩螃蟹（101 頁）

1 客，或 2-6 人份的合菜菜餚

- 芫荽根 9 克，切碎
- 黑胡椒粒 ½ 茶匙，外加 ¼ 茶匙粗磨的黑胡椒粒
- 猶太鹽或細海鹽 ¼ 茶匙
- 植物油 1 湯匙外加 1 茶匙
- 去皮黃洋蔥 114 克，縱切成條狀（約 1 滿杯）
- 切段細芹梗 ¼ 杯（切成 4 公分小段），外加粗略切過的芹葉 2 湯匙
- 去皮生薑 14 克，切成火柴棒的細長條狀（長寬 4、0.3 公分，約 2 湯匙）
- 去皮豬五花 57 克，切成長厚約 6、0.3 公分的方塊狀
- 帶殼大蝦 170 克（約 4 隻），最好連頭

- 乾冬粉 100 克，用溫水充分泡軟，需 30 分鐘，瀝乾後，剪成 10 公分長
- 泰國老抽 ½ 茶匙
- 泰國生抽 1 湯匙
- 泰國蠔油 1½ 茶匙
- 泰國調味醬 1½ 茶匙
- 紹興酒 1½ 茶匙
- 砂糖 1½ 茶匙
- 亞洲芝麻油 ½ 茶匙（請買百分之百純芝麻油的品牌）
- 水 1½ 茶匙

上桌搭配
- 海鮮酸辣蘸醬（280 頁），可不用

準備材料

芫荽根、完整胡椒粒、鹽放入花崗石鉢，搗 15 秒成粗泥狀。

炒鍋或平底鍋放入 1 湯匙植物油，開中大火熱油至微微發亮，轉中火，放進洋蔥、芹梗、薑和剛才搗好的芫荽根泥，頻繁翻炒 90 秒至洋蔥微微縮水。關火。

將其餘的 1 茶匙植物油放入陶鍋，塗覆鍋底和內壁。鍋底先鋪一層豬五花，再把炒過的洋蔥等香料植物均勻鋪在第二層。用廚房剪刀剪去蝦子的鬚腳和尖刺，然後從背部剪開蝦殼，並稍微剪開背部去

泥腸，再把蝦子放進陶鍋，鋪成一層。撒上黑胡椒碎粒。

取中等大小的攪拌碗，放入冬粉和老抽拌勻，使冬粉呈現均勻黃褐色，再將冬粉放進陶鍋，鋪成均勻一層。

你可以到此告一段落，整鍋靜置 1 小時後再開始烹調，或者也可加蓋冷藏 1 晚，烹調前，先退冰至常溫。

開始燜煮

生抽、蠔油、調味醬、紹興酒、糖、芝麻油和

1½ 茶匙的水放入小碗，拌勻後，取 3 湯匙淋在冬粉上，最後撒上芹葉。

　　這道料理用泰式炭爐煮的最好吃，不過瓦斯爐也煮得出來就是了。泰式炭爐的準備方式跟炭火燒烤爐一樣，起中火（見 124 頁）。

　　蓋上鍋蓋，煮 9-12 分鐘至冬粉和蝦子全熟。燜煮未滿 9 分鐘之前，切勿掀蓋檢視。你必須攪拌一下，才能確認豬肉是否微微焦化。如果沒有，下次煮的時候記得火要再大一點。

　　上桌前先拌勻。如果有做海鮮酸辣蘸醬（280 頁），可以搭配上桌，以便吃蝦沾用。

泰北咖哩雞湯麵

KHAO SOI KAI

事前準備

· 前幾月：製作辣椒醬

· 前一週：製作咖哩醬

· 前幾天：煮咖哩

· 前兩天：炸麵條

特殊用具

· 泰式花崗石缽和杵

我頭一次吃到咖哩麵是在一九九二年五月七日的幾天後。我之所以記得這個日子，不只是因為我實在太愛這道麵食料理，也因為當天正好是泰國「黑色五月」事件發生前夕，泰國政府在那次事件以武力鎮壓曼谷示威群眾，造成數千人被捕，數十人死亡。從那以後，我養成了一個習慣，每當泰國一有大事發生，不管是示威、暴動還是政變，我都會飛泰國一趟。

當時即使遠在清邁，也就是我借宿的友人克里斯和蘭娜居住的城市，氣氛也相當凝重，不過我發現泰國商店從不因此而關門，麵店照常營業，生意依舊好得刮刮叫。克里斯和蘭娜接我回家，行李一放，我們就馬上出去吃咖哩麵，這可能是名氣最響亮的一道泰北料理，也是許多來到泰北文化中心——清邁——的外國人最愛吃的一道。

我不久就發現，咖哩麵其實就是一碗麵，如同越南法包（banh mi）其實就是三明治一樣。柔軟的麵條和帶骨雞肉浸在橘色的椰奶咖哩裡，香濃無比，上層鋪著同樣的麵條，只不過這裡的麵條經過高溫油炸，口感酥脆，一旁擺著各式配料，可讓你自己調味，其中包括色黑味嗆的炒辣椒醬、酸菜、幾瓣生紅蔥頭和幾塊萊姆。

雖然這道料理具備所有西方人公認的「泰國味」，但真正的根源其實是緬甸或回族料理，這端視你的談話對象而定。清邁曾是古代香料之路上的重要城市，也曾受緬甸統治長達兩世紀之久，因此出現不少像這樣精彩融合的例子。以這道料理的咖哩醬而言，裡面除了檸檬香茅和南薑等典型泰國食材外，還用了幾樣中國辛香料，如生薑和黑豆蔻，以及一些與緬甸料理淵源較深的材料，如咖哩粉、芫荽籽、薑黃。

我一直覺得很奇怪，這麼一道經典的泰北料理竟然用了椰奶，這是比較晚近才進入泰北菜餚的食材，我想八成也跟緬甸有關。

就如許多泰國美食一樣，每家餐廳的做法不盡相同，我吃過幾十種不同的咖哩麵，不過所有做法都遵循著相同的基本藍圖：咖哩醬、大量椰奶和椰漿、香甜、麵食形式以及變化多端的蛋白質。我甚至吃過非常稀奇古怪的版本，像是用魚肉做的，還用牛奶搭配椰漿。那時服務生還告訴我們，加牛奶「有益健康」。

在清邁永遠少不了讓人驚喜的咖哩麵。Pok Pok 供應的版本是集我所愛之大成，其中值得一提的是法漢路（Fa Ham Road）上的 Khao Soi Lam Duan，老闆宣稱他的店已有七十多年歷史，是清邁資格最老的咖哩麵麵店。

他們凌亂的廚房就設置在店門外面，裡頭有一個圓形木製砧板和一把菜刀、成堆的自製麵條，以及兩大桶不斷冒泡的湯料，一桶是牛肉，一桶是豬肉和雞肉。我聽說，老主顧會故意晚點才來，為的是等湯料煮到最後變成濃縮高湯。有幾個年輕女性負責出餐，一個從搖搖欲墜的碗堆中抓出幾個塑膠碗，分別放入一團麵

條，一個把湯底和幾塊帶骨雞肉舀進碗裡，另一個放上炸過的麵條，並舀入一小勺椰漿。

對我來說，誰也比不上開店數十年的 Khao Soi Prince，我在這裡吃到人生第一碗滋味絕佳的咖哩麵。可是這家店難得營業，至少我去的時候很少開門，有時是因為伊斯蘭節日休息，但大多數情況都是原因不明。這在我的清邁友人之間已經成了人盡皆知的笑話。「安迪想吃 Khao Soi Prince 吧，我們還是換別家比較保險。」

他們的女服務生頭上會戴頭巾，招牌上畫著星星和月牙。招牌上也廣告漢堡和披薩，但我不推薦，我推薦他們的同名料理。你會看到一個深碗，裡面盛著色澤淺淡、有層浮油的湯底，看起來平淡無味，不太刺激，然而事實絕非如此。那咖哩經過巧妙調味，色澤特別暗淡，而咖哩粉和乾辣椒洩漏了廚師的精心安排。椰奶和椰漿帶來微甜口感，濃郁而不膩。麵條是店家自製的，不含雞蛋，總是煮得恰到好處。

在家自己煮咖哩麵有點麻煩，要搗醬、煮咖哩、炸麵、煮麵，好消息是醬料可以提前製作，咖哩也是。此外，由於咖哩麵也是一客一客，所以招待朋友午餐或晚餐的時候，不需要再做其他菜餚，就能品嘗道地的清邁風味。

風味特性　濃郁豐富、略甜、略鹹、略辣

咖哩醬
- 黑豆蔻莢 1 個（通常標籤上會寫 cha koh、tsao-ko 或 thao qua）
- 芫荽籽 1½ 湯匙
- 孜然籽 ½ 茶匙
- 泰國乾朝天椒或乾墨西哥普亞辣椒 14 克（約 8 根），去蒂剖開去籽
- 猶太鹽或細海鹽 1 茶匙
- 檸檬香茅薄片 7 克，用 1 大根檸檬香茅來切，取幼嫩部
- 去皮新鮮或冷凍（不解凍）南薑 7 克，橫紋切薄片
- 去皮生薑 14 克，橫切薄片
- 去皮蒜瓣 28 克，直刀剖半
- 去皮亞洲紅蔥頭 114 克，橫切薄片
- 自製蝦醬 1 湯匙（274 頁）

咖哩
- 植物油 2 湯匙
- 薑黃粉 1 湯匙
- 淡味印度咖哩粉 ½ 茶匙
- 泰國魚露 ¼ 杯
- 泰國生抽 2 湯匙
- 椰糖 85 克，粗切
- 猶太鹽或細海鹽 1½ 茶匙
- 帶皮雞腿 6 小隻（約 1.13 公斤），切成雞腿排和棒棒腿兩部分
- 不甜椰奶 5 杯，稍微熱過（建議用盒裝椰奶）

6 碗（每碗 1 客）

製作咖哩醬

用研杵或重平底鍋輕敲豆蔻莢，把外莢敲破，剝開取出種籽，外莢丟棄不用。豆蔻籽、芫荽籽、孜然籽放入小平底鍋，開小火翻炒 8 分鐘，直至香料散發濃郁香氣，芫荽籽色澤變深一、兩個色度。待香料溫度稍降，放入花崗石缽或香料研磨器搗磨成粗粒粉末，舀出置於碗內備用。

湯麵

· 植物油，炸麵用

· 新鮮或解凍的中式生細扁麵 450 克

· 不甜椰漿 1½ 杯（建議用盒裝椰奶），稍微熱過

搭配上桌

· 泰國酸菜 1 杯（最好使用吃起來較脆的菜梗），瀝乾後泡水 10 分鐘，再瀝乾，切成一口大小

· 小瓣去皮紅蔥頭 1 杯

· 切成楔形的萊姆 6 塊

· 芫荽段輕壓一下約 1 杯（取嫩莖葉）

· 烤辣椒醬（287 頁）

· 泰國魚露

乾辣椒和鹽放入花崗石缽，用力捶搗 3 分鐘，停下刮一刮研缽內壁的碎屑，攪拌一下，繼續捶搗 2 分鐘，直到食材變成非常細緻的粉末。放入檸檬香茅，搗 2 分鐘成勻滑、略帶纖維的泥狀。接著依序放入南薑、生薑、蒜頭、半數紅蔥頭，一樣捶搗，每樣食材充分搗勻之後，再繼續處理下一樣食材。最後放入蝦醬，搗 1 分鐘至整團均勻。

最後會得到 10 湯匙醬料，可以馬上使用。密封冷藏可保存 1 週，冷凍可保存 6 個月。烹調 6 碗咖哩麵需要 5 湯匙醬料。

煮咖哩

厚底大湯鍋倒入植物油，開中小火熱油至微微發亮後，放入咖哩醬 5 湯匙、薑黃粉和咖哩粉，一起翻炒，把醬料炒開，炒 8 分鐘至濃香溢出，蒜頭和紅蔥頭不再有生味。判斷咖哩醬煮好與否需要經驗，不過只要持續以小火慢煮，咖哩都會很好吃。有些醬料可能焦黃黏在鍋底，記得偶爾刮一下鍋底，以防醬料燒焦。

魚露、生抽、椰糖、鹽下鍋，轉中小火再煮 2 分鐘，不時攪拌，只要椰糖一軟化就把它弄碎，直到幾乎完全融化。放入雞肉，輕輕攪拌，使雞肉裹上咖哩醬汁，煮 2 分鐘，讓雞肉稍微入味後，再拌入椰奶。

轉中大火，把醬汁煮至滾沸，但不要大滾，再將火轉小維持微滾，不加蓋繼續燉煮，偶爾攪拌，煮 45 分鐘至雞肉可以輕易脫骨但不到軟爛。表面會出現油滴，甚至是一層紅色浮油，這是好現象，不用擔心。湯底味道會又鹹又濃，稍後加進椰漿，味道就會稍微淡些。煮好的咖哩可以放在爐上保溫 3 小時，密封冷藏可保存 3 天，此時味道融合、雞肉入味，會更好吃。使用前需要熱過，煮至微滾，確保雞肉熱透。

合體

廣口中湯鍋倒入 5 公分高的植物油，開中大火熱油鍋，使油溫達 175℃ 左右。可丟麵條測試油溫，麵條應在 20 秒左右變成金黃色。取 85 克的麵條置於盤中，輕輕抓鬆，確保麵條沒有結塊。麵條分 6 批下鍋油炸，油炸過程麵條需要翻面一次，炸 20-45 秒至麵條金黃酥脆即可。炸好之後，置於紙巾吸乾油分。待麵條冷卻，放入密封容器置於乾燥涼爽之處，可以保存 1-2 天，但注意不可放冰箱。

要準備烹調這道咖哩湯麵之前，先煮一大鍋水，沸騰後放入其餘的麵條，偶爾攪拌一下，煮 2-3 分鐘至麵條完全變軟，不需要彈牙，但也別過爛。把麵條撈起瀝乾，平均分置於 6 個碗中。

每碗分別放入 1 塊雞大腿肉和 1 隻棒棒腿，舀入 1 碗咖哩，用湯匙加進 ¼ 杯溫椰漿，再放上炸過的麵條。上桌時，每碗都搭配一盤酸菜、紅蔥頭、萊姆塊和芫荽，1 碗辣椒醬以及 1 瓶魚露。調好味並拌勻，即可享用。

芥藍炒河粉
PHAT SI EW

特殊用具

泰式花崗石缽
和杵

炒鍋和鍋鏟

我有些美國朋友超愛芥藍炒河粉，因為美國每家泰國餐廳都有這道料理，而且他們堅稱無論餐廳水準高低，這道料理永遠都是好吃得不得了。回想起那堆加了青花菜（夠幸運才能吃到芥藍菜）、蛋和雞胸肉絲一起快炒的厚片河粉，炒過之後泛著閃閃油光，還因甜醬而呈棕褐色澤，嘗起來的確美味。不過，我必須承認，我已經很久沒在泰國以外的地方吃過這道熱炒。一切得從我頭一回走進 Yok Far Pochana 說起。

那天我騎著摩托車在清邁城內四處閒晃，行經拉查帕吉納路（Ratchapakinai Road），突然瞥見有火，原來是簡式噴射爐上的巨型炒鍋。對我而言，沖天烈焰要比看板廣告有效得多，我一定得停車嘗嘗從那鍋子炒出來的食物。點餐之後幾分鐘，我眼前就出現一小盤河粉、豬肉絲和細梗芥藍菜，幾乎沒用什麼醬料，不太甜，但卻帶著不可思議的煙燻味。「怎麼會這麼好吃？」我一邊思索，一邊嗑掉最後一塊焦蛋。後來我發現，想要弄清一件事，只要觀察就行。

我盯著站在炒鍋前的男人炒出一盤又一盤芥藍炒河粉，我肯定在那裡站了一個小時。每份點餐都從相同的簡短流程開始，有種永無止境的感覺。先在鍋裡倒點油，那幾乎不算有倒，我印象很深刻，幾樣主要食材似乎從沒靜止過，廚師熟練地用兩把鍋鏟不斷翻炒，下一點糖、一點醬油，然後盛盤，結束。沒有不知名的食材，沒有複雜的醬料，只有少數幾樣食材在炒鍋的高溫下變了模樣。

這讓我開始慢慢體會到，泰國料理雖以手續繁複的咖哩料理聞名，其實也能非常簡單，沒有魔法、沒有祕密、沒有神祕的食材，讓我不禁思考：為什麼沒有人在美國賣這個呢？

烹調芥藍炒河粉時，鍋子溫度越高越好，有心的人應該考慮使用泰式炭爐（見90頁〈使用炭爐〉），仿效街頭小販的精湛廚技。我現在才知道，這種利用熊熊冒火的炒鍋快速烹調的技巧，就是中國人所謂的大火快炒，這是一流芥藍炒河粉帶有煙燻焦味的關鍵祕訣。我建議先照以下食譜在廚房爐子上多練習幾次，再用泰式炭爐試做。毫無疑問，烹調時間一定得要調整，這必須依賴練習過程培養的直覺。

風味特性　富含鮮味、煙燻味、鹹、微甜

1 客。若要多煮，食材分量可用 2 倍或 4 倍，但仍須逐份烹調

豬肉

- 植物油 1½ 茶匙
- 去皮蒜頭 2 克（約 1 小瓣），放入研缽輕輕壓成小塊
- 無骨豬腰肉或瘦肩胛肉 114 克，逆紋片成厚約 0.3 公分一口大小的長條
- 泰國魚露 ½ 茶匙
- 砂糖 ¼ 茶匙

麵條

- 新鮮寬扁河粉 170 克（寬約 4 公分，見 19 頁）
- 泰國生抽 1 湯匙
- 泰國老抽 1 茶匙
- 砂糖 1 茶匙

- 白胡椒粉少許
- 蒜油（272 頁）或紅蔥油（273 頁）1 湯匙
- 大顆雞蛋 1 顆，常溫
- 去皮蒜瓣 11 克，直刀剖半，放入研缽輕輕壓成小塊（約 1 湯匙）
- 芥藍苗 57 克（見附注），梗切 2.5-5 公分長，穗摘掉，如果用芥藍菜，則將菜葉切段，菜梗片薄

上桌搭配

- 魚露漬辣椒（286 頁）
- 砂糖
- 醋漬辣椒（286 頁）
- 熟辣椒粉（270 頁）

附注　最適合用來炒芥藍炒河粉的芥藍菜，是幼嫩的細梗品種，又稱「芥藍苗」，基本上就是「小芥藍」的意思，偶爾標籤會寫成「芥藍芯」，這一詞基本上也是指「小苗」，許多還沒完全成熟的蔬菜都會用「芯」這個名稱。如果實在找不到，用粗梗品種也可以。

炒肉

大火熱鍋後倒油，慢慢旋轉鍋子使油均勻沾滿鍋面。待油微微起煙，放入蒜頭，並將鍋子抬高離火，讓蒜頭在鍋裡滋滋作響 15 秒，不時翻炒，直到香味散發但尚未變色。

把鍋子放回爐上，加入豬肉，拌炒均勻，再放魚露和砂糖，大火快炒 1 分鐘，持續翻、拋、鏟，直到豬肉剛好熟透。把炒好的豬肉移至碗中。密封冷藏可保存 2 天。

準備河粉

小心將河粉剝開。除非你找到的是新鮮河粉，否則請用微波爐稍微熱一下，或浸泡滾水幾秒，讓河粉變軟，以便完整剝開。烹煮前，瀝掉水分。

快炒上桌

生抽、老抽、砂糖、白胡椒粉倒入小碗拌勻。

把鍋子擦乾淨倒蒜油，大火重新熱鍋，慢慢旋轉鍋子使油均勻沾滿鍋面。待油微微起煙，打入蛋，蛋會開始冒泡和膨脹，小心不要把蛋黃弄破，煎 30 秒到蛋白外緣呈金黃色。把蛋翻面，若蛋黃破掉也無妨，推到鍋子一邊，若推到鍋壁上也沒關係。

放入河粉炒 15 秒，輕戳攪拌，讓河粉散開一點，不要黏在一起。放入蒜頭，炒 15 秒，拌炒均勻，並把河粉和煎蛋輕輕炒散。加入芥藍菜，大火快炒 15 秒，持續翻、拋、鏟，直到菜葉開始縮水。

豬肉先下鍋，再加入剛剛混合好的醬油調味料，如有需要，可以加點水帶出碗底的調味料。大火快炒 1 分鐘，邊炒邊把蛋打散，炒到豬肉熟透，河粉吸飽湯汁。盛盤，享用前用魚露、砂糖、醋漬辣椒和辣椒粉調味。

泰式炒河粉
PHAT THAI

事前準備

· 前兩週：製作熟
辣椒粉和椰糖
漿

· 前一週：乾炒蝦
米和製作羅望
子汁

特殊用具

· 大型長柄平底
鍋（或炒鍋）和
鍋鏟

我在一九九九年十二月五日以前吃過很多泰式炒河粉，從奧勒岡州的波特蘭一路到佛蒙特州的伯靈頓，我吃過 Thai Me Up、Appe-Thai-zing 之類用雙關語當名字的餐廳，我也吃遍泰國各地背包客勝地的泰式炒河粉，吃過之後全都忘得一乾二淨，只模糊記得河粉又甜又酸的味道。

十二月那個讓我清楚記住泰式炒河粉超凡美味的日子，是泰皇蒲美蓬的生日。我像是稱職的觀光客，特別南下到曼谷皇宮見識慶祝盛況，待沒多久就因受不了高溫和人潮而逃離主廣場，順勢去吃午餐。因為如此，我才來到一間以泰式炒河粉聞名的店家。在當時，這個舉動並不尋常，對我而言，泰式炒河粉似乎不是值得一嘗的料理，但一如往常，我總能得到美好的回報。

泰式炒河粉或許是泰國最為人所知的輸出品，無論飲食或其他方面。不只餐廳菜單少不了它的蹤影，就連微波食品架上也有它的一席之地。然而，在泰國本土，除了少數幾個觀光勝地之外，這道料理仍只是眾多美味小吃中的一種而已，所以它的淵源可能會讓不少人大失所望，雖然我敢肯定，很多都是穿鑿附會。關於這道料理的起源，我推崇主廚學者大衛‧湯普森的說法，他在《泰國街頭美食》(Thai Street Food) 一書溯源至前陸軍元帥披汶於一九三〇年代末至四〇年代初舉辦的一次全國大賽。湯普森指出，因應當時的軍國主義氛圍，比賽目的在創造一種麵食料理，充分展現獨一無二的泰國特色，因為當時大部分麵食都起源於中國，具有濃厚中國色彩。於是，最後勝出的料理贏得了 phat thai 這個現在家喻戶曉的名字，字面意思是「泰國熱炒」。

泰國料理之所以讓人印象深刻，有時是因為特別嗆辣或其他會因應觀光客口味而稍微收斂的特色。然而，第一次嘗到真正好吃的泰式炒河粉，讓我驚豔的卻是恰恰相反的理由：它比較不辣、沒那麼甜、味道也相對清淡，搭配起來反而好吃多了。這種極簡做法集結了我最愛吃的所有口味。當然，這道料理的變化很多，請容我不斷重複，因為世界上不存在什麼正宗典範。我吃過的泰式炒河粉有用鮮蝦、豬肉、螃蟹做的，也有用冬粉炒的，還有炒完之後裹成歐姆蛋模樣的。搭配用來調味的材料，除了糖、辣椒粉、魚露和萊姆之外，也經常出現富含單寧的香蕉花或雷公根。泰式炒河粉豐富多元，吃麵之餘嘗口這個配點那個，總令人驚喜連連。

多年來，靠著不斷觀摩小販的烹調過程，轟炸似地提出各種蠢問題，嗑光一堆又一堆裝在盤子、蕉葉甚至是報紙上的河粉之後，我開始懂得如何製作泰式炒河粉。我發現我愛吃的那些泰式炒河粉有些細微的烹飪技巧，像是比較老派的小販會堅持用熬製豬油炒麵，很多小販偏好用平底鍋從容烹調，反而不喜歡以高溫炒鍋迅速完事。

儘管如此，我有很長一段時間不願在自己開的餐廳供應這道料理，因為不想跟風，但開了 Whiskey Soda Lounge 之後，我很快就把它偷偷放進深夜時段菜單，後來又在曼哈頓的下東城開了一家專賣店。味道如何？你吃了就知道。

<u>風味特性</u>　略甜、略酸、富含鮮味

1 客。若要多煮，食材分量可用 2 倍或 4 倍，但仍須逐份烹調

蝦米和醬汁

- 中等大小蝦米 1 湯匙，沖洗過後拍乾
- 羅望子汁 3 湯匙（275 頁）
- 椰糖漿 2 湯匙外加 ¾ 茶匙（275 頁）
- 泰國魚露 1½ 湯匙

熱炒

- 半乾細扁河粉 114 克（有些標籤會寫 phat thai，壓實約 2 杯），見附注
- 熬製豬油或植物油 2 湯匙
- 大顆雞蛋 1 顆，常溫

麵條

- 未調味豆乾 35 克，切小片（長寬厚約 2.5、1、0.6 公分），約 ¼ 杯
- 菜脯絲 1 湯匙，泡水 10 分鐘後瀝乾
- 豆芽菜 57 克（輕壓一下約 1 杯）
- 中等大小鮮蝦 57 克（約 4 隻），去殼去泥腸
- 韭菜段 ¼ 杯（長約 3 公分），外加 1-2 撮作裝飾用
- 碾成粗屑的無鹽烤花生 2 滿湯匙

上桌搭配

- 切成楔形的萊姆 2 塊
- 魚露
- 砂糖
- 醋漬辣椒（286 頁）
- 熟辣椒粉（270 頁）

附注　半乾河粉是已經泡軟，不像全乾河粉那樣硬脆的狀態。如果買不到，可用約 64 克乾的 phai Thai 河粉取代，使用前需要浸泡溫水 10 分鐘，使質地近似半乾河粉。

乾炒蝦米和調製醬汁

蝦米倒入乾平底鍋或炒鍋，開中火不斷翻炒 5 分鐘，直到乾透並稍微酥脆，移至小碗冷卻。密封置於常溫下，可保存 1 週。

羅望子汁、椰糖漿、魚露放入小碗拌勻，取 ¼ 杯外加 2 湯匙。

浸泡河粉和快炒上桌

取溫水浸泡河粉 20 分鐘，讓河粉變軟，但不要全爛，然後瀝掉水分，下鍋快炒前，再剪成 20 公分長。

又大又沉的長柄平底鍋中大火熱鍋（炒鍋則用大火），倒入豬油，慢慢旋轉鍋子使油均勻沾滿鍋面。待油開始微微起煙，把蛋打在鍋子中央，蛋會開始劈啪作響，蛋白部分膨脹，冒出透明大泡泡。把豆乾、菜鋪、蝦米加到煎蛋一旁，如果用的是長柄平底鍋，這時應轉至中火，如果用的是炒鍋，一樣維持大火。

將蛋以外的食材拌炒均勻，炒 1 分鐘。當蛋白外緣呈金黃色，翻面，若蛋黃破掉也無妨。把蛋炒散，並與其他食材一起拌炒均勻。

放入河粉和豆芽菜，大火快炒，持續翻、拋、鏟 1 分鐘，直到河粉和豆芽菜略為軟化。

放入鮮蝦，再把剛才調好的羅望子醬汁攪拌一下，倒入鍋中。大火快炒，盡量讓蝦子接觸到高溫鍋面，炒 2-4 分鐘至蝦子熟透，鍋內湯汁幾乎收乾，河粉也已完全變軟，外觀不再黏糊或結塊。

加入韭菜和花生 1 湯匙，快速拌炒，然後移至盤中，把其餘的花生和韭菜撒上，搭配切塊萊姆上桌，並用魚露、砂糖、醋漬辣椒、辣椒粉調味。

泰式淡菜煎
HOI THAWT

特殊用具

· 牢固的大鏟子，
  像是鍋鏟、魚
  鏟或一般廚鏟

這道料理沒有米飯，也沒麵條，既然如此，為何出現在這裡呢？因為實在沒有合適的章節可放，所以安插在此，緊接在泰式炒河粉之後。由於這兩道料理經常以同一個煎臺製作，使用的食材也有雷同之處，如蛋、豆芽菜、韭菜，而且時常出現在同一家店的菜單上。

我人生中的第一份淡菜煎，是在泰國灣沿岸小城華欣（Hua Hin）嘗到的，那裡是泰國傳統的海灘度假勝地。一講到度假勝地，西方人就會直覺想到綿延數里、不時可以看到遊客在享受日光浴的細白沙灘，但在泰國，度假勝地的典型景觀是岩岸、清風、微紅沙灘和一大堆桌椅，而且每隔五百公尺左右就有一個小吃攤，賣的不是熱狗和油炸餅，而是可以當正餐吃的食物。對泰國人而言，休閒就是吃，在近海地區就是吃海鮮，即使舉目不見任何漁船的蹤跡。

華欣是海鮮集散中心，也是出了名的美食大城。每當夕陽西下，夜晚來臨，擠滿觀光客的街道就會搖身變成龐大的市集，匯聚眾多攤販，販賣各式商品、小飾物、T恤，當然還有晚餐。小販把整套廚房設備統統推了出來，很像每晚憑空冒出一間超大餐廳，為的就是要填飽幾千人的肚子。這裡所賣的食物，大多是現點現做的，青菜、香料植物、海鮮全都放在冰塊上任君挑選，無論你點什麼，廚師幾乎都能馬上用炒鍋、蒸鍋和烤爐做出來。

有個晚上，我悄悄走近一處生意特別忙碌的攤子，看到我熱切的模樣，老闆娘用清晰的英文霸氣問我：「蚵仔煎？」一般情況下，外國人逛市集的第一守則是不要接受第一個提議，因為那通常都是投西方人所好的東西，不值一吃。那次我卻接受了，然後我看著老闆娘把一團粉漿舀到煎臺的熱油上，撒下一把肥美的牡蠣，再打上一顆蛋，等冒泡的熱油把鍋裡的粉漿煎到金黃酥脆，再加豆芽菜和韭菜，然後用一個看起來像是長柄炒鏟的東西，把煎好的粉漿塊切成小塊，最後一拋一翻，就把它盛到薄軟的塑膠盤裡了。

當時我還不知道那是什麼東西，不過我吃的正是 hoi thawt，泰國大街小巷和夜市經常可以見這道料理，滋味平庸的比比皆是，但真正好吃的簡直美味到不可思議，就像我在華欣誤打誤撞吃到的那盤一樣：一堆蛋煎碎塊，有的酥脆，有的柔軟有嚼勁，好吃程度就跟它的凌亂程度不相上下。

我可以耗上一整天的時間，觀察小販煎煮這道料理的手法，每個人都有自己的一套，包括我最愛看的一招：把粉漿斜撒到煎臺上，好讓它擴散開來。

在 Pok Pok，我們用的是愛德華王子島淡菜，而非只有指尖大小的淡菜，或是泰國當地使用的那種又大又飽滿、比較沒有鹹味的牡蠣。鍋具是仿效市集常見的煎臺，採用薄軋鋼平底鍋，不過在家可用平底炒鍋、煎鍋或寬口淺鍋取代。這道料理需要用很多油，thawt 本身就是「油炸」的意思，不過不是泡在油裡炸，而是浮在油面上炸，有如河面漂舟。即使是做得出色的淡菜煎，也會有點油膩。

是拉差醬：泰國有個小鎮名叫是拉差（Sri Racha），以出產同名辣醬聞名。是拉差醬跟這道料理非常對味，但請注意，加州有家越南與美國合資的匯豐食品公司（Huy Fong Foods），他們也有是拉差醬，請不要買，美國人很愛吃這款「公雞牌」辣醬，雖然它的味道不錯，但對這道料理而言，實在太辣了。請買鯊魚牌（Shark）是拉差醬，如果沒有，也請改買其他泰國品牌，在儲藏櫃多擺一款不同是拉差醬，其實也不錯。

風味特性 濃郁、鹹、略帶魚腥味

1 客，或 2-4 人份的合菜菜餚

- 水 1 杯外加 1 湯匙
- 愛德華王子島淡菜 227 克，刷洗乾淨，去足絲
- bánh xèo 粉 ½ 杯，品牌建議用 Vinh Thuan，見附注
- 天婦羅粉 2 湯匙（品牌建議用 Gogi）
- 韭菜段（長約 3 公分）¼ 杯，外加一大撮作裝飾用
- 白胡椒粉少許
- 泰國魚露 ½ 茶匙外加數滴
- 植物油適量（倒入長柄平底鍋，油深約 0.3 公分）
- 大顆雞蛋 1 顆，常溫
- 豆芽菜 57 克（輕壓一下約 1 杯）
- 泰國是拉差醬，例如鯊魚牌（不要公雞牌或其他美國品牌）

附注　在泰國可以買到混合好的袋裝 hoi thawt 專用粉，但美國最多只能買到 bánh xèo 粉，雖然類似但這是越南薄煎餅用的粉，所以建議再加點天婦羅粉。這些可在東南亞食品材料行找到。

蒸淡菜

½ 杯水倒入中湯鍋，大火煮沸後放入淡菜，加蓋轉中火，煮 3 分鐘至淡菜打開，期間需要偶爾搖晃一下鍋子。開了口的淡菜移至碗中，煮 6 分鐘沒有開口的淡菜一律丟棄不用。待淡菜稍微冷卻，取出肉，外殼丟掉。

煎餅

bánh xèo 粉、天婦羅粉和剩下的 ½ 杯又 1 湯匙的水放入攪拌碗，拌成極為勻滑的粉漿。再取另一個攪拌碗，放入煮熟去殼的淡菜、韭菜 ¼ 杯、胡椒粉、魚露 ½ 茶匙、粉漿 ½ 杯拌勻。

取大型平底炒鍋或煎鍋，口徑至少 30 公分，材質最好是鋼製或鑄鐵，但不沾鍋也行。倒入 0.3 公分深的油，開大火熱鍋，待油微微起煙，把調好的粉漿攪拌一下，再倒入鍋內。粉漿應會在鍋中散開成圓形，厚度介於薄餅與鬆餅中間，如有需要，可用鍋鏟推開。把火轉小，讓油煎滋茲作響的聲音維持穩定。

把蛋打在粉漿中心位置，戳破蛋黃。盡量不要讓蛋流到鍋面上。靜待 1 分鐘後，把鍋鏟從圓餅皮邊緣伸入底部，從鍋底鏟開，然後翻面再煎，期間用

鍋鏟協助轉動幾次，以利受熱均勻。煎 2 分鐘至餅皮邊緣看起來酥脆，呈淡淡的金黃色。

用鍋鏟把圓餅皮推到鍋邊，豆芽菜下在另一邊，上面灑幾滴魚露，然後小心把圓餅皮翻蓋在豆芽菜上。將鍋子抬離火爐，用鍋鏟固定住圓餅，盡量把鍋裡的餘油倒出。

鍋子放回爐上，再煎 30 秒至薄餅熟透，但中心仍軟。用鍋鏟把薄餅切成約 5 公分的方塊。

裝盤，餘油留在鍋裡。把其餘的韭菜撒上，搭配小碗是拉差醬上桌。

雞肉海鮮炒河粉

KUAYTIAW KHUA KAI

對美國人而言，這聽起來似乎是很糟糕的用餐經驗。有個晚上好友奧斯丁·布許帶我穿越曼谷的唐人街「耀華力」（Yaowarat），他長期旅居國外，是個熱愛美食的攝影師、旅人和食客。我跟著他沿著交通阻塞、掛滿閃亮招牌的繁忙主街行走，經過無數露天餐館，他們的塑膠椅占據了整個人行道。奧斯丁朝著另個方向的幾處攤販揚了揚頭，他們都是做這道料理出了名的好手，不過奧斯丁要帶我去找做得最出色的那個男人。

我們走進小巷，裡面有幾隻流浪狗，把小孩嚇得紛紛走避，巷底有個長著拳手鼻的男人，手掌炭火和黃銅炒鍋，靠此營生超過四十個年頭。奧斯丁點菜，我盯著那個男人輕快地用金屬湯匙翻攪我們的河粉，加入雞蛋、雞肉片和切塊的發泡魷魚，再快炒一會兒，最後把這一大堆好料倒入兩個事先鋪上生菜葉的小碗，我們就坐在深巷裡的一張陳舊木桌前吃了起來，奧斯丁喜歡管這兒叫做飯廳。

現在我知道這道料理一點也不奇怪了，中式麵食料理很常把肉類和海鮮加在一起，而且愛在熱炒甚至是湯麵放上生菜裝飾。

說穿了，這道料理根本沒什麼，連調味料都用得不多，但就是一些微不足道的小細節，把這道熱炒變得驚為天人：一點點熬製豬油，還有炒鍋溫度要夠熱，才能把河粉炒得微微焦脆。在紐約曼哈頓的 Pok Pok 泰式炒河粉，我們遵循泰國當地做法，唯一不同的我們不用口感彈脆的發泡魷魚，因為那是加工食品，而是改用富含肉感的新鮮魷魚，如果是在家自己煮的話，可用容易買到的新鮮烏賊取代。

如同許多麵食料理，這道炒河粉的調味也不多，每個人可以依照自己的口味，以魚露和糖調出喜歡的味道。

風味特性　鹹、富含鮮味、略帶煙燻味

· 新鮮寬扁河粉 170 克（寬約 4 公分，見 19 頁）
· 大顆雞蛋 1 顆，常溫
· 泰國蠔油 1 湯匙
· 泰國魚露 1 湯匙
· 砂糖 1 茶匙
· 白胡椒粉少許
· 生菜葉 10 片，約 5 公分大小
· 熬製豬油、蒜油（272 頁）或植物油 2 湯匙

· 無骨去皮雞胸肉 114 克，切成一口大小的小片
· 青蔥 ¼ 杯圈（長約 0.6 公分），外加少許作裝飾用
· 新鮮魷魚或烏賊 57 克，切成一口大小

上桌搭配

· 魚露漬辣椒（286 頁）
· 砂糖
· 醋漬辣椒（286 頁）
· 熟辣椒粉（270 頁）

準備河粉

小心將河粉剝開。除非是新鮮河粉，否則請用微波爐稍微熱一下，或浸泡滾水幾秒，讓河粉變軟，以便完整剝開。烹煮前，瀝掉水分。

快炒上桌

蛋、蠔油、魚露、糖、白胡椒粉放入小碗攪打均勻。另取淺底大碗，鋪上生菜葉。

大火熱炒鍋加入豬油，慢慢旋轉鍋子使油均勻沾滿鍋面，待油微微起煙，放入雞肉大火快炒，持續翻、拋、鏟 1 分鐘，直到雞肉幾乎熟透。

加進魷魚略炒一下，然後把雞肉和魷魚推到鍋子一邊。將河粉放入鍋子中央，輕戳攪拌，讓河粉散開一點，不要黏在一塊。轉中大火，把雞肉和魷魚鏟到河粉上面加熱 20 秒，不做任何翻炒動作。理想狀況下，河粉外緣應該會有起泡情況。

剛剛混合好的蛋液再攪拌一下，便直接倒在河粉上面，然後撒上 ¼ 杯青蔥，用鍋鏟把河粉和蛋液翻到雞肉和魷魚上面，加熱 1 分鐘，不做任何翻炒動作。

用鍋鏟炒散鍋內食材，持續翻炒至少 1 分鐘，直到魷魚完全煮熟。

將河粉盛到生菜葉上，並撒上其餘的青蔥。最後以魚露、砂糖、醋漬辣椒和辣椒粉調味。

三種泰式米線料理

KHANOM JIIN

日落西山，汕巴契市場（Talaat San Paa Khoi）也跟著從販售農產品和肉類的典型市場，搖身變成清邁泰式米線饕客匯聚的夜市，仿如大型自助餐廳。原本堆放鳳眼蘭和龍宮果的桌子，此時全都鋪上色彩鮮豔的廉價桌布。你走向其中一個小販，她背後放著幾大鍋咖哩，一鍋磚紅、一鍋橘、一鍋淡綠，你看到她舀出一碗咖哩給客人，即使是熟悉泰國料理的食客這時也可能會問：「飯呢？」

仔細看，碗底有三坨麵，這可不是一般普通麵條，而是泰國米線，根據大衛‧湯普森的說法，這是泰國唯一源自本土的麵條，十分特別。

這種細麵需要使用發酵米團，製作步驟繁複，所以過去數百年僅見於宗教儀式等特殊場合。湯普森指出，近一個世紀以來，機器簡化了製麵流程，使得泰國米線逐漸成為平民食物，市場常可見其蹤影，一束一束堆積起來猶似紡紗，論斤出售。街頭麵攤也能看到這種泰式米線淋上各種貌似咖哩的湯汁供人享用，清晨時分尤其常見。類似的小攤到處都是，從市場到卡車休息站都能輕易發現，甚至連理髮店裡都有，至少我無意間發現的那家理髮店有，師傅的妻子廚藝很好，有何不可呢？

搭配米線的咖哩煮好之後，可保存好幾個小時。事實上，放上一段時間的咖哩比較好吃，溫度略高於常溫的話，味道最是出色。

複製泰國米線

美國幾乎不可能找到這種發酵米線，如果要在家自己做，建議仿效 Pok Pok，去買越南或泰國乾米線，然後照著以下步驟進行：煮沸一大鍋水，放入乾米線，不時攪拌，由於每個品牌需要的烹煮時間不盡相同，所以請依照包裝指示烹煮。米線不要煮得太硬，應該煮到全軟，但也不要煮得過爛。

於此同時，準備 1 大碗加了冰塊的冰水，和 1 大碗溫水。用大漏杓把麵條的水分瀝掉之後，再以流動的溫水沖洗 1 分鐘，將米線上的澱粉沖洗乾淨。甩幾下漏杓，瀝乾水分，再將漏杓連同米線放入冰水，用手輕輕攪拌，待米線充分冷卻之後，移至溫水碗中，將米線盤捲成束。每份食譜需要的分量，會比實際用量再多一點，因為麵條難免斷裂或不適合盤捲成束。第一次要確實秤重，之後就可只用目測。

在托盤或淺盤上放置冷卻架或類似的打孔架臺。一手抓取 57 克米線，纏繞於另一手中間三隻手指，從指尖往手掌方向繞，如果從指根繞起，之後麵條會很難整束取下。將麵束置於冷卻架上，讓麵束自然從手指滑下。其餘的米線也按照同樣的步驟處理，如有必要可以重疊堆放麵束。讓米線在常溫底下自然瀝乾，需時至少 20 分鐘，最久數小時，但不要放冰箱。

最佳賞味溫度是 32℃ 左右，約略等於泰國的常溫，略高於美國的常溫。上桌前，先將麵束移至淺盤，放入微波爐以低溫加熱至此溫度，不要超過 30 秒。

泰式沙薑咖哩魚米線

KHANOM JIIN NAAM YAA

事前準備

· 前幾月：製作蝦醬
· 前一週：烤乾辣椒
· 前幾小時：準備米線、煮咖哩和煮蛋

特殊用具

· 泰式花崗石缽和杵

這道咖哩不需要動用缽杵辛苦捶搗食材，不過我確信在果汁機發明之前還是需要這道工夫的。這是很不一樣的咖哩，大量使用生薑的近親泰國沙薑，並且覆蓋一層厚厚的魚漿，迥異於常見的雞肉紅咖哩，讓人眼睛為之一亮。

風味特性　土味、濃郁、稍辣、略帶魚腥味、鹹

6 客

咖哩

· 去皮亞洲紅蔥頭 142 克，直刀剖半（如果太大，可切四等分）
· 去皮蒜瓣 28 克，簡單切成約 1 公分的小塊
· 去皮新鮮或冷凍（不解凍）南薑 9 克，橫切薄片
· 檸檬香茅薄片 14 克，用 2 大根檸檬香茅來切，取幼嫩部
· 新鮮或冷凍（不解凍）的完整泰國沙薑 35 克，帶皮，仔細洗淨，橫刀切薄片
· 去蒂泰國乾朝天椒或乾墨西哥普亞辣椒 7 克（約 4 根）
· 自製蝦醬 1 湯匙（274 頁）
· 醃魚醬的魚柳 6 片
· 新鮮或解凍的冷凍巴沙魚排 680 克，或

其他味淡肉質結實的淡水魚種的白肉魚排，挑掉小刺，切成約 5 公分的小塊
· 猶太鹽或細海鹽 1 湯匙
· 不甜椰奶 2 杯（建議用盒裝椰奶）
· 泰國魚露 ¼ 杯，如需調味還可更多
· 越南或泰國乾米線 380 克，依 231 頁處理

配菜（選用數樣）

· 八分鐘水煮蛋 3 顆（270 頁），切四等分
· 乾鳥眼辣椒，烤過（12 頁）
· 泰國酸菜，瀝乾後泡水 10 分鐘，再瀝乾，切小塊
· 豆芽菜，汆燙後，浸一下冰水，再瀝乾
· 白球甘藍絲
· 檸檬羅勒數枝（泰文稱 bai menglak）
· 切成楔形的萊姆數塊

煮咖哩

　　紅蔥頭、蒜頭、南薑、檸檬香茅、泰國沙薑、辣椒、蝦醬和 1 碗水放入小湯鍋混合，以大火煮至滾沸，加蓋，再把火轉小讓咖哩保持微滾，偶爾攪拌一下，煮 20-25 分鐘至所有食材（包括南薑和辣椒）軟化。

　　於此同時，牛排煎鍋或長柄平底鍋開中火熱鍋，若能用低溫的炭火燒烤爐更好。取雙層錫箔或蕉葉，放上醃魚柳，折成一個包裹，放入熱好的鍋子烹煮 15 分鐘，偶爾翻面，直到醃魚柳散發出香味

為止。打開醃魚柳包裹，丟棄大骨和魚鰭，不必去魚刺，然後移入花崗石缽，用力捶搗成均勻糊狀，搗 45 秒至魚刺完全碎掉為止。待咖哩煮好，取 2 湯匙魚泥加入，其餘留作他用。

　　把巴沙魚放入中湯鍋，倒水淹過魚身，加鹽攪拌，加蓋以大火煮沸，關火，讓魚在鍋內 2 分鐘燜熟。把魚連同適量煮魚水（其餘保留）放進果汁機打勻，然後加進放置魚漿的鍋裡。從其餘的煮魚水取出 3 杯，如果不夠，可加清水湊出 3 杯，倒入果汁機打一下，再連同椰奶和魚露倒入鍋中。

開大火將咖哩煮至不斷冒泡，加蓋再煮，偶爾攪拌一下，並調整火力保持微滾，直到咖哩變得有點濃稠，但仍是水水的樣子，只是質地稍微帶點顆粒，使食材開始入味需 15 分鐘。關火，讓咖哩降至溫熱程度，稍微高於常溫更佳。嘗一下味道，可加魚露調味。切記，咖哩是要淋在沒有味道的米線上吃，所以調味一定要足。

咖哩做好可以放在冰箱保存幾天，使用前略為加熱即可。

合體

把米線分置於 6 個碗中。咖哩拌勻，舀 1 杯左右的分量到各碗。其餘食材搭配上桌，各人自行選用配菜和調味。

泰北咖哩米線

KHANOM JIIN NAAM NGIEW

事前準備

· 前一週：製作咖哩醬和烤乾辣椒

· 前幾小時：煮咖哩、準備米線和煮蛋

特殊用具

· 泰式花崗石缽和杵

這道料理只有泰北才有，看似咖哩但卻湯頭清澈，最大特色是以番茄、排骨和豬血塊入菜。相較於你可能在市場或鄉下看到的做法，我的食譜用肉分量較多，不過為了方便，我省略了美國很難找到的乾燥木棉花蕊（dawk ngiew），泰國當地咖哩米線因為加了這樣材料，所以色澤較深，也較有口感。

風味特性 肉味、富含鮮味、濃郁、鹹、略辣

6 客

咖哩醬

· 去蒂泰國乾朝天椒或乾墨西哥普亞辣椒 7 克（約 4 根）

· 猶太鹽或細海鹽 ½ 茶匙

· 芫荽根 6 克，切碎

· 檸檬香茅薄片 7 克，用 1 大根檸檬香茅來切，取幼嫩部

· 去皮新鮮或冷凍（不解凍）南薑 9 克，橫切薄片

· 去皮新鮮或冷凍（不解凍）薑黃 10 克，橫切薄片

· 自製蝦醬 1 湯匙外加 1 茶匙（274 頁）

咖哩

· 豬肋排 450 克。請肉販將每條肋骨切成約 5 公分寬的肋排肉（大部分亞洲肉舖都售有切好的肋排肉），再把一根根肋骨切開，洗淨

· 猶太鹽或細海鹽 1½ 茶匙

· 水 4½ 杯

· 瘦牛絞肉 340 克

· 泰國魚露 1½ 湯匙

· 泰國生抽 1½ 茶匙

· 泰國豆瓣醬 ½ 茶匙

· 砂糖 1½ 茶匙

· 小番茄 227 克（約 12 粒），剖半

· 豬血塊 114 克，切成約 2 公分小塊

· 越南或泰國乾米線 380 克，依 231 頁處理

配菜（選用數樣）

· 8 分鐘水煮蛋 3 顆（270 頁），切四等分

· 泰國酸菜，瀝乾後泡水 10 分鐘，再瀝乾，切小塊

· 豆芽菜，汆燙後浸一下冰水，再瀝乾

· 白球甘藍絲

· 乾鳥眼辣椒，烤過（12 頁）

製作咖哩醬

乾辣椒和鹽放入花崗石缽，用力捶搗 3 分鐘，停下刮一刮研缽內壁的碎屑，攪拌一下，然後繼續捶搗 2 分鐘，直到食材變成非常細緻的粉末。放入芫荽根再搗，偶爾停下，把研缽壁上的碎屑刮下，搗 2 分鐘成勻滑、略帶纖維的泥狀。接著依序放入檸檬香茅、南薑和薑黃，一樣搗碎，每樣食材都充分搗勻之後，再繼續處理下一樣食材。最後放入蝦醬，搗 1 分鐘至整團均勻。

最後會得到 ¼ 杯醬料，可以馬上使用。密封冷藏可保存 1 週，冷凍可保存 6 個月。烹調 6 碗需要用到 ¼ 杯醬料。

煮咖哩

豬肉和鹽連同 4½ 杯水放入中湯鍋，以大火煮至滾沸，加蓋後，再把火轉小保持微滾，同時撈除浮沫。30 分鐘後，拌入所有咖哩醬、牛肉、魚露、生抽、黃豆豉和糖。再煮至少 15 分鐘至豬肉變軟，但仍帶有嚼勁，叉子能把肉從骨頭卸下，但仍有些許阻力。

放入番茄和豬血塊，煮至少 5 分鐘讓兩樣食材熱透。關火，降至溫熱程度，稍微高於常溫更佳。嘗一下味道，可加魚露調味。切記，咖哩是要淋在沒有味道的米線上吃，所以調味一定要足。

合體

把米線分置於 6 個碗中。舀足滿滿 1 杯湯汁、若干排骨、豬血和番茄到各個碗中。其餘食材搭配上桌。

阿姜蘇妮 Ajaan Sunee

一條骯髒小巷引我和友人來到湄林（Mae Rim）一家設於住家後院的餐廳。那天上桌的菜餚中，我最喜愛的一道是名叫 jin som 的發酵豬肉末。這道料理非比尋常，雖然是熟的，但卻沒有一般烤製的燒烤痕跡，上菜也不見蕉葉。如果是包在蕉葉裡烤，可以解釋為何沒有燒烤痕跡，但包蕉葉烤的食物，幾乎都會連同蕉葉一起上桌。遇到這種情況，我總會四處閒晃，很想揭開謎底。

幸好我是跟阿姜蘇妮一起去，阿姜（Ajaan）這個稱號類似英文裡的「教授」，擺在名字前面是一種敬稱。我們早在一九九三年就已結識，阿姜蘇妮在清邁大學教授家政學，她廚藝出色，而且擅於激發學生熱情，因此贏得大家敬重。身材瘦小的她，臉上戴著一副眼鏡，非常有老師的風範，她經常專程帶著自己做的點心來給我當晚餐，上回她帶的是外層裹著麵條的炸豬肉丸，後頭還拖著五個學生，真是意外驚喜。

我是因為友人桑尼和蘭娜才認識她的，很快她就成了我的阿姜。每回在熟食市場大開眼界，帶回一堆神祕的湯、燉料和調味醬，我總是滿手胖墩墩的塑膠袋，直接跑去問她：「可以教我怎麼煮嗎？」她從沒拒絕過。

從她身上可以學到很多知識。就如我的許多泰國友人一樣，她也是在清邁近郊長大，那是位在清邁南方約五十公里名叫班朝萊（Ban Chaw Lae）的小村莊。她的父母以種植馬鈴薯和蒜頭維生，家裡有 27 英畝地，其中包括一座用來風乾蒜頭的大倉庫。我想蘇妮一家的日子應該過得不錯，儘管如此，他們照樣買不起太多東西，蘇妮小的時候也是得下田拔菜、去野外採集香料植物、在灌溉溝渠抓魚，而且因為她是女生，所以還得幫忙母親、姑姑和祖母煮飯。

而今她接下當地政府的一項計畫，負責前往偏遠的原住民小村落，學習他們的菜餚，並且評估營養價值。我很愛聽她滔滔不絕地講述她碰到的各種料理，像是用小茄子和炸豬皮做的辣椒醬、田鼠湯、茶葉發酵的液體，以及茗葉裹蝦米、生薑和熟糯米粉。這些事情我一聽可以聽上好幾個小時，她實在大大增進了我對泰國料理的認識。

如果有人可以讓我恍然大悟酸香腸為何不用燒烤爐也能如此香辣可口，那人就是阿姜蘇妮。我先是用泰語問小販，她是怎麼把香腸弄熟的，那女人回答：「Sai wehb。」第一個字 sai 我知道，是「在」的意思，但第二個字我就不認識了。「在」什麼？難道我發現新的烹飪方法？其實我不該大驚小怪，因為光是燒烤，我就知道五種方法，每種方法都有不同名稱，這可能就是第六種方法。

我轉頭看著蘇妮，一臉茫然，她和小販頓時大笑了起來。「Wehb，就是『Microwehb』啦。」蘇妮邊笑邊用泰國腔說道。原來小販是用微波爐烤香腸。雖然我非常尊重蘇妮，用阿姜稱呼她，但有時我需要的就只是一個會笑我傻，然後告訴我正確答案的朋友。

炒泰國米線

PHAT KHANOM JIIN

特殊用具
· 炒鍋和鍋鏟

這是把用剩的泰國米線（231 頁）拿來大火快炒的料理，泰國人當點心吃，通常出現在節慶場合，像是婚禮或泰國新年，因為長長的麵條象徵長壽，金黃色澤象徵好運。

在美國，炒這道料理需要多費一道工夫把乾麵條煮熟，不過炒出來的好滋味絕對讓你大呼值得。

風味特性 富含鮮味、甜、鹹

· 越南或泰國乾米線 114 克	· 砂糖 1 湯匙
· 蒜油（272 頁）或紅蔥油（273 頁）¼ 杯	· 猶太鹽或細海鹽 ½ 茶匙
· 泰國老抽 1 湯匙	· 油蔥酥 2 湯匙（273 頁）
· 泰國生抽 1½ 茶匙	· 泰國魚露數滴
· 泰國蠔油 1½ 茶匙	

1 客

煮米線

煮沸大鍋水，放入米線，不時攪拌，由於每個品牌需要的烹煮時間不盡相同，所以請依照包裝指示烹煮。米線不要煮得太硬，應該煮到全軟，但也不要煮得過爛。

準備 1 大碗加了冰塊的冰水。用大漏杓把米線的水分瀝掉，再以流動的溫水沖洗，將米線上的澱粉沖乾淨。甩幾下漏杓瀝掉米線的水分，再將漏杓連同米線放入冰水，用手輕輕攪拌。待米線完全冷卻，再次瀝掉水分，約 30 分鐘，偶爾搖晃甩拋，讓米線完全瀝乾。

大火快炒

米線加 2 湯匙油放入大碗輕拌均勻。取另 1 小碗，倒入生抽、老抽、蠔油、糖、鹽，攪拌至大部分的糖和鹽溶解，再整碗加到米線裡面，輕拌一下，讓米線均勻裹上醬汁。我喜歡抓一把米線，把小碗底面的醬汁抹乾淨，再放回盛裝麵條的大碗裡。讓米線浸於醬汁 10 分鐘左右。

以大火熱炒後，把其餘的 2 湯匙油倒入鍋中，慢慢旋轉鍋子使油均勻沾滿鍋面。待油微微冒煙，放入麵條和 1 湯匙油蔥酥，大火快炒，持續翻、拋、鏟 2-3 分鐘，直到米線熱透並入味。

米線可能會在翻炒過程斷裂，這沒有關係。可依喜好用糖和魚露調味。

上桌

將米線盛到盤裡，待溫度稍稍冷卻後，把剩下的油蔥酥撒上，輕拌一下，即可享用。

異料國理
AAHAAN FARANG

　　我不喜歡把 Pok Pok 稱作泰國餐廳，原因很多，最簡單的一個是我們不只賣泰國料理。在本書其他章節，你會看到不少食譜起初都是國外傳入，後來經過泰國廚師的轉化，才形成道地的泰國滋味。本章介紹的料理跟泰國一點關係也沒有，它們只是我在亞洲旅行過程吃到而從此上癮的料理。

辣炒雲南火腿

我多年前曾在中國雲南一帶旅行，吃遍各地美食，那段日子我天天吃這道熱炒，裡面的蔬菜經常替換，但一定少不了角椒和幾片雲南出了名的火腿。使用角椒是因為風味特殊，反而不是因為辣，而雲南火腿則是香鹹之中帶有一股煙燻味，通常是取少量來調味，以突顯整道菜餚的鮮美肉味。

這道熱炒是道道地地的中國料理，但我在泰國清邁旅行時，卻經常看到雲南火腿的蹤影。當地有個「卡秦霍」（Kad Jin Haw）的週五市集，裡面聚集了不少回族和傣族小販，菜單上就會出現這道料理。也許現在的泰國人最早其實是從雲南遷居而來。

吃過許多種版本之後，我發現最好吃的搭配是菇蕈加玉米，這在中國十分常見，不像在泰國，玉米主要用於甜點。甜玉米粒、充滿土壤風味的菇蕈和燻製豬肉的組合，在美國南方家庭往往是放進鍋裡燉煮，但加點生薑和醬油放進鍋裡炒，同樣好吃得不得了。

你可以隨意調整食材，像是多點菇蕈、少點玉米都行，也可把美國很難買到的雲南火腿換成鄉村煙燻火腿，甚至是西班牙的塞拉諾火腿。

風味特性　甜中帶鹹、富含鮮味
建議搭配　清湯冬粉（149頁）或醬油蒸魚（79頁），以及茉莉香米飯（31頁）

2-6 人份

· 豬高湯 ¼ 杯（268頁）
· 泰國生抽 1 湯匙不到
· 砂糖 1 茶匙
· 白胡椒粉少許
· 植物油 2 湯匙
· 雲南火腿、煙燻塞拉諾或鄉村火腿 43 克，切成厚 0.3 公分一口大小的薄片
· 大支香氣濃郁的角椒或阿納海椒或匈牙利辣椒 43 克，去籽，如果太大就直刀剖半，切成 2 公分一口大小的小丁（約 ½ 杯）
· 去皮生薑 1 塊（7 克），切成火柴棒的細長條狀（長寬 5、0.3 公分，約 1 湯匙）

· 去皮蒜瓣 11 克，直刀剖半，放進研缽輕搗成小塊（約 1 湯匙）
· 生玉米粒 1 杯
· 蠔菇或綜合菇蕈 57 克，切成或撕成一口大小（約 1 杯）
· 去皮黃洋蔥 57 克，縱切成條狀（約 ½ 杯）
· 去皮紅蘿蔔 57 克，切成厚約 0.6 公分一口大小的薄片（約 ¼ 杯）
· 青蔥 14 克，切成長約 5 公分的小段（約 ¼ 杯）

高湯、醬油、糖、白胡椒粉倒入小碗拌勻。然後取一個容器，放入火腿、辣椒、生薑、蒜頭，再另取一個容器，放入玉米粒、菇蕈、洋蔥、紅蘿蔔。

大火熱鍋後倒油，慢慢旋轉鍋子使油均勻沾滿鍋面。待油微微冒煙，將鍋子抬離火爐，放入火腿、辣椒、生薑、蒜頭，大火快炒，持續翻、拋、鏟，

直到薑和蒜頭散發極為濃郁的香氣，但尚未燒焦，需 30-45 秒。

鍋子放回爐上，倒入玉米粒、菇蕈、洋蔥、紅蘿蔔，大火快炒 1 分鐘。

倒入混合好的高湯，再大火快炒 1 分鐘至蔬菜剛好熟透，醬汁稍微收乾。撒入青蔥，翻炒 10 秒左右，盛盤上桌。

越式鱧魚鍋
CHẢ CÁ LÃ VỌNG

事前計畫

· 前一週：製作薑
黃油

· 前一晚：醃魚

· 前幾小時：調製
鳳梨魚露和煮麵

Pok Pok 開始營運之前，我去越南壯遊了一番，不是刻意去尋找菜單靈感，而是我知道未來會有很長一段時間沒辦法出門旅行。

在首都河內飽嘗當地著名的牛肉河粉之後，我開始將目光轉往這座城市的其他經典料理。該上哪兒吃一點也不成問題，我跟許多旅人一樣，僱了一輛載客摩托車，叫司機帶我去 Chả cá 街，這條街直接以我要去吃的料理命名。我走進 Chả cá Lã Vọng 餐廳，據說這是最初發明這道同名料理的元祖店家。

店裡沒有菜單，不必點菜，服務生就會主動端上河粉、幾盤香料植物和小火爐，然後在小火爐擺上一個平底鍋，裡面只見黃澄澄略顯酥脆的魚塊在油中翻騰，魚肉帶有一股細膩、誘人、難以筆墨形容的酸味。以醃魚醬汁和鳳梨製成的佐料 Mắm nêm 非常帶勁，賦予整道料理令人回味無窮的深度。還有數種香料植物可隨個人喜好加進鍋裡，為你的河粉和魚肉增添清新口感與明亮色彩，這也是許多越南美食的共通特色。

我記得那次除了吃到芫荽和青蔥之外，竟然還有蒔蘿，那時我太孤陋寡聞，還不曉得寮國、華南、泰北和越南料理都會以這種香料植物入菜。

我一吃就迷上了，決定把這道料理放進 Pok Pok 的菜單，不過有個問題：這道料理看似簡單，大部分的食材都一盤一盤地擺在我眼前，但還是有些東西我始終弄不明白，盯著這一整桌的菜百思不得其解。於是，我花了長到我不想承認的時間去研究這鱧魚鍋到底是不是加了某種甲蟲萃取物。

下面的食譜是我研究許久的心得，我想應該極為接近我記憶中的味道。在 Pok Pok，這道料理只供包廂客人點用，因為其他桌子放不下整套食材和鍋盤，不過要是在家吃的話，這就不成問題了。

風味特性　土味、香料植物味、濃郁、酸、甜、臭

魚

- 新鮮或解凍的冷凍巴沙魚排 570 克，或味淡肉質結實、取自其他白肉淡水魚種的魚排，切成長厚 5、1 公分的方塊
- 酒釀 2 湯匙（又稱甜酒釀、醪糟，泰文稱 khao mahk），罐裝或自製（247 頁）
- 薑黃粉 1 湯匙
- 猶太鹽或細海鹽 1½ 茶匙

鳳梨魚露

- 熟甜的新鮮鳳梨果肉 100 克，切小塊（約 ½ 杯）
- 去皮蒜頭 14 克（中等大小蒜瓣約 4 個）
- 萊姆汁 1½ 湯匙
- 越南魚露 1½ 湯匙
- 醃魚醬汁 1½ 湯匙
- 砂糖 ½ 湯匙
- 白醋 ¾ 茶匙，建議用泰國品牌
- 新鮮紅鳥眼辣椒丁 12 克（約 2 滿湯匙）

薑黃油

- 植物油 ¾ 杯
- 去皮新鮮或冷凍（不解凍）薑黃 14 克，橫切薄片（約 1 湯匙）

上桌

- 越南或泰國乾米線 227 克
- 薄荷葉輕壓一下約 1 杯（葉子越小越好）
- 芫荽段輕壓一下約 ½ 杯（取嫩莖葉）
- 青蔥段輕壓一下約 2½ 杯（斜切長約 4 公分的小段）
- 蒔蘿葉輕壓一下約 2½ 杯，去粗梗、2.5-5 公分長的小枝
- 碾成粗屑的無鹽烤花生 ¼ 杯
- 切成楔形的萊姆 4 塊（建議用礁島萊姆）

4 人份

醃魚

取中型攪拌碗，放入魚，再加酒釀、薑黃粉和鹽拌勻，使魚肉裹上醃料，但小心薑黃會沾染皮膚和衣物。加蓋，放冰箱保存，至少醃 1 小時，最久可醃整夜。

調製鳳梨魚露

除了辣椒，將鳳梨魚露的所有食材放入果汁機，攪打至整團勻滑，並讓泡沫慢慢消退。

醬汁倒入碗中，可在常溫下靜置數小時，使用前再拌入辣椒即可。

製作薑黃油

植物油和薑黃放入小鍋混合，以小火加熱，把油熱到微微起泡，煮 5 分鐘，關火上蓋。待油冷卻至常溫，過濾去掉油中的固狀物。最後會得到 1 杯帶有薑黃味道的油。可用更多材料製出 2-3 倍分量，置於密封容器可在常溫下保存 1 週。

料理食材

煮沸一大鍋水，放入米線，不時攪拌，煮到米線完全變軟，不需要彈牙，但也別太過軟爛。每個品牌需要的烹煮時間不盡相同，所以請依照包裝指示烹煮。

準備 1 大碗加了冰塊的冰水。用大漏杓把米線的水分瀝掉，再以流動的溫水沖洗，將米線上的澱粉沖乾淨。甩幾下漏杓瀝掉米線的水分，再將漏杓連同米線放入冰水，用手輕輕攪拌。待米線完全冷卻，再次瀝掉水分，約 30 分鐘，偶爾搖晃甩拋，讓米線完全瀝乾。

把米線小堆小堆置於盤上。另取一盤，放上薄荷、芫荽、½ 杯青蔥、½ 杯蒔蘿、花生和萊姆。

大型平底煎鍋倒入薑黃油，開大火熱油至微微起煙後，放入魚肉。如果鍋子不夠大，可分兩批下鍋，全部煮好之後，再將所有魚肉放回鍋內。把火轉小，維持高溫但又不致於燒焦的程度，翻面一次，把魚煎到雙面呈金黃色澤，而且完全熟透，需 5 分

鐘。關火，讓油稍微冷卻後，再加入 2 杯青蔥和 2 杯蒔蘿，輕輕拌炒 15 秒，注意保持魚塊完整，直至青蔥和蒔蘿開始縮水。

上桌

整盤米線、整盤芫荽盤、整碗醬汁及煎鍋全部擺到餐桌上。發碗給客人，讓他們隨個人喜好搭配菜色。我的建議是每碗都放進 170 克的米線，舀上一些魚塊，外加炒過的香料植物和薑黃油，再撒上一大撮生菜、花生 1 湯匙、幾滴萊姆汁，以及鳳梨魚露 2 湯匙，拌勻即可享用。

酒釀

要做我的 Chả cá Lã Vọng，一定得買這樣東西，它有很多不同稱呼，像是米釀、甜酒釀、醪糟等等，以罐販售，可在超市的冷藏食品區找到，尤其是專賣東南亞食品的超市，甚至有些越南三明治店也有在賣自製酒釀。如果你實在買不到，或者想要自己做，可以參考這個食譜。

酒釀 KHAO MAHK

· 泰國糯米 170 克，加適量水淹過數公分，浸泡 1 晚後，瀝乾
· 丸狀酒麴（又稱 pang khao mahk）近 2 克，從小球上撥下一些
· 砂糖 1 湯匙外加 1 茶匙

將糯米洗淨瀝乾，再放進蒸籠，依照 33 頁的方式蒸熟。於此同時，準備 1 碗涼水。

煮好的糯米放進涼水，用手把結塊的部分捻開。待糯米溫度降到常溫，把水瀝掉，但米仍有一點潮濕，大約還能再瀝出 2 湯匙水的程度。

將酒麴搗成細粉，加糖拌勻，再撒在糯米上輕輕拌勻，盡可能讓酒麴均勻分布。

把加了酒麴的糯米放入深罐，糯米應到罐身一半再稍微多一點點。用保鮮膜蓋住糯米，輕壓一下，使其平貼米面，罐口也用保鮮膜封好，然後置於溫暖之處發酵。讓糯米自行發酵，每隔幾天檢查一下，把快要溢出罐口的液體舀出，以保持乾燥，發酵至糯米略為分解，整罐看起來有點像是顆粒很粗的濃稠米粥，聞起來有酒味，需 8-12 天，端視氣溫而定。若要確認酒麴是否產生作用，在第 3 天之後檢視罐子，應該可以看到酒釀在發泡。

大功告成之後，將酒釀密封冷藏可保存好幾個月。

艾克的越式魚露炸雞翅

事前計畫

· 前1晚：醃雞翅、
  炸蒜頭酥、醃蘿
  蔔
· 提前幾小時：炸
  雞翅

特殊用具

· 細網篩或粗棉布
· 油炸溫度計
· 炒鍋（強烈建議
  使用不沾鍋）

我花了近二十年的黃金時期在泰國各地走闖，想盡辦法把泰國料理引進美國。對我而言，這是 Pok Pok 存在的唯一原因。不過，Pok Pok 最受歡迎的餐點竟然不是泰國料理，這點我倒是挺得意。

我們的貸款基本上是靠這道雞翅還清的，我也因此能在其他菜餚上有更大的冒險空間。這道雞翅之所以如此受歡迎，即使你不愛依善青木瓜沙拉的嗆辣和腥羶，或是酸咖哩蝦裡蝦的酸味，都會對這道雞翅濃郁到誇張的鮮味，感到震撼不已，念念不忘。

這道雞翅其實是越南當地相當受歡迎的料理，名為 gà chiên nước mắm。在 Pok Pok 開張之前，我試著重做我之前在西貢 bia hơi 攤吃到的雞翅。Bia hơi 在越南是「生啤酒」的意思，路邊小攤擺出幾張矮到好笑的桌子和凳子，就賣起淡如清水的低酒精廉價啤酒，以杯計價。坐在那裡，膝蓋朝天幾乎與雙耳同齊，一面喝著加冰的啤酒，一面烤著美味的小菜，邊吃邊喝，一大杯生啤酒不知不覺就見了底。

那一次，好幾盤雞翅都被我啃得乾乾淨淨，我就明白 Pok Pok 的開幕菜單上一定要有這道。

回到波特蘭之後，我試做好幾次都沒能成功，直到 Pok Pok 僱用了天字第一號員工張宜德之後，才有了突破。「宜德」這兩個字的發音對我們來說實在太難了，所以我都叫他「艾克」。艾克是個十項全能的好幫手，有陣子我的工作是幫人家粉刷房屋，那時他剛從越南來到美國，先是跟我一起刷油漆，然後又跳下來跟我一起開餐廳。說「跳下來」既是譬喻也是事實，我們就曾經為了找排水管，挖了一條很深的壕溝，他一跳進去，人就不見蹤影了。艾克不僅幫我建立這家餐廳，自己也燒得一手好菜，他教了我幾招，讓這道雞翅有了今天的模樣。至今我們仍是工作夥伴。

在家自己做這道雞翅的方法，跟我們在餐廳做會有些不同，因為 Pok Pok 有工業級炸鍋和超強 BTU 的爐火。儘管如此，簡化版家庭食譜做出來的成果，仍然非常接近在 Pok Pok 吃到的味道，而且只需花費一半的工夫。如果你做的是辛辣口味，記得開窗和開抽油煙機。

風味特性　極鹹、極甜、富含鮮味
建議搭配　越式鱧魚鍋（245頁），或當下酒菜

醬汁和醃料

- 去皮蒜頭 28 克（中等大小蒜瓣約 8 個）
- 猶太鹽或細海鹽 1 茶匙
- 溫水 ¼ 杯
- 越南魚露 ½ 杯
- 特細砂糖 ½ 杯
- 中等大小雞翅 900 克（約 12 隻），從關節處切開

炸雞翅及完成料理

- 油炸用植物油

- 白米粉 1 杯（非糯米粉）
- 天婦羅炸漿粉 ¼ 杯（品牌建議用 Gogi）
- 水 ¼ 杯
- 烤辣椒醬 1-2 茶匙，可不用（287 頁）

上桌搭配

- 瀝乾的開胃醃蘿蔔（284 頁）
- 波斯、英國或日本黃瓜數條（或質地結實、籽小、皮薄不苦的品種）
- 越南薄荷、芫荽或紅骨九層塔數枝

> 12 隻雞翅，足夠作為 4-8 人份的合菜菜餚

調製醬汁和醃雞翅

蒜頭切細末，撒上鹽，和在一起剁 15 秒，然後全部鏟進小碗，倒入溫水 ¼ 杯，靜置數分鐘。

取另一個碗，架上細網篩，把剛剛剁好的蒜末倒入網篩，然後用湯匙背面攪拌和擠壓蒜泥，使蒜汁盡量全部流出，或是用粗棉布包住蒜末，底下放個碗，接住擠壓出來的蒜汁。蒜泥留下備用。在盛裝蒜汁的碗中加入魚露和砂糖，攪拌至砂糖完全溶解，最後可以得到 1 杯魚露混合液。

雞翅放進大攪拌碗，倒入 ½ 杯魚露混合液（其餘留下備用），用手拌勻。加蓋放入冰箱至少 4 小時，最久整夜，記得每小時攪拌一下。

炸蒜頭酥

於此同時，小口平底鍋倒入 2 公分深的油，開大火熱油至微微起煙。取耐熱碗，架上細網篩，置於手邊。測試油溫是否夠熱：先放一塊蒜末，如果馬上出現油泡，就將其他蒜頭全部放入。轉至中小火，切記別用大火加快烹調速度，攪拌一、兩次，炸 5 分鐘至蒜末均勻呈現淡金黃色。蒜頭與油倒進架上細網篩的耐熱碗，濾出蒜末，帶有蒜香的油留作他用。輕晃網篩，將蒜末在廚房紙巾上約略鋪成一層，吸油，並靜置冷卻。最後可得到 2 湯匙蒜頭酥，密封可在常溫下保存 1-2 天。

炸雞翅

在水槽放置漏杓，放入雞翅，偶爾搖晃，讓雞翅充分瀝乾至少 15 分鐘，再下油鍋。

取專用油炸鍋，若沒有則用炒鍋、荷蘭鍋或廣口湯鍋，倒入約 5 公分深、完全淹沒雞翅的油量。以中大火熱鍋，把油加熱，用油炸溫度計量測約 175℃，加熱過程偶爾小心攪動炸油，確保油溫均勻，同時調整爐火，保持油溫穩定。

白米粉和天婦羅粉放入大攪拌碗拌勻。

雞翅分兩批油炸。先將半數雞翅放進剛剛混合好的粉料裡，使雞翅均勻裹上炸粉，再敲敲碗壁，抖落多餘的炸粉，就能下鍋油炸。第一批先放進油裡炸 4 分鐘，推推雞翅，稍微動一動，之後每隔幾分鐘就推一下，直到雞翅呈現均勻的深金黃色，而且熟透，需 6-8 分鐘。起鍋後，將雞翅移到紙巾上吸乾油分。讓油溫重新回到 175℃時，再下第二批雞翅，一樣炸好。

料理雞翅

在用剩的魚露混合液中加入 ¼ 杯水拌勻，置於一旁備用。

雞翅分兩批處理，如果鍋子夠大，不分批也行。將 ¼ 杯魚露混合液和一半的辣椒醬（如果要放）倒入不鏽鋼鍋，開大火煮沸，煮 45 秒至醬汁收乾一

半。放入半數雞翅烹煮，每隔 15 秒左右用夾子、鍋鏟或徒手（動作要快才不會燙到），攪一下泡在醬汁裡的雞翅，煮 1 分鐘至醬汁包覆雞翅外皮，化成黏膩的焦糖色澤。把之前留下來的蒜頭酥取 1 湯匙加入鍋中拌勻，繼續烹煮、攪拌，直到雞翅色澤變深一、兩個色度，需 30 秒。

把雞翅移至餐盤。醬汁包覆雞翅所形成的外膜會阻止熱能散逸，所以第一批雞翅不會在你料理第二批的時候冷掉。或者，你也可以把第一批雞翅放進烤箱保溫。

把炒鍋洗淨擦乾，再用 ¼ 杯魚露混合液、剩下的辣椒醬、雞翅、1 匙蒜頭酥，重複上述步驟。

搭配泡菜、黃瓜棒和香料植物，即可上桌。

甜品
KHONG WAAN

本章介紹的料理在 Pok Pok 都是當作餐後甜點供應，因為美國顧客習慣看到菜單列出甜點。不過在泰國，甜點的概念有點不太一樣，對泰國人而言，甜點比較像是小吃，只不過剛好是甜的而已。

西方人喜歡鮮豔辛辣的沙拉和滋味濃郁的咖哩，普遍不太認識泰國甜品，但我卻是情有獨鍾。泰國甜品的種類多到目不暇給，像是椰子香糕和用蕉葉蒸粉粿，用蛋黃和糖做的金黃色甜品，這原本是葡萄牙人傳入的甜點，泰國人把它做成細膩的長條形，或是類似波羅蜜種子的造型，也有做成冰品的甜品，裡面加入水果和豆類以及狀似麵條的長條配料，這種配料用糖漿煮過，吃起來有一種特殊的蠟燭煙燻味。有時甜品也會做成鹹的，像是甜糯米丸裡面塞鹹甜的綠豆餡，木薯糕蒸好之後撒上油蔥酥，甚至是柴魚粉。給泰國甜品一次機會吧，一旦嘗過這些徹底顛覆味蕾期待的甜品，你肯定愛到無法自拔。

泰北蜜瓜香糕
KHANOM BATAENG LAAI

特殊用具

· 寬口鋁製中式
  蒸籠
· 一個大耐熱碗、
  派盤或圓形烤
  盤，準備兩個
  小的亦可（用來
  盛裝麵糊，高約
  2.5 公分）
· 細網篩

我第一次去清邁是為了拜訪朋友克里斯和蘭娜，那趟旅程讓我經歷許多第一次：第一次吃泰北豬肉末沙拉（106 頁），第一次吃到野菇咖哩而對泰國料理完全改觀，第一次知道泰國甜品不只有椰子冰淇淋和芒果糯米飯（257 頁）。

我跟著在清邁大學教書的蘭娜走進學校餐廳，直盯著一個個色彩繽紛的小方塊猛瞧，蘭娜說這是一種蒸糕，叫 khanom，這基本上就是甜品的意思。我興奮地看著這些糕點，有橙色、淡黃、萊姆綠，還有罕見的暗黑。

「這到底是什麼東西？」我心想，腦袋一邊搜尋可能的黑色食材。「絕對不可能是墨魚汁」我想。「那是甘草口味嗎？」蘭娜問小販。小販回答：「木炭。」我記得我當時對這個答案半信半疑。「雖然難以想像的轉變經常發生，但這也太奇怪了吧！」我那時心裡這麼認為。於是我點了幾個嘗嘗，結果吃起來果真像木炭，略帶甜味，苦苦的，有木炭味。時至今日，我還是不知道那到底是怎麼做出來的，我不確定自己是否喜歡，但我確定那味道永遠深印在記憶中。

你不太可能在西方國家找到木炭口味的甜點，除非你去的那間餐廳光是葡萄酒單就有十頁之多，而他們的甜點廚師野心特別大，廚房還備有多功能食物調理機。從這裡正好可以看出泰國人在甜品方面的口味跟西方人不盡相同。有時是表現在食材的選擇上，像是黃豆的澱粉質吃在嘴裡，老讓我想起甜豆沙，有時是表現在甜味與鹹味比例幾乎相等的特色上，這點我自己是越吃越愛。不過，鹹焦糖和培根巧克力最近在美國大為流行，顯見美國人對此接受度越來越高。

有時泰國甜品就處在東西兩方口味交集之處。在同一趟旅程中，我去到蘭娜長大的小村莊沙隆奈，有個婦人走過來兜售泰北蜜瓜香糕，這是以當地香氣濃郁無比的甜瓜為名的一種糕點，在椰奶和椰糖的襯托下，甜瓜味道更顯突出，甜瓜的香氣也和入麵粉，甜蜜濃香卻又不膩。雖然不是木炭做的，但結果同樣令人大開眼界。

由於太平洋這頭不產這種甜瓜，所以我用哈蜜瓜取代。

風味特性　香、甜、微鹹

約 24 塊，8-10 人食用綽綽有餘

- 過熟、軟爛且香甜的哈密瓜削皮去籽切塊 570 克
- 不甜椰漿 1 杯（建議用盒裝椰漿）
- 白米粉 1¼ 杯（非糯米粉）
- 木薯澱粉 ½ 杯
- 砂糖 ½ 杯
- 猶太鹽或細海鹽 1 茶匙
- 植物油或油噴霧 1 茶匙

取鋁製中式蒸籠，蒸籠口徑要寬，碗放進去後要留有數公分餘裕。倒入 8 公分高的水，放上蒸盤加蓋，開大火把水煮沸。

將果肉放入果汁機，攪打成勻滑泥狀。取 3 杯果泥，連同椰漿、白米粉、木薯澱粉、砂糖和鹽，放入大攪拌碗打勻。如果哈密瓜已經很甜，糖要漸次加入，果泥漿味道雖甜，但也別甜過頭。

大耐熱碗的碗底和碗壁抹上適量油和噴霧油。如果你是用 2 小碗，可能就得分批蒸炊。

取另一個攪拌碗或容器，架上細網篩，過濾果泥漿去掉粗渣。

把蒸籠的火稍微轉小，讓水繼續冒泡，但非大滾。為避免不慎打翻，請先將碗放進蒸籠，再把適量果泥漿倒入碗中，深度約 2-3 公分。

蒸籠上蓋，炊 45 分鐘至香糕凝固。可用牙籤戳一下中心處，不會滲出汁液，輕輕搖晃碗盤，香糕應會微微抖動。

將炊好的香糕置於常溫下，待完全冷卻，再切成 4 公分的小方塊。如果打算當天享用，就不要放冰箱。密封冷藏可保存 1 週，享用前置於常溫下退冰即可。

芒果糯米飯
KHAO NIAW MAMUANG

特殊用具
· 紗布或乾淨的
  蒸飯網袋
· 便宜的糯米蒸
  籠組（編織竹籃
  和大肚鍋）

桑尼很愛一家路邊小攤，他總用節奏輕快的英語稱它為「My Temptation」（我的心頭好）。每回我們開車從他住的班帕杜村前往清邁途中，總會經過那間小攤，只要桑尼的姿勢一變，開始緊握方向盤，我就知道我們進入了「我的心頭好」一公里範圍。桑尼經常抵擋不住心頭好的誘惑。

堆得整整齊齊的芒果就是他們的招牌。桑尼總把車盡量停在以波浪鋼板搭建的小攤前方，以便讓身上圍著粉紅圍裙的老闆娘把保麗龍餐盒遞給他。餐盒裡面是去皮、去核並且切成塊狀的芒果，黃澄澄的果肉猶似奶油，滋味甜蜜，香氣濃郁無可復加。

更厲害的是，芒果並非餐盒裡面的最佳主角，底下鋪的糯米完全搶走了芒果的鋒頭。

就如大部分的基本糧食一樣，糯米也有分級。如同壽司米，也有自己的主廚師傅，圍著粉紅圍裙的女人可能花了幾十年的時間，在蒸籠前磨礪煮糯米飯的技巧。她可能四處找尋特定品種的糯米或老糯米，就像大家爭購新收成的茉莉香米那樣。她洗米的時候可能有用大塊明礬（硫酸鋁）把澱粉洗掉，有點像是古早時代的分子料理。糯米淋上煮過斑蘭葉的新鮮椰漿，整個閃閃發亮，嘗起來鹹味幾乎跟甜味不相上下。

我不是主廚師傅，但就我所知，下面介紹的家庭用食譜雖然只用普通糯米和盒裝椰漿，味道卻是非常接近桑尼的心頭好。如果很想做這道誘人至極的糯米飯甜品，卻買不到風味最佳，纖維最少，最適合用來做這道料理的墨西哥阿多夫芒果，可以改用榴槤（260頁）。

這道料理在 Pok Pok 是當作甜點供應，但在泰國，想吃就吃。由於滋味濃郁，如果於飯後供應，每一盤可供兩到四人食用。

<u>風味特性</u>　甜中帶點酸、濃郁、鹹

鹹甜椰漿

· 不甜椰奶 2 杯（建議用盒裝椰奶）

· 砂糖 1½ 湯匙

· 猶太鹽或細海鹽 1½ 茶匙

· 新鮮或冷凍斑蘭葉 1 片，打結（可不用）

甜糯米飯

· 泰國糯米 2½ 杯，用適量微溫水淹過，浸泡 2 小時

· 不甜椰奶 1 杯（建議用盒裝椰奶）

· 砂糖 ½ 杯

· 猶太鹽或細海鹽 1 湯匙

· 新鮮或冷凍斑蘭葉 1 片，打結（可不用）

上桌搭配

· 大阿多夫芒果 3 個，去皮

· 烤過的芝麻仁 1 湯匙（可不用）

> 6 人份豐盛點心，或 12-24 人份飯後甜點

調製鹹甜椰漿淋醬

　　椰漿 2 杯、糖 1½ 湯匙、鹽 1½ 茶匙放入小湯鍋混合，再加斑蘭葉，斑蘭葉沒有完全淹沒無妨。開大火，煮至滾沸，但不要大滾。接著把火轉小，加蓋，再煮 10 分鐘，煮至椰漿稍微變稠，並且充滿斑蘭葉的香氣。將斑蘭葉取出丟棄。加蓋，椰漿於常溫下最久可保存 2 小時。

煮甜糯米飯

　　依照 33 頁的方式洗米、蒸飯，但不要蒸超過 15 分鐘，糯米充分軟化但還沒全熟的程度即停，約 12 分鐘。

　　於此同時，取中湯鍋，倒入椰漿 1 杯、糖 ½ 杯和鹽 1 湯匙混合，再加斑蘭葉，開大火煮至滾沸，但不要大滾。接著把火轉小，加蓋，再煮 1 分鐘至砂糖完全溶化。關火，加蓋，讓椰漿混合液泡出斑蘭葉的香氣，需 5 分鐘。將斑蘭葉取出丟棄，椰漿混合液靜置冷卻，至不燙手的溫熱程度。

　　把蒸好的糯米飯倒入鍋中，輕輕撥鬆翻攪，使糯米均勻裹上椰漿混合液，然後加蓋靜置 10 分鐘，糯米會再軟化，並且吸收椰漿混合液。

　　拌好的糯米加蓋可在冰箱保存 1 天，如要加熱，覆上保鮮膜，放進微波爐以低溫讓米飯整個溫透但不燙，即成。

上桌

　　芒果從果核左右兩邊各別縱切一刀，取下 2 大片果肉，再橫刀把果肉片切成厚約 1 公分的長條。準備六個餐盤，每個餐盤各放 ¾-1 杯糯米飯，輕壓一下，把米飯表面壓平，再將切好的芒果平鋪在飯上，淋上 2 湯匙的鹹甜椰漿醬，撒上一點芝麻仁。

榴槤糯米飯

特殊用具

· 寬口鋁製中式
蒸籠

· 一個大耐熱碗、
派盤或圓形烤
盤，準備兩個
小的亦可（用來
盛裝麵糊，高約
5公分）

· 細網篩

西方人不喜歡味道很重的榴槤，經常沒什麼好話。不過，榴槤在東南亞可是價格不斐的水果之王，然而即使在這些國家，榴槤也不是人見人愛，有些國家的計程車、火車和飯店都會張貼禁止攜帶榴槤的標誌。

我花了一段時間才慢慢喜歡上這種水果，榴槤和泰國許多農產品不時提醒著我，泰國與西方飲食文化之間存在的巨大鴻溝，一邊是愛吃發酵海鮮的民族，另一邊做菜則幾乎少不了橄欖油和萊姆。如今，我成了不折不扣的榴槤愛好者，而這道軟凍料理正是開啟我榴槤味蕾的關鍵。直接大快朵頤榴槤無比濃郁、口感幾近奶油的黃色果肉，是品嘗榴槤最直截了當的方法，泰國小販都會先把貌似包圍無數尖山的榴槤殼打開，取出果肉方便客人直接食用。除非直接品嘗，這道料理絕對是一嘗榴槤美味的最佳選擇。你可以嘗嘗鋪在甜糯米飯上的軟凍，榴槤的口感和氣味因為加了椰奶、雞蛋和早市買來的斑蘭葉而溫潤許多，有些小販還會在軟凍上加球新鮮榴槤，然後才淋上鹹甜椰漿。

無論你是頭一回吃榴槤或者已經吃成老饕，這道軟凍都是在美國品嘗榴槤的最好方式，因為這裡的新鮮榴槤通常沒有冷凍的好吃。雖說冷凍的沒有口感，但影響不大，因為最後得要經過擠壓和炊煮程序。榴槤軟凍不像法式烤布蕾那麼柔滑，反而比較接近焦糖布丁[1]。吃剩的軟凍和糯米飯會是很棒的早餐。

風味特性　甜、臭、濃郁、略鹹

**6 人份豐盛點心，
或 12 人份飯後甜點**

· 椰糖 680 克

· 水 3 湯匙

· 木薯澱粉 1½ 茶匙

· 解凍的榴槤果肉 114 克

· 蛋液 1 杯外加 2 湯匙（約 5 顆大顆雞蛋）

· 不甜椰漿 1 杯外加 1 湯匙（建議用盒裝椰漿）

· 新鮮或冷凍斑蘭葉 2 片，打結（可不用）

· 猶太鹽或細海鹽 ½ 茶匙

· 甜糯米飯，溫熱（229 頁）

軟化椰糖

椰糖放入小碗灑上 2 湯匙的水，封上保鮮膜低溫微波 10-30 秒至軟化，但不要液化。直接在碗中，或移入研缽，搗至光滑均勻。密封保存，最久可維持 2 天不硬化。

製作軟凍

取鋁製中式蒸籠，口徑要寬，碗放進去後要留有數公分餘裕。倒入 8 公分深的水，放上蒸盤加蓋，開大火，把水煮沸。

木薯澱粉和其餘的 1 湯匙水放入小碗，攪拌至質

---

1. 編注：布丁的基底是全蛋，口感會比以蛋黃與鮮奶油作為基底的烤布蕾 Q 彈一些。

地勻滑，沒有任何結塊。榴槤、蛋、椰漿、斑蘭葉、1½ 杯軟化的椰糖半杯、鹽和木薯漿倒入大碗。多餘的椰糖可留作其他菜餚用，例如青木瓜沙拉。

雙手擠壓並用力把所有材料揉成一團，尤其是斑蘭葉，好讓它的香氣滲入材料，壓揉 5 分鐘，直至椰糖或榴槤結塊化開。

取大耐熱碗或 2 個小碗，架上細網篩，把揉好的材料放入，攪拌並擠壓，使汁液盡量全部釋出，濾出的固狀物丟掉。最後得到的蛋奶液約有 5 公分高，如果你是用兩個小碗，就得分批蒸炊。

把蒸籠的火稍微轉小，讓水繼續冒泡，但非大滾。輕輕攪拌蛋奶液，再小心把碗放入蒸籠。蒸籠上蓋，炊 45-60 分鐘至軟凍剛好凝固，用牙籤戳一下中心處，不會滲出汁液，輕輕搖晃碗盤，香糕應會微微抖動。軟凍表面可能有些破洞和裂縫，那沒關係。

戴上隔熱手套或用毛巾包著雙手，小心把碗拿出蒸籠。靜置讓軟凍溫度降至常溫，你可以把軟凍放在碗裡加蓋保存，或密封冷藏，最多可保存 5 天。我喜歡讓軟凍退冰至常溫再享用，若有點冰冰的，其實也很好吃。

上桌

準備 6 個餐盤，每個餐盤各放 1 杯糯米飯，輕壓一下，把米飯表面壓平，然後舀上 1 匙（約 ½ 杯）榴槤軟凍。

泰式冰淇淋三明治
KHANOM PANG AI TIIM

特殊用具

· 煮糖溫度計

· 冰淇淋機，容量
　至少 1.5 公升

你在泰國吃到的幾乎就像這樣：冰淇淋盛放於黏呼呼的濕軟麵包（泰文發音是 ai tiim），淋上巧克力糖漿和煉乳，撒上花生碎屑。我會省略玉米粒這種超乎你想像的泰國風配料，要是你想嘗試，也可以加一點。這裡介紹的是用波羅蜜做的冰淇淋，這種水果應該是全世界最大的樹生水果，在泰國非常受歡迎，還沒成熟就能入菜，如 166 頁的泰北青波羅蜜咖哩，更不用說成熟之後香甜可口的橘黃果肉。成熟的波羅蜜很容易剝開取出果肉，許多亞洲超市的冷藏食品區都可以找到成熟的波羅蜜果肉。

至於麵包，可以試試龍蝦三明治常用的那種正面整個切開的長條麵包，或者就學泰國小販，買白麵包直接掰開來用。

風味特性　甜、濃郁、堅果味

波羅蜜椰子冰淇淋

· 砂糖 1 杯

· 水 ½ 杯

· 不甜椰漿 4 杯（建議用盒裝椰漿）

· 解凍的熟波羅蜜果肉 227 克，注意要黃色的熟果肉，不要買到青色的生果肉

4 份

三明治

· 上方縱向切開的熱狗麵包 4 條，常溫

· 甜糯米 ½ 杯，溫熱（259 頁）

· 市售巧克力糖漿，當作淋醬

· 煉乳，品牌建議用 Black & White 或 Longevity，當做淋醬

· 碾成粗屑的無鹽烤花生 ¼ 杯

製作冰淇淋

砂糖和水放入小湯鍋混合，開中火煮至微滾，中途偶爾攪拌。持續煮到砂糖完全融化，以煮糖溫度計測量，溫度達到 110-113℃。

關火，讓煮好的糖漿降至常溫。糖漿冷卻後會有點硬化。糖漿和椰漿放入攪拌碗拌勻，加蓋放進冰箱，偶爾攪拌一下，直到整碗冰透，至少需 1 小時。

於此同時，把波羅蜜果肉切成約 0.6 公分的小塊，待冰淇淋漿冰透之後，拌入波羅蜜。

把冰淇淋漿倒入冰淇淋機，由於每種機型的程序有所不同，請依照廠商的說明書進行攪拌。

把打好的冰淇淋漿倒入容器後放進冷凍庫，完全冰凍至少需要 4 小時，可以保存 1 週。最後會得到約 1.5 公升的冰淇淋。

完成三明治

準備上桌前，拿出麵包，分別鋪上 2 滿湯匙的糯米，再放上 3-4 小球冰淇淋，最後輕輕將巧克力糖漿和煉乳淋在冰淇淋上，再撒上花生。把麵包拿起來，像吃一般三明治那樣大快朵頤，不用客氣。

Pok Pok 阿法奇朵

我比較擅長依樣畫葫蘆，通常不會自己研發料理，但是研發這道甜品幾乎不用花任何腦筋。任何嘗過越南冰咖啡的人，幾乎都會迷上這種攪了菊苣並以煉乳增添甜味的咖啡，而咖啡愛好者也幾乎都愛阿法奇朵這種把冰淇淋泡在熱濃縮咖啡裡的義式點心。兩種食物稍加調整……賓果！一道全新的創意甜品就出現了：雙口味的煉乳冰淇淋，淋上 1 杯上好的濃縮咖啡。

由於越南街頭兜售咖啡的小販往往也賣炸油條，這種基本上就是非圓形甜甜圈的食物，在泰國叫作 patanko，我在泰國也經常拿來當早餐，所以一併搭配上桌。放你自己一馬，油條直接在傳統早餐豆漿店買就好，不要自己在家做。

風味特性　甜、濃、香、微苦

特殊用具
· 冰淇淋機，容量至少 1.5 公升
· 濃縮咖啡機（或買杯上好的濃縮咖啡）

4 份，分量可以隨意加倍

煉乳冰淇淋
· 煉乳 400 克，品牌建議用 Black & White 或 Longevity
· 鮮奶油 2 杯

上桌
· 煉乳冰淇淋 12 小球
· 現沖的濃縮咖啡 4 杯
· 市售油條 8 根，取 10 公分一段，可先簡單炸一下（可不用）

製作冰淇淋

煉乳和鮮奶油放入攪拌碗，輕輕攪拌至兩者充分混合。不要用力攪打或做任何讓混合物起泡的動作。把拌勻的冰淇淋漿加蓋，放進冰箱，偶爾攪拌一下，直到整碗冰透，至少要 1 小時。

冰淇淋漿倒入冰淇淋機，由於每種機型的程序有所不同，請依照廠商的說明書攪拌。

把打好的冰淇淋漿倒入容器後，放進冷凍庫，完全冰凍至少需要 4 小時，可以保存 1 週。最後會得到 1 公升的冰淇淋。

甜品上桌

準備上桌前，沖泡濃縮咖啡，或者購自咖啡店稍微加熱一下。取 4 個小碗，分別放入 3 小球冰淇淋，再倒入熱濃縮咖啡。搭配油條一起上桌。

泰美味祕訣
高湯、蘸醬及調味料

　　這章匯集了豬高湯、羅望子汁、油蔥酥，以及本書料理所需其他用料的食譜，此外還有十幾種蘸醬和佐料的做法。我把這些做菜時需要參閱的食譜另立一章的安排，希望不會讓本書看起來太繁瑣。無論如何，總比一再重複蒜油和鳥眼辣椒粉這類簡單配料的做法來得妥當些。

豬高湯
SUP KRADUUK MUU

高湯是泰國菜的基本成分，能夠增進許多料理的風味，無論湯品或熱炒都少不了它。就我的經驗而言，豬高湯使用率最高，儘管你一定看過牛高湯、雞高湯、豬或雞混合高湯，當然鐵定也少不了的高湯粉。如果你要自己試做本書介紹的食譜，建議你一次熬一鍋，分裝冰在冷凍庫備用，通常一道熱炒和蒸魚需要的高湯不到 ½ 杯，每份湯品需 1½ 杯。我喜歡把高湯倒進製冰盒冷凍，待完全結冰後再倒入保鮮袋。

就如一般西方人，我偏好用小一點的火熬煮高湯，不像泰國當地用大火快滾，雖然熬出來的高湯有些混濁，但絕對可以安心使用。第一次熬高湯，請使用以下的全部香料植物，以便了解它們是如何調和出味道均衡的高湯。不過，很快你就能從其他的泰國料理烹飪經驗，學到懂得利用身邊唾手可得的材料熬出滋味鮮美的高湯。

<u>風味特性</u>　肉味、富含鮮味、香

4-5 公升

- 帶肉豬頸骨 2.25 公斤，如有需要可請肉販切小，以便放入湯鍋
- 帶皮蒜頭 1 整顆
- 帶皮生薑塊 28 克
- 檸檬香茅 1 大根，剝除外層，橫刀剖半
- 去皮白蘿蔔 170 克，橫刀切成約 2.5 公分的小片（約 2 杯）
- 青蔥 3 根
- 芫荽 3 根左右，建議用葉、莖和充分洗淨的根部
- 帶葉本芹 3 根左右
- 黑或白胡椒粒 1 茶匙

洗淨豬骨

豬骨放入大湯鍋，置於水龍頭下注滿冷水，用手攪拌一下，再把水倒掉。再加水淹過豬骨 2-3 公分，加蓋，以大火煮至微滾後關火。濾除浮沫，再把豬骨的水瀝掉，放在水龍頭底下沖洗乾淨。這一連串動作是為了去除豬骨的血水，熬出來的高湯比較沒有腥味，顏色也比較澄清。

熬煮高湯

湯鍋洗淨，重新放入豬骨，加水淹過豬骨 5 公分，加蓋以大火煮至將沸未沸，不要滾起來，其間輕輕攪拌一下，撈除浮沫。打開鍋蓋，以降溫維持將沸未沸，繼續熬煮，偶爾濾除浮沫，直到豬骨上的肉釋放出香氣，需 3 小時。

用研杵或沉重的平底鍋，把蒜頭、生薑和檸檬香茅拍碎，一次拍一樣食材，接著連同其餘食材一起加進湯鍋，繼續微滾至少 30 分鐘。把高湯濾進大碗或其他湯鍋時，不要壓擠固形物，剩下的殘渣丟棄不用。高湯冷卻後，濾除表面浮油，冷卻後油脂凝結，比較方便撈除。密封冷藏可保存 5 天，冷凍可保存 6 個月。

彈牙豬肉丸

MUU DENG

這邊做的不是鬆軟無味的肉丸，而是應該帶點彈牙口感的小丸子，咬下去還會發出清脆聲，吃起來介於義式肉丸和熟熱狗。

風味特性 肉味、鹹、胡椒味

30-40 顆

· 去皮蒜瓣 14 克，直刀切半
· 芫荽根 3 克，切碎
· 黑胡椒粒 ¼ 茶匙
· 猶太鹽或細海鹽 ½ 茶匙

· 大顆雞蛋蛋白 1 份
· 豬絞肉 227 克（不要純瘦肉）
· 泰國魚露 2 茶匙

煮沸一大鍋水。

蒜頭、芫荽根、胡椒粒和鹽放入研缽，搗 1 分鐘成相當勻滑、略帶纖維的泥狀。

蛋白放入攪拌碗，用力攪打 45 秒，最後應該呈現白色泡沫狀，體積幾乎變大到 2 倍。不過，不要打發蛋白，無論是濕性發泡、乾性發泡或任何發泡狀態。

把豬肉、剛剛搗好的醬料、魚露加進攪拌碗，用手攪拌擠壓混合均勻。接下來有 2 分鐘左右的時間，手先用力攪拌肉漿 10 秒鐘，然後一手撈起肉漿，一手固定攪拌碗，把手裡的肉漿往碗裡用力摔，必須清楚聽到「啪」一聲才行。接著重複攪拌 10 秒再摔的步驟。你要做的是許多肉丸食譜告訴你不要做的事：「過度攪拌絞肉」，讓它變得非常

黏稠。這樣一來，煮出來的丸子才會緊實脆口。

把肉漿放進密封袋，如果你喜歡用擠花袋也可以，把肉漿擠向袋內一角，扭轉袋子讓肉漿集中，並用力搖晃以去除氣泡。用剪刀在袋角剪出寬 2.5-4 公分的開口。

一手把袋子懸在滾水上方，盡量靠進水面，以免水花濺起，一手拿把剪刀或小刀。輕擠袋子，把肉漿壓出 2-3 公分，再用剪刀或小刀輕輕截斷放進水裡。形狀不圓沒有關係，繼續擠下去，直到肉漿用完三分之一。煮約 1-2 分鐘至豬肉丸熟透浮起。煮熟後，用有孔漏勺把豬肉丸撈進碗裡。重複以上步驟，分批把肉漿全部煮完。

豬肉丸密封冷藏可以保存 5 天，冷凍可保存 6 個月。

八分鐘水煮蛋
KHAI TOM

這是泰式咖哩米線（231頁）常見的配菜，基本上已經煮熟，但蛋黃仍然是橘澄澄的膏狀，而非乾乾粉粉的口感。

> **煮 1-6 顆。如需更多，鍋子要加大**

· 大顆雞蛋 1-6 顆，常溫

煮沸一中型鍋的水。小心把蛋放進水裡，設定計時器煮 8 分鐘，然後用有孔漏勺或撈麵勺把蛋撈出，放進裝盛冰水的碗裡。待蛋完全冷卻，再剝殼。

熟辣椒粉
PHRIK PHON KHUA

> **特殊用具**
> · 泰式花崗石缽和杵，或是辣椒研磨器或絞肉機

經過慢火烘烤的乾辣椒，包括辣椒籽和整根辣椒，都帶有煙燻味而且辣勁十足，適合本書介紹的許多料理使用。烤辣椒的關鍵是以小火烤至辣椒乾透，而且要非常乾，才能釋放出類似菸草且幾近苦澀的深層味道。請注意，要在這種可人的苦味轉酸之前離火。

風味特性 辣、略苦、煙燻味

> **¼ 杯**

· 去蒂泰國乾朝天椒或乾墨西哥普亞辣椒 28 克（約 15 根）

我們要慢慢烘烤這些辣椒，讓它們顏色變得很深很深，但不是焦黑。建議烘烤過程打開窗戶或抽油煙機。

辣椒放進炒鍋或平底鍋，開大火熱鍋，再轉中小火或小火。不斷翻攪辣椒，讓它們在鍋裡滾來滾去，偶爾翻一翻，確保辣椒雙面都會接觸到高溫鍋面。炒 15-20 分鐘至整根辣椒變得非常易脆，呈現接近黑色的極深棕色。取出辣椒，丟棄掉出來的辣椒籽，因為這些都已燒焦，味道很苦。

冷卻後放進研缽搗成粗粒粉末，比市售的紅辣椒碎末再稍微細一點，或者也可用辣椒研磨器磨碎。如果有絞肉機更好，把辣椒攪過兩次，先用 0.6 公分的孔徑，再用 0.3 公分的。無論用哪種方式，注意別磨得太細。磨好立刻放進密封容器或塑膠袋。

這些辣椒粉別放冰箱，請密封保存在乾燥涼爽的地方，可以保存好幾個月，不過味道會在幾週後開始慢慢消退。

熟糯米粉
KHAO KHUA

特殊用具
· 冰淇淋機，容量至少 1.5 公升
· 濃縮咖啡機（或買杯上好的濃縮咖啡）

這是用烤過的生糯米磨成的粉末，主要是泰國東北部料理用於增添沙拉菜餚烘烤香氣和細膩口感之用，偶爾泰北菜也會用來勾芡。它其實也沒有什麼明確的功用，可是一旦少了又覺得可惜。自己在家做熟糯米粉十分簡單，只需要耐心和翻攪即可，唯一可能搞砸的，是開大火想要加快整個流程，結果裡面還沒全熟外面就焦了。所以，真正要做的是以低溫炭火慢慢焙烤，好讓米粒吸收些許煙燻味。

風味特性　香

1 杯　· 泰國糯米 1 杯

把米放入碗裡，加水淹過 2-3 公分，常溫下浸泡至少 4 小時或整夜，如果趕時間，可用熱水浸泡 2 小時。充分瀝乾後，攤平在廚房紙巾上，慢慢風乾至粒粒分開。

你需要慢慢焙烤，在外層烤焦前把米粒整個烤熟，中途要不斷翻攪讓米粒均勻受熱。所以，請將風乾的米放入乾燥的大型煎鍋或炒鍋，開中小火至小火。

焙烤過程持續翻攪，直到米粒均勻呈現金黃色為止。焙烤 15 分鐘左右，色澤應該就會開始改變，焙烤 30 分鐘左右，會呈現淡金黃色，焙烤 45-60 分鐘，就會變成接近花生醬的金黃色，而且散發濃濃的焙烤香氣。

理想狀況下，每顆米粒應該呈現相同色澤，但事實上總會有些程度不一的烤焦情況。

待烤好的米稍微冷卻，再放入辣椒研磨器，用磨豆機更好，磨成質地像是粗沙或猶太鹽的粉末，如有需要，也可分批研磨。

這些糯米粉別放冰箱，請密封保存在乾燥涼爽的地方，可以保存好幾個月，不過味道會在幾週後開始慢慢消退。

蒜頭酥和蒜油

KRATHIEM JIAW AND NAAM MAN KRATHIEM

特殊用具

· 細網篩

蒜頭酥和油蔥酥是泰國各地，尤其是泰北地區，所普遍使用的烹飪材料，能夠增加沙拉和熱炒、咖哩、湯品和麵食的口感、香氣及味道。炸蒜頭的油本身也成了香氣十足的調味品。需要用穩定的小火，才能將蒜頭裡面的水分逼出，並且把纖維炸得酥脆，而不讓糖分燒焦。如果想要炸出最酥脆的成品，一定少不了棕櫚油，如果想要炸出最香的成品，熬煉過的豬油是不二選擇。不過，大豆沙拉油、玄米油和植物油也行。

風味特性 微甜、香、略苦（蒜頭酥）、馥郁（蒜油）

蒜頭酥 5-6 湯匙，蒜油 2 杯

· 去皮蒜頭 85 克（約 30 瓣）
· 植物油 2 杯

把蒜頭切成厚約 0.3 公分的蒜片，大小不必一致，不要吹毛求疵。

取耐熱容器，架上細網篩。小平底鍋倒入 2 公分深的油。開大火熱油至 135℃，可如此目測油溫：先放一片蒜，如果馬上出現油泡，就將其他的全部放入。放入蒜片，馬上轉小火，千萬別妄想用大火加快烹調速度，攪拌一、兩次。

炸 4-6 分鐘至蒜片均勻呈現淡金棕色並且完全酥脆，中途偶爾攪拌一下，並隨時調整火力，讓油炸滋茲作響的聲音維持穩定。

如果不到 4 分鐘就炸好，代表油溫過熱，成品可能會苦。多練習幾次，很快就能掌握箇中祕訣。

整鍋倒進網篩，帶有蒜香的油留作他用。輕晃網篩，將蒜片約略鋪一層在廚房紙巾上吸油並冷卻。

起鍋後，餘溫會使蒜片顏色繼續加深，所以色澤會從淡金棕色變成金棕色。

蒜頭酥別放冰箱，請密封保存在乾燥涼爽的地方，可以保存 2 天。超過 2 天，可能就不像剛出爐那樣香脆。濾出來的油密封起來可保存 2 週。

油蔥酥和紅蔥油

HOM DAENG JIAW AND NAAM MAN HOM DAENG

特殊用具

· 細網篩

跟蒜頭酥一樣，只要簡單的程序就能得到酥脆的配菜，以及香氣十足的料理油，可以用於熱炒和調味。切記，紅蔥頭起鍋後，顏色仍會繼續加深，所以祕訣是趁紅蔥頭片酥脆、呈深棕色還不到黑色時，就起鍋。

風味特性 微甜、香、略苦（油蔥酥）、馥郁（紅蔥油）

蒜頭酥 5-6 湯匙，蒜油 2 杯

· 去皮小紅蔥頭 85 克（約 6 瓣），建議用亞洲品種
· 植物油 2 杯

紅蔥頭直刀切半，去皮後橫切薄片，越薄越好，如果要切得又快又好，建議用切片器。每片厚約 0.1 公分。

取耐熱容器，架上細網篩。小平底鍋倒入 2 公分深的油。開大火熱油至 135℃，可如此目測油溫：先放一片紅蔥頭，如果馬上出現油泡，就將其他的全部放入。放入紅蔥頭片，馬上轉小火，千萬別妄想用大火加快烹調速度，攪拌一、兩次。

炸 10-20 分鐘至紅蔥頭均勻呈現深金棕色並且完全酥脆，中途偶爾攪拌一下，並隨時調整火力，讓油炸滋茲作響的聲音維持穩定。

如果不到 10 分鐘就炸好，代表油溫過熱，成品可能會苦。多練習幾次，很快就能掌握箇中祕訣。

整鍋倒進網篩，帶有香氣的油留作他用。輕晃網篩，將紅蔥頭片在廚房紙巾上約略鋪成一層，吸油，並靜置冷卻。

起鍋後，餘溫會使紅蔥頭片顏色繼續加深，所以色澤會從深金棕色變成深棕色。

油蔥酥別放冰箱，請密封保存在乾燥涼爽的地方，可以保存 2 天。超過 2 天，可能就不像剛出爐那樣香脆。濾出來的油密封起來可保存 2 週。

自製蝦醬
KAPI KUNG

我在泰北的朋友愛用的蝦醬，不是在美國到處可以買到的那種罐裝蝦醬。他們鍾愛的自製蝦醬是用鮮蝦製成，不像罐裝蝦醬是用另一種名叫 khoei 的甲殼類做成。如果你在美國發現自製蝦醬，拜託馬上打電話給我。要不然，得自己做出那種又鹹又腥的獨特風味，自製的味道絕對比一般蝦醬來得細膩，兩者之間的差別有點像是超市的一般鯷魚和高級的西西里鯷魚。製作程序簡單，做好可在冰箱保存 6 個月。

風味特性　臭、鹹

1 杯

· 罐裝韓國鹹蝦 2 杯（請至韓國雜貨店購買 Choripdong 品牌）
· 泰國蝦醬 2 湯匙（稱 gapi 或 kapi）

把鹹蝦簡單沖洗乾淨，用雙層粗棉布包起來，輕輕把大部分的水分擠出來。

鹹蝦和蝦醬放入研缽捶搗，過程偶爾用湯匙攪拌一下，搗 3-5 分鐘至材料變成粗泥狀，色澤比棕色淡些。如果還看得見鹹蝦碎末，沒有關係。

蝦醬密封置於冰箱，可保存 6 個月。

羅望子汁
NAAM MAKHAM

特殊用具

· 細網篩

高湯是泰國菜的基本成分，能夠增進許多料理的風味，無論湯品或熱炒都少不了它。就我的經驗而言，豬高湯使用率最高，儘管你一定看過牛高湯、雞高湯、豬或雞混合高湯，當然鐵定也少不了的高湯粉。如果你要自己試做本書介紹的食譜，建議你一次熬一鍋，分裝冰在冷凍庫備用，通常一道熱炒和蒸魚需要的高湯不到 ½ 杯，每份湯品需 1½ 杯。我喜歡把高湯倒進製冰盒冷凍，待完全結冰後再倒入保鮮袋。

風味特性 酸

3 杯
· 去籽羅望子肉 114 克（又稱羅望子醬）
· 水 3½ 杯

羅望子醬和水放入中湯鍋，開大火煮沸，待羅望子軟化，便以堅固的打蛋器打碎，接著關火上蓋靜置 30 分鐘，使羅望子充分軟化，不必濾除浮沫。

用打蛋器或木匙攪打大塊果肉，再把整鍋羅望子汁過篩，倒入碗中，果肉需要攪拌、擠壓、搗碎，盡量把果實的汁液萃取出來。果肉可能黏在網篩上，把這些也加進碗裡，其餘殘渣丟棄不用。每次使用前都要攪拌一下。

羅望子汁冷藏可保存 1 週，冷凍可保存 3 個月。可以考慮利用製冰盒分成小份冷凍，結凍後取出，另外放進密封容器保存。

椰糖漿
NAAM CHEUAM NAAM TAAN PIIP

有些料理需要椰糖和水製成的簡易糖漿，分量可以隨意加成兩倍或四倍。

風味特性 甜

½ 杯
· 椰糖 70 克，粗切
· 水 ¼ 杯外加 1 湯匙

把糖和水放入很小的湯鍋或平底鍋，開中火，待椰糖軟化開始攪拌、打碎，直到椰糖完全溶解。

如果水在椰糖完全溶解前就開始冒泡，就關火，讓糖在熱水裡溶解。

待糖漿冷卻後，密封冷藏可保存 2 週。

甜辣醬

NAAM JIM KAI

泰式花崗石缽
和杵，或食物
調理機

大部分美國人都用過這種泰國蘸醬搭配煎烤食物，只不過在美國只有罐裝的可買，而且甜到不行。真正的泰國甜辣醬雖然也很甜，卻與酸味和辣味形成完美平衡，而且只有燒烤春雞（135頁）才會搭配這種甜辣醬食用。

風味特性　甜、辣、微酸

1¼ 杯

· 砂糖 1 杯
· 蒸餾白醋 ¼ 杯外加 2 湯匙（建議用泰國品牌）
· 水 ½ 杯

· 生紅鳥眼辣椒或瀝乾的醃紅鳥眼辣椒 21 克（切圈）
· 去皮蒜瓣 35 克，直刀切半
· 猶太鹽或細海鹽 1 茶匙

椰糖、醋和水放入中湯鍋，開大火煮至糖醋水不斷冒出小泡，再煮 10 分鐘，一邊攪打以加快砂糖融化速度。

於此同時，把辣椒、蒜頭和鹽倒入花崗石缽或食物調理機，搗打成粗泥狀，然後拌入湯鍋中。

火轉小保持微滾，煮 8-12 分鐘至湯汁稍微收乾，變得有點像糖漿。醬汁在烹調過程會逐漸變稠。關火後，靜置冷卻至常溫。

可馬上使用，密封冷藏可保存數個月。

羅望子蘸醬

NAAM JIM KAI YAANG

利先生的燒烤春雞（135頁）搭配的就是這種氣味強烈的辣醬，只不過他的做法特別細膩。這是一道鄉土蘸醬，所以不需要濾除羅望子脫落的果皮。

風味特性　辣、酸、果香

1¾杯

- 椰糖 114 克，粗切
- 泰國魚露 ¼ 杯
- 去籽羅望子果肉 28 克（又稱羅望子醬）
- 水 1¼ 杯
- 熟辣椒粉 1 湯匙（270 頁），如果需要味道重一點，就再增加分量

椰糖、魚露、羅望子果肉和水放入中湯鍋，開大火煮至滾沸，然後立即把火轉小，保持微滾狀態。趁椰糖和羅望子果肉軟化，用打蛋器或湯匙打碎，煮 5-8 分鐘至羅望子充分軟化，並溶解於水中。

拌入辣椒粉，關火靜置，偶爾攪拌，直到醬汁降至常溫。

可馬上使用，密封冷藏可保存 1 週。

烤肉酸辣蘸醬

JAEW

特殊用具

· 泰式花崗石缽
  和杵

幾乎所有烤肉都能搭配這種火辣蘸醬，尤其是泰式豬肋排（128頁），烤肉酸辣蘸醬的特色不在於辣，而是來自魚和醬油的豐富鮮味、萊姆的酸味，以及上桌前拌入的熟糯米粉香味。

__風味特性__　火辣、酸、富含鮮味、香

½ 杯，分量可以隨意加倍

醬汁

· 檸檬香茅薄片 10 克，用 2 大根檸檬香茅來切，取幼嫩部
· 泰國魚露 2 湯匙
· 泰國生抽 1½ 湯匙
· 泰國調味醬 ¾ 茶匙
· 萊姆汁 3½ 湯匙
· 椰糖漿 1½ 湯匙（275 頁）
· 熟辣椒粉 1½ 湯匙（270 頁）

完成醬汁

· 熟糯米粉 1 湯匙（271 頁）
· 芫荽段輕壓一下約 1 湯匙（取嫩莖葉）

檸檬香茅倒入花崗石缽，搗 45 秒成帶有纖維的粗泥狀。鏟至 1 個中型碗或容器，拌入魚露、生抽、調味醬、萊姆汁、椰糖漿和辣椒粉。

靜置於常溫下至少 1 小時，若可以放冷藏 2 天更好。

上桌前退冰，再拌入熟糯米粉和芫荽。

酸辣蘸醬

PHRIK NAAM SOM

特殊用具

· 泰式花崗石缽
  和杵

這道黃色蘸醬是燉鴨湯麵（200頁）或五香滷豬腳飯（185頁）旁邊令人雀躍的配角，為主角提供了醋的爽口酸勁和辣椒的撲鼻香氣，由於不是辣醬，所以辣椒務必選擇辣度溫和的品種。這道蘸醬的色澤從橘黃色（見202頁圖片）到黃綠色都有，端視使用的辣椒而定。

風味特性　酸、略香、不太辣

½ 杯

· 不太辣也不特別甜的黃色或黃中帶青的辣椒 100 克，如角椒、弗雷斯諾辣椒、阿納海椒、卻羅黃辣椒（guero chile）、匈牙利辣椒等等，去籽，切成約 0.6 公分的小圈

· 芫荽根 7 克，切碎
· 猶太鹽或細海鹽 1½ 茶匙
· 去皮蒜瓣 28 克，直刀切半
· 白醋 1 杯，建議用泰國品牌
· 砂糖 2 湯匙

中湯鍋加水煮沸，放入辣椒煮 45 秒，至辣椒原有質地和氣味都已消失。把水分充分瀝乾。

芫荽根和鹽倒入花崗石缽，搗 15 秒成略帶纖維的粗泥狀。

加入蒜頭搗至碎爛，再加辣椒搗 1 分鐘成粗泥狀。拌入醋和糖，攪拌至砂糖完全溶解。可馬上使用，密封冷藏可保存 3 天。

海鮮酸辣蘸醬
NAAM JIM SEAFOOD

說來奇怪，泰國人稱這道酸辣蘸醬為「naam jim seafood」，但它的最後一個字竟然不是泰文的 thaleh，而是英文的 seafood，也許當初使用英文是為了讓外國人知道，烤蝦、烤花枝、烤魚沾這東西有多好吃。

雖然名稱特別點出海鮮，但幾乎所有燒烤肉類都很適合搭配這道蘸醬。在 Pok Pok，除了五香滷豬腳飯（187 頁）之外，我們也常用它搭配辣拌酥魚（83 頁）和冬粉蝦煲（210 頁）。

可在冰箱保存多天，但趁新鮮吃味道還是最好。

風味特性 辣、酸、甜

1 杯

- 新鮮青鳥眼辣椒或塞拉諾辣椒 21 克（鳥眼辣椒 14 根或塞拉諾辣椒 3 根）
- 芫荽根 7 克，切碎
- 猶太鹽或細海鹽 ½ 茶匙
- 去皮蒜瓣 21 克，直刀切半
- 萊姆汁 6 湯匙
- 泰國魚露 ¼ 杯
- 砂糖 1 湯匙外加 2 茶匙
- 芫荽段輕壓一下約 2 湯匙（取嫩莖葉）

準備燒烤爐，起大火（見 124 頁，建議用炭火燒烤爐）。或取牛排煎鍋或長柄平底鍋，以大火熱鍋。如果你要烤，請用竹籤把辣椒整根串起。

辣椒大小烤 8-10 分鐘，翻面一、兩次，烤到辣椒表面整個起泡，幾乎全部焦黑，裡肉熟透。抽出木籤，用手或小刀把辣椒外皮剝掉，不必剝得一乾二淨，最後做好的醬汁其實最好帶點烤焦的碎片。

芫荽根和鹽倒入花崗石缽，搗 30 秒成相當勻滑、略帶纖維的泥狀。加入蒜頭搗約 1-2 分鐘至整團均勻，再加辣椒，搗 1 分鐘以上成非常勻滑的泥狀，但仍可見辣椒籽。

搗好的醬料挖到碗內或其他容器裡，再加進萊姆汁、魚露和糖，拌勻，靜置 1-2 個小時，味道更佳。上桌前，再拌入芫荽。

花生醬

NAAM JIM SATEH

特殊用具

· 泰式花崗石缽
  和杵

　　為了平息花生醬大軍的鼓譟，再加上這東西做起來實在太費工夫，所以我在此提供一份大概可以做出一公升花生醬的食譜。有些花生醬味道單調，就只是甜而已，我介紹的花生醬當然也甜，卻層次豐富，而且帶有香料植物芳香，歸功於加了檸檬香茅、薑黃和南薑。這種花生醬可供沙嗲沾食，它在泰文裡面的常見名稱就特別強調了這點，意思就是「沙嗲蘸醬」，泰國人如此不是以「花生醬」稱之，也充分暗示了它的外來背景。我不建議把這花生醬拌飯吃，但很多美國客人都愛這樣，若是你在家這麼吃，其實也沒人知道。

風味特性　甜、濃郁、略帶土味

醬料

3½ 杯

· 泰國乾朝天椒或乾普亞辣椒 4 克（約 2 根），去蒂不去籽
· 猶太鹽或細海鹽 2 茶匙
· 檸檬香茅薄片 28 克，取幼嫩部
· 去皮新鮮或冷凍（不解凍）南薑 21 克，橫切薄片
· 薑黃 21 克，橫切薄片
· 去皮蒜瓣 28 克，直刀切半
· 去皮亞洲紅蔥頭 35 克，橫切薄片

醬汁

· 碾成粗屑的無鹽烤花生 1 杯
· 不甜椰漿 1½ 杯（建議用盒裝椰漿）
· 椰糖 85 克，粗切
· 不甜椰奶 1½ 杯（建議用盒裝椰奶）
· 羅望子汁 5 湯匙（274 頁）
· 猶太鹽或細海鹽少許

製作醬料

　　乾辣椒和鹽放入研缽，用力捶搗 3 分鐘，刮一刮研缽，偶爾攪拌一、兩下，直到搗出極細緻的粉末。放入檸檬香茅，再搗 2 分鐘，中間停下一、兩次，刮一刮研缽內壁的碎屑攪拌一下，然後繼續捶搗，直到食材變成極為勻滑、略帶纖維的泥狀。接著依序放入南薑、薑黃、蒜瓣，紅蔥頭一樣搗碎，每樣食材都充分搗勻後，再放入下一樣食材。

　　最後會得到 ½ 杯醬料，可以馬上使用。密封冷藏可保存 1 週，冷凍可保存 6 個月。3½ 杯花生醬，需要約 6 湯匙醬料，多餘醬料可以冷凍備用。

調製醬汁

　　把花生放進研缽或食物調理機，打製成顆粒很粗而且略乾的花生醬。

　　½ 杯椰漿倒進中湯鍋或炒鍋，開大火煮至滾沸，中途不時攪拌，煮開後立即把火轉小，保持微滾。視椰漿品牌再煮 3-10 分鐘，偶爾攪拌，煮至椰漿減少近半，而且整個「破裂」，看起來像是凝乳。煮沸的目的是為了蒸發椰漿所含的水分，取得白色固狀物，其中主要是半透明的油脂，可以用來炒咖哩醬。

　　在此過程需要耐心等候，如果 10 分鐘後椰漿仍

無裂痕出現，請加入 1 湯匙植物油，不過這樣醬汁就會變得比較油。

轉中小火，加進 6 湯匙醬料，再煮 3 分鐘，先稍微打散，再不時攪拌，煮到濃郁香味釋出，醬料裡的蒜頭和紅蔥頭聞起來不再有生味。

放入椰糖再煮 2 分鐘，把椰糖弄碎，再頻繁攪拌，煮到椰糖完全溶解。

倒入其餘的椰漿和椰奶，開中大火讓鍋裡的混合醬汁煮至微滾，再放入花生和羅望子汁，調整火力使醬汁保持滾沸，但不要大滾起來，煮 8 分鐘至醬汁略為變稠，香味濃郁，關火。

讓醬汁冷卻至常溫。冷卻之後會更稠，試一下味道，用鹽調味。

可馬上使用，其餘醬汁密封冷藏可保存 1 週。

魚露漬番茄
YAM MAKHEUA THET

這道簡單的調味料跟泰北豬肉末沙拉（106 頁）特別搭，但其他需要多些鹹味、腥味和辣味搭配的料理，其實也都很適合用它來調味。我有個做法跟泰國當地不太一樣，我喜歡選用美國土產的熟甜夏季番茄，而泰國人則愛用清脆帶酸的番茄。

風味特性　鹹、辣、略甜、略酸

1½ 杯

· 泰國魚露 1½ 湯匙
· 水 1½ 湯匙
· 砂糖 ½ 茶匙不到
· 熟番茄 450 克，切成一口大小的果瓣（1½ 杯）

· 新鮮鳥眼辣椒 6 克（約 4 根），建議用青辣椒，切細圈
· 芫荽段輕壓一下約 1 湯匙（取嫩莖葉）

魚露、水、砂糖放入餐碗混合，攪拌至砂糖完全溶解。放入番茄和辣椒拌勻，上桌前，再撒上芫荽即可。

開胃醃黃瓜

AJAAT

就像沙嗲遇上花生醬那樣契合，這道香辣酸甜爽脆的小菜搭配帶有煙燻味的肉類與濃郁的醬汁食用，完全滿足味蕾需求，任何燒烤肉類配上這道小菜，都大大加分。

風味特性 酸、甜、辣

2¼ 杯

- 中等大小的黃瓜 227 克，請用清脆皮薄的品種，直刀剖半，再切成厚約 0.6 公分的三角片狀（約 1½ 杯）
- 去皮小紅蔥頭 85 克（建議用亞洲品種），切成大小等同黃瓜的塊狀（約 ¾ 杯）
- 新鮮泰國紅辣椒 6 克（約 4 根），切細圈

- 白醋 6 湯匙，建議用泰國品牌
- 砂糖 6 湯匙
- 猶太鹽或細海鹽 ¼ 茶匙
- 水 ½ 杯
- 芫荽葉輕壓一下約 ¼ 杯

黃瓜、紅蔥頭、辣椒放入餐碗混合。再另取一個碗，倒進醋、糖、鹽、水，攪打至砂糖完全溶解，然後倒適量至黃瓜碗裡，淹過所有食材，接著攪拌均勻。

靜置數分鐘就可以吃了。你也可以把它加蓋，放進冰箱保存，1 天內食用完畢。上桌前，再撒上芫荽葉即可。

開胃醃蘿蔔

CU CAI

即使過了這麼多年，看到大部分客人嗑光我們的越式雞翅（249頁），卻把盤裡的蔬菜原封不動留下，我還是會覺得吃驚，因為這些酸甜清脆的簡單醃菜，以及盤裡的新鮮黃瓜和香料植物，就是要配著重口味雞翅一塊吃的。

風味特性　酸、甜

8人份，可作點心或合菜菜餚

· 砂糖 ½ 杯
· 白醋 6 湯匙，建議用泰國品牌
· 猶太鹽或細海鹽 1 茶匙
· 水 1 杯

· 去皮紅蘿蔔 227 克，切成長厚 13、1 公分的長條狀
· 去皮白蘿蔔 227 克，切成長厚 13、1 公分的長條狀

將糖、醋、鹽、水放入直邊的大容器，混合攪拌至砂糖完全溶解為止。

將紅蘿蔔和白蘿蔔混在一起，放入裝盛醬汁的容器，輕輕往下壓，讓醬汁大概淹沒蘿蔔。

容器加蓋，冷藏 4 小時 -1 天。

辣椒醋

PHRIK TAM NAAM SOM

本書介紹的兩道麵食料理：船麵（204頁）和豬肉香料植物酸辣麵（207頁），都需要這道簡單的調味料，酸辣之中帶有燒烤青鳥眼辣椒的煙燻味，無論哪種菜餚，只要味道不夠都能用它來增添風味。

風味特性 酸、辣、香

特殊用具

- 炭火燒烤爐（強烈建議使用），網架上油
- 木籤 1-2 支（僅燒烤時需要），泡溫水 30 分鐘
- 泰式花崗石缽和杵

½ 杯

- 新鮮去蒂的青鳥眼辣椒或塞拉諾辣椒 28 克（鳥眼辣椒 16 根或塞拉諾辣椒 4 根）
- 白醋 6 湯匙（建議用泰國品牌）

準備燒烤爐，起大火（見124頁，建議用炭火燒烤爐）。或取牛排煎鍋或長柄平底鍋，以大火熱鍋。如果要用燒烤爐烤，請用竹籤把辣椒整根串起。

烤辣椒，頻繁翻面，偶爾壓住以利辣椒表面受熱均勻，烤到辣椒表面整個起泡，幾乎全部焦黑，裡肉全軟，鳥眼辣椒烤 5 分鐘，塞拉諾辣椒則要烤 10 分鐘。抽出木籤，簡單切丁，但不要刮皮。

把辣椒放進花崗石缽，搗 30 秒成粗泥狀，拌入白醋。

這道辣椒醋密封冷藏可保存 5 天。

魚露漬辣椒
PHRIK NAAM PLAA

這道調味料只有兩樣食材，簡單到幾乎不用食譜，你只要把魚露倒在切丁的鳥眼辣椒上就好了，不過我在下面的食譜提供了食材比例，值得參考。每次我做打拋葉炒雞飯（189頁）、泰式肉絲炒飯（191頁）、炒什錦蔬菜（98頁），甚至只是一盤茉莉香米飯加顆荷包蛋，桌上一定會出現這道調味料，只要是需要多點鹹味、鮮味和辣味的料理，都很適合用它來調味。

風味特性 鹹、臭、辣、香

½ 杯

· 新鮮鳥眼辣椒 21 克，建議用青辣椒，切細圈
· 泰國魚露 ½ 杯
· 蒜末 2 湯匙（可不用）

把所有食材放進碗或容器，混合攪拌後加蓋，只能在冰箱保存 2 天或數天。

醋漬辣椒
PHRIK NAAM SOM

以醋和辣椒為材，是泰國麵店桌上四味的標準成員。

風味特性 酸、中辣、香

¾ 杯

· 新鮮塞拉諾辣椒 21 克（約 3 根），切細圈
· 白醋 ½ 杯，建議用泰國品牌

把所有食材放進碗或容器混合攪拌後加蓋，可在冰箱保存 4-5 天。

烤辣椒醬

NAAM PHRIK PHAO

吃咖哩麵的時候,旁邊一定看得到這道深色油膩的調味醬料,它能為料理增添煙燻味和恰恰好的辣度(但切記,咖哩麵不適合弄得超辣)。在 Pok Pok,我們用這款調味醬只做辣版〈艾克的越式魚露炸雞翅〉(249 頁)。

風味特性　火辣、略苦

¼ 杯

- 植物油 ¼ 杯
- 乾鳥眼辣椒 28 克(約 1 杯)
- 亞洲芝麻油少許(請買百分之百純芝麻油的品牌)

炒鍋或煎鍋開小火熱油,待油微滾之後,放入辣椒頻繁翻炒約 10-15 分鐘,炒至辣椒表面均勻呈現深棕色,但非焦黑。最好每根辣椒色澤深淺一致,不過總免不了有些辣椒顏色較淡。

用有孔漏勺把辣椒移至食物調理機,餘油留下,靜置冷卻。把辣椒打成粗泥狀,或用花崗石缽搗爛。取適量餘油拌入辣椒泥,使之濕潤,但不要整個泡在油裡,稠度應該像是粗粒花生醬。然後拌入芝麻油。

醬料密封可在常溫下保存 6 個月。

致謝

本書獻給所有泰國廚人，無論是在家庭、餐廳、餐車或市場小攤掌廚的人。Pok Pok 是為你們獻上的禮讚，你們所做的一切值得更多肯定。

在我的學藝之旅中，最重要的人莫過於桑尼（Sunny Chailert），他是我的好友、良師以及同志。感謝你的耐心、慷慨、無私分享，以及你對精緻（chao wang）的偏愛。還有，如果我哪些地方沒達到你的標準，歡迎隨時拿蔬菜從我背上敲下去。

當初要不是克里斯和蘭娜倆夫妻（Chris and Lakhana Ward），我絕不可能走上今天這條路。感謝你們幫二十年前的我找到未來的方向，希望我們很快就能再次相聚，回到當初一切起源之地慕班沙隆奈，在你們的廚房一同煮飯燒菜。

此外，還要感謝蘭娜的家人：大忠（Da Chom）、初萊（Chai Cha Tri）以及所有來自東康氏族（Doomkham）的兄弟姐妹、兒女子孫、堂表姪甥、各路姻親，感謝你們多年來的款待、指導和溫情，我一定會常回清邁的。

致阿姜蘇妮（Ajaan Suneemas Noree），感謝你過去的教導、多年來的溫情與幽默，以及珍貴的友誼。加油囉！

感謝大衛‧湯普森主廚，你起初激發了我的夢想，後來變成我的偶像，最終成為我的好友，給我許多可靠的意見和持續不斷的壞影響。請問我解禁了沒？

利先生，感謝你接納我這個愛問問題的外國人，幫我購買和改造第一臺烤雞爐具，並且成為我每年都想探訪寒暄的好友。繼續寫信，好好享受你的退休生活，你女兒把店經營得很好！

感謝曾經賜教予我並讓我持續不斷學習的所有廚人，尤其是清邁和泰北當地的，感謝你們的慷慨與傾囊相授。但願我曾經當面跟你們說過，你們每天為客人、家人、朋友烹煮的菜餚是多麼了不起、多麼好吃。

感謝 Pok Pok 企業全體同仁的辛勞付出！因為你們，這本書才能從無到有。

感謝 Ten Speed 團隊，尤其是我的編輯 Jenny Wapner 和 Emily Timberlake，以及美術編輯 Toni Tajima，你們讓我第一次出書的過程變得沒那麼痛苦，也幫我完成一本讓我無比自豪的好書。感謝你們的引導，讓這本書從無到有。

感謝 Kimberly Witherspoon，我那能力出眾、氣質優雅的經紀人。我不知道你從哪裡看出我值得納

入你的旗下，不過還是感謝你願意簽下我。

　　致嬉皮 JJ・古德（JJ Goode）：感謝你受得了一個壞脾氣的傢伙和他說不完的大話，感謝你工作之餘幫我試做食譜和你的強迫症，感謝你知道如何以及何時該做事，感謝你永不停止的「laap、laap、laap、laap」。我不忌妒你的工作，但你的工作能力和風範卻讓我十分驚奇。順道一提，你老婆真是個聖人，能夠忍受你永無止境的「laap、laap、laap、laap」。

　　致「吃這麼多卻還十分夭瘦」的奧斯丁・布許，感謝你生出這些令人讚嘆的照片，感謝你分享你對泰國料理、語言和文化有如百科全書般的豐富知識，感謝你的翻譯和嚮導，感謝你多年來帶我去吃這麼多出色的料理，還有感謝你讓我認識 Megachef 和 MegaPaul ！

　　致我最好的朋友和我如假包換的兄弟 Adam Levey，感謝你始終相信我，無論我看起來是不是快瘋了，感謝你以無與倫比的高超技術，讓這本書變得更加漂亮。愛你，兄弟。

　　致 Andrea Slonecker，感謝你試做這些食譜，然後讓我的房子一整個月聞起來都像魚露。

　　還要感謝 Ba Daa，我在沙隆奈的廚房助手！

　　致波特蘭市和當地移民：我愛你們，每次離家也會惦記你們。感謝你們讓 Pok Pok 和這本書成為可能。

　　最後，感謝咖啡，沒有你，我們不可能趕上截稿日期。手上少杯好咖啡，我活脫脫是個廢人。

　　Khop khun maak khrap thuk khon!（謝謝大家！）

索引

特別說明：本書的泰文是採用「皇家泰語轉寫系統」（Royal Thai General System of Transcription, RTGS），以拉丁字母拼出泰語發音而來。

烹飪食材器具等

依序為 中文 - 泰語發音 - 英文 - 越南文

人名

依序為 中文 - 泰語發音 - 英文

地名

書報雜誌媒體

POK POK: Food and Stories from the Streets, Homes, and Roadside Restaurants of Thailand

泰國原味菜

POK POK 傳奇名廚在地尋味廿年，揭開街頭美食的身世及精髓

作者 安迪·瑞克（Andy Ricker）、JJ·古德（JJ Goode） | 譯者 高育慈

名詞審訂 劉馨文 Sutthisak Sribunuang | 編輯協力 許景理、林慧雯

封面設計 謝佳穎 | 內頁設計 劉孟宗 | 責任編輯 郭純靜 | 行銷企畫 陳詩韻

總編輯 賴淑玲 | 社長 郭重興 | 發行人兼出版總監 曾大福 出版者 大家出版

發行 遠足文化事業股份有限公司 231 新北市新店區民權路 108-4 號 8 樓

電話 (02)2218-1417 傳真 (02)8667-1851 | 劃撥帳號 19504465

戶名 遠足文化事業有限公司 | 法律顧問 華洋法律事務所 蘇文生律師

定價 580 元 | 初版 2017 年 5 月

POK POK: Food and Stories from the Streets, Homes,
and Roadside Restaurants of Thailand

Copyright © Andy Ricker 2013
arranged with InkWell Management
through Andrew Nurnberg Associates International Limited.
Complex Chinese translation copyright © 2017
by Walkers Cultural Enterprise Ltd. (Common Master Press)
ALL RIGHTS RESERVED.

國家圖書館出版品預行編目 (CIP) 資料

泰國原味菜：POK POK 傳奇名廚在地尋味廿年，揭開街頭美食的身世及精髓
安迪．瑞克 (Andy Ricker), JJ. 古德 (JJ Goode) 著；高育慈譯．
初版．新北市．大家出版．遠足文化發行, 2017.05
304 面；19 × 26 公分
譯目：Pok Pok : food and stories from the streets, homes, and roadside
restaurants of Thailand
ISBN 978-986-94206-6-2(平裝)
1. 食譜 2. 泰國

427.1382   106002433